CHENILLES D'EUROPE

Collection dirigée par
JEAN DORST
Membre de l'Institut

DAVID J. **CARTER**, BRIAN **HARGREAVES**

CHENILLES D'EUROPE

Les chenilles de 500 espèces de papillons
sur 165 plantes hôtes

DELACHAUX
ET NIESTLÉ

Édition originale
Titre original : *Field Guide to Caterpillars of Butterflies and Moths in Britain and Europe*

Édition française

ISBN : 978-2-603-02762-2
Dépôt légal : mai 2020
Réimpression : janvier 2023

Traduction et adaptation : Joël Minet
Illustrations noir et blanc : Gilbert Hodebert
Mise en pages : Carpentier & Bachelet, Paris
Couverture : Léa Larrieu
Impression : GPS Group, Slovénie

SOMMAIRE

Planches en couleurs

Avant-propos

Le but de ce guide est de permettre l'identification des chenilles s'observant couramment à la campagne, en forêt ou dans les parcs et les jardins. Il devrait également constituer un travail de référence pour les étudiants et les écologistes qui s'intéressent aux relations plantes/insectes. Alors qu'il existe de nombreux guides consacrés aux papillons diurnes et nocturnes d'Europe, il y en a fort peu qui traitent de leurs chenilles ; en outre, ces derniers sont — pour la plupart — épuisés depuis longtemps.

Il apparaît rapidement à ceux qui abordent l'étude des Lépidoptères que ces insectes sont étroitement associés à leurs plantes-hôtes. Ainsi, un bon lépidoptériste doit se doubler d'un botaniste. Cet ouvrage représente les chenilles sur leurs plantes nourricières et celles-ci sont disposées comme dans une flore ; nous espérons qu'il intéressera, de la sorte, aussi bien les entomologistes et les botanistes que les jardiniers, les agriculteurs, les forestiers et les professeurs de biologie.

Fréquemment négligées ou considérées comme laides, voire répugnantes, les chenilles peuvent montrer des couleurs vives ou des formes étranges. En outre, leur comportement et divers points de leur biologie restent souvent méconnus, y compris dans le cas d'espèces banales. Les premiers états de plusieurs papillons européens demeurent même entièrement inconnus. Il s'agit donc d'un sujet d'investigations captivant, autant pour les professionnels que pour les amateurs.

Nous devons remercier la Direction du British Museum (Natural History), établissement dont nous avons consulté les riches collections, ainsi que de nombreux documents bibliographiques ; nous avons également bénéficié de l'appui et des encouragements du Dr L.A. Mound, Directeur du Département d'Entomologie de ce musée.

David Carter et Brian Hargreaves

Remarques préliminaires

Il y a plus de cinq mille espèces de Lépidoptères en Europe et la plupart de celles-ci se subdivisent en différentes « races » ou sous-espèces. Pour plusieurs de ces espèces, le cycle biologique reste encore mal connu. De plus, certaines chenilles sont très difficiles à identifier, ne se caractérisant que par des détails microscopiques. On le conçoit, le présent guide ne peut décrire toutes les chenilles européennes. En fait, il traite surtout des espèces les plus communes ou les plus caractéristiques parmi les familles traditionnellement rattachées aux « macrolépidoptères » (insectes de taille moyenne à grande) ; au total, cette étude porte sur plus de cinq cents espèces.

Lorsqu'on considère le développement d'un Lépidoptère, les stades larvaires correspondent à la principale période d'alimentation et c'est sur leurs plantes nourricières qu'on observe les plus fréquemment les chenilles. En général, celles-ci montrent des préférences pour certains groupes de plantes, variables selon les cas. L'évolution des Lépidoptères s'est d'ailleurs effectuée parallèlement à celle des végétaux supérieurs et elle a connu une nette accélération avec la diversification des Angiospermes. Il s'agit là d'un remarquable phénomène de co-évolution. Actuellement, beaucoup de chenilles peuvent distinguer des substances chimiques très voisines, mais susceptibles de favoriser la prise de nourriture ou, au contraire, de l'interdire.

Ainsi, il est dans l'ensemble possible d'associer les chenilles à leurs plantes nourricières et ce principe a guidé la réalisation des planches de notre guide. Dessinées comme dans une flore, les espèces végétales se succèdent approximativement selon l'ordre systématique adopté par Fitter, Fitter et Blamey pour leur troisième édition de « *The Wild Flowers of Britain and Northern Europe* ». A côté des légendes des planches ont été figurés divers imagos et, en bas de chacune des mêmes pages, on trouvera l'illustration d'un stade ou d'un aspect caractéristique de l'une des espèces prises en considération. Les plantes et les chenilles n'ont évidemment pas pu être représentées à la même échelle. Toutefois, les différences de taille entre chenilles ont été respectées dans la mesure du possible. Le texte précise d'ailleurs, pour chacune de celle-ci, la longueur habituellement atteinte en fin de croissance. Quant aux plantes, elles sont le plus souvent figurées avec leurs fleurs. Bien des chenilles, cependant, les attaquent en dehors de la période de floraison ; il convient donc, là encore, de se reporter aux indications fournies dans le texte.

En ce qui concerne la classification et la nomenclature des Lépidoptères, le traducteur-adaptateur les a remaniées d'une part en fonction de ses propres recherches (voir, notamment, *Alexanor* 14 : 291-313), d'autre part sur la base des données de travaux récents tels que les « Moths of Japan » d'Inoue *et al.* (1982, Kodansha, Tokyo) ou le « *Catalogue of the Lepidoptera of Denmark* » de Schnack *et al.* (1986, Ent. Meddr 52 (2/3) : 1-163).

Rarement exhaustive, la liste des plantes nourricières mentionnées pour une chenille doit néanmoins permettre de faciliter l'identification de cette dernière. D'une façon générale, les noms français des végétaux sont suivis des noms latins correspondants. Dans l'index, il faut rechercher les seconds — abstraction faite des espèces (non enregistrées) — de façon à envisager la plupart des chenilles vivant sur un genre botanique déterminé. Notons toutefois que l'on ne pourra trouver, par cette méthode, certaines chenilles particulièrement polyphages. Plutôt communes, celles-ci seront assez rapidement connues du lecteur, ce qui devrait permettre de contourner cette difficulté. Dans le cas de chenilles ayant des exigences alimentaires plus précises, les plantes-hôtes observées dans la nature se révéleront souvent identiques — ou étroitement apparentées — à celles figurant sur les planches. On tiendra compte, malgré tout, du fait qu'on trouve parfois des chenilles en train de vagabonder sur des plantes dont elles ne se nourrissent pas. C'est en particulier ce qui se produit lorsque des espèces arboricoles tombent à terre ou parmi des plantes basses ; il faut alors relever le nom des arbres qui se trouvent au-dessus de ces dernières.

Enfin, le nombre de générations annuelles d'une espèce varie selon la latitude et l'altitude des régions qu'elle habite. Habituellement, la phénologie des populations montagnardes est semblable à celle des populations septentrionales. Les périodes d'apparition que nous indiquons pour les divers stades doivent être considérées comme approximatives et plutôt applicables — en règle générale — à l'Europe moyenne (nous désignons ainsi la zone comprise entre le Nord et le Sud de l'Europe). Le plus souvent, il y a davantage de générations dans les régions méridionales que dans les contrées septentrionales, l'apparition des imagos se révélant également plus précoce dans les premières que dans les secondes. De plus, ces variations du cycle biologique dépendent aussi de facteurs tels que la température ou la quantité de nourriture disponible ; de ce fait, en élevage, papillons et chenilles s'obtiennent fréquemment à des dates différant de celles des conditions naturelles. En ce qui concerne les descriptions de cet ouvrage, elles s'appliquent au dernier stade larvaire et tiennent compte des couleurs très variables que présente, éventuellement, une même espèce. En outre, les états successifs d'une chenille montrent parfois d'importants changements et, dans quelques cas, le premier stade a été également pris en considération. Quant aux répartitions géographiques mentionnées, elles font toujours abstraction — par commodité — des pays non européens.

Introduction

LA MORPHOLOGIE DE LA CHENILLE

(Voir *p.* **129**)

La prise de nourriture constituant son activité essentielle, la chenille a un plan d'organisation relativement simple. Elle comprend une tête, suivie de plusieurs segments pourvus d'un tégument souple et élastique. Parmi ceux-ci, les trois premiers correspondent au thorax et les autres, à l'abdomen.

La tête a une paroi externe rigide (sclérifiée) : la capsule céphalique. Elle porte des soies sensorielles et divers appendices. Le labre (ou « lèvre supérieure ») est un simple volet muni de quelques soies. Les pièces buccales se composent d'une paire de mandibules, d'une paire de maxilles et d'un labium (ou « lèvre inférieure »). Particulièrement fortes, les mandibules possèdent généralement des dents servant à broyer les aliments, mais elles sont parfois modifiées en scructures tronquées et aplaties. Le labium porte deux palpes — éléments sensoriels — et une filière dont l'orifice apical correspond à l'ouverture des glandes séricigènes. Le liquide émis par celles-ci se solidifie au contact de l'air et il y a ainsi production d'un fil de soie, très résistant en dépit de sa minceur. La soie a de multiples usages : elle permet de réunir des feuilles ou divers objets pour la construction d'abris larvaires, elle peut former des « tapis » auxquels les chenilles s'agrippent (en particulier au moment de la mue) ou des fils de suspension qu'elles utilisent pour se laisser tomber (notamment en cas de danger) ; elle sert également à la fabrication des cocons, etc. De part et d'autre du labium se trouvent les palpes maxillaires qui apprécient le goût des aliments tout en les dirigeant vers la bouche. Également sensorielles et plutôt courtes, les antennes se situent au voisinage des mandibules. Par ailleurs, la capsule céphalique comprend essentiellement une zone frontale antérieure (habituellement triangulaire) et deux grandes pièces latérales baptisées épicrânes (ensemble, ces derniers forment le vertex). La partie ventrale de chaque épicrâne montre, le plus souvent, six yeux rudimentaires et isolés : les stemmates.

Les trois segments thoraciques portent, chacun, une paire de pattes articulées et munies d'une griffe apicale impaire. Ces pattes interviennent plus dans la préhension des aliments que dans la locomotion. Certains segments abdominaux possèdent des excroissances ventrales pourvues de crochets ; il s'agit des fausses pattes, organes assurant la fixation et le déplacement de la chenille. Typiquement, on observe une paire de fausses pattes sous chacun des segments 3 à 6 de l'abdomen, ainsi qu'une paire de fausses pattes anales (appartenant au dixième segment). Dans certains cas, notamment chez les « arpenteuses » (chenilles de Geometridae), il y a réduction du nombre de fausses pattes. Quelques larves de Notodontidae montrent, à l'arrière de l'abdomen, des processus tubulaires qui correspondent à des fausses pattes anales profondément modifiées (*Stauropus, Cerura...*). Quant aux crochets équipant les fausses pattes, ils peuvent être disposés soit en couronnes (ou en rangées transversales), soit en rangées longitudinales (appelées « mésoséries »). Ce dernier cas est le plus fréquent en ce qui concerne les familles traitées dans le présent ouvrage.

Notons que les larves d'Hyménoptères primitifs ressemblent souvent à des chenilles ; elles ont toutefois plus de cinq paires de fausses pattes, situation ne se retrouvant, au sein des Lépidoptères, que chez des espèces de taille minuscule.

Latéralement, le premier segment thoracique (prothorax) et les huits premiers segments abdominaux présentent des orifices respiratoires : les stigmates. En communication avec des tubes internes ramifiés (trachées), ceux-ci varient quant à leur forme, à leur taille et à leur couleur ; naturellement, ces caractères doivent être pris en considération pour l'identification des chenilles. Il existe fréquemment, au niveau des stigmates, une paire de bandes latérales ayant une coloration particulière.

Initialement, chaque segment du corps a un petit nombre de soies (cf. *p. 00*) ; baptisées soies primaires, elles ont une disposition assez précise et s'insèrent souvent sur des « pastilles » sclérifiées (les pinacula). Dans plusieurs groupes, la chenille possède en outre d'autres soies, dites « secondaires ». Celles-ci sont tantôt nombreuses (ex. : Lasiocampidae), tantôt peu abondantes (ex. : Drepanidae d'Europe). Elles peuvent recouvrir uniformément le tégument ou se regrouper en touffes individualisées, fréquemment situées sur des saillies en relief. Longues ou courtes, voire minuscules, ces diverses soies se révèlent simples dans certains cas, spatulées ou couvertes de barbules dans d'autres... Leur rôle varie lui aussi : sensoriel, protecteur (vis-à-vis des parasites et des prédateurs) ou même inoculateur de substances irritantes. D'une façon générale, l'étude de la pilosité larvaire s'avère importante pour la classification des Lépidoptères.

Le prothorax se distingue souvent des deux segments suivants (méso- et métathorax) par la présence d'une pièce dorsale plus ou moins sclérifiée : la plaque pronotale. Une zone dorsale rigidifiée peut également s'observer sur le dixième segment abdominal ; il s'agit de l'écusson anal. Par ailleurs, le thorax et l'abdomen s'ornent parfois d'excroissances allongées, non articulées et connues sous le nom de scoli (au singulier : un scolus).

Certains endroits du corps montrent, éventuellement, des glandes spécialisées. Dans plusieurs familles, il existe derrière la tête — ventralement — une glande jugulaire d'aspect variable. Celle-ci est quelquefois susceptible d'envoyer un jet d'acide formique (comportement de défense). Chez les Papilionidae, la partie dorsale du prothorax recèle une glande exsertile (l'osmeterium) dont l'odeur nauséabonde éloigne les prédateurs. Les chenilles de Lymantriidae ont, vers l'arrière de l'abdomen, une ou deux glandes dorsales, légèrement saillantes et probablement défensives. Les chenilles de Lycaenidae, elles, possèdent des glandes dorsales qui produisent un miellat attirant les fourmis...

LE CYCLE BIOLOGIQUE

(voir *p. 130*).

Le cycle des Lépidoptères comprend quatre étapes bien distinctes : l'œuf, la chenille, la nymphe (ou chrysalide) et l'imago. Chacun de ces états correspond à des activités ou à des fonctions particulières. Dans l'œuf, l'embryon se développe pour donner une petite chenille ; au moment de la naissance, celle-ci découpe une partie du chorion afin de pouvoir sortir. Ne se préoccupant guère que de manger, la chenille permet la croissance de l'individu ; on distingue habituellement quatre à six stades larvaires, séparés par des mues successives. Peu mobile, voire immobile, la chrysalide ne se nourrit pas ; il s'agit d'un état où s'opèrent d'importants remaniements internes, et ce en raison de l'apparition progressive des organes du papillon. Ce dernier — l'imago — représente le stade où s'effectuent la reproduction et la dispersion de l'espèce.

La chenille néonate (c'est-à-dire venant de naître) commence généralement par dévorer la majeure partie du chorion de son œuf. Ce premier repas lui fournit des réserves énergétiques et elle peut alors partir à la recherche de nourriture végétale. Il semble d'ailleurs que certaines chenilles se contentent de consommer le chorion en question avant d'entrer en hibernation.

La mue est un phénomène important. Particulièrement vulnérable pendant cette période, la chenille choisit plutôt un endroit dissimulé pour tisser le tapis de soie devant lui servir de support. Elle gonfle alors la région antérieure de son corps, déchirant ainsi son ancien tégument dont elle se dégage en progressant vers l'avant ; la dépouille demeure fixée au tapis de soie par les crochets des fausses pattes. La chenille se débarrasse aussi de son ancienne capsule céphalique qui s'est préalablement fendue. Elle reste ensuite inactive pendant quelque temps. En effet, avant de se réalimenter, il lui faut attendre que son nouveau tégument durcisse.

Parvenue au terme de sa croissance, la chenille se met à vagabonder çà et là pour trouver un lieu propice à la nymphose, lieu parfois très éloigné de la plante nourricière. Ce regain d'activité s'accompagne fréquemment d'un changement de couleur, plus ou moins adapté au nouvel environnement. Juste avant de se nymphoser, beaucoup de chenilles prennent une forme assez trapue.

Les chenilles de papillons nocturnes construisent généralement des cocons, abris dans lesquels elles se transforment en chrysalides. Il s'agit tantôt de simples feuilles réunies par quelques fils de soie, tantôt de bourses soyeuses élaborées, intégrant éventuellement des particules de terre, des débris variés, des fragments de feuilles ou d'écorces, etc. Quand la nymphose a lieu dans le sol, la chrysalide se trouve le plus souvent à l'intérieur d'une loge terreuse, aux parois tapissées de soie. Le cocon maintient la chrysalide dans des conditions hygrométriques satisfaisantes ; il contribue également à la protéger des parasites et des prédateurs, notamment lorsqu'il incorpore des soies larvaires plus ou moins urticantes.

Exception faite des Hesperiidae et de quelques autres espèces, les chenilles de Rhopalocères ne tissent pas de cocons ; elles donnent des chrysalides découvertes, soit suspendues par le crémaster (système d'ancrage de l'extrémité postérieure), soit fixées par le crémaster et ceinturées par un fil de soie (dont les extrémités sont au contact du support : feuille, tige, écorce...). Pour produire une chrysalide suspendue, la chenille doit accrocher ses fausses pattes anales à un petit tapis de soie ; elle fait ensuite craquer la partie antérieure de son tégument, laissant ainsi apparaître la chrysalide ; à l'aide de contorsions, celle-ci entraîne le tégument vers l'extrémité anale, puis le fait tomber à terre (en restant, elle, maintenue au tapis de soie grâce aux crochets du crémaster). Bien que généralement non recouvertes, les nymphes de Rhopalocères sont souvent difficilement repérables en raison de leur forme ou de leur coloration. Chez la Piéride de la Rave (*Pieris rapae*), la chrysalide est verte lorsqu'elle se trouve sur la plante-hôte, brune lorsqu'elle se situe sur une clôture ou une construction similaire. Notons, par ailleurs, que le terme « chrysalide » dérive d'un mot grec signifiant « or », et ceci en raison des couleurs dorées qu'elle montre dans certains cas. Il existe également diverses chrysalides mimant des brindilles, des feuilles mortes ou des fientes d'oiseaux.

Quelques heures avant l'émergence (= apparition de l'imago), la chrysalide devient plus foncée et elle laisse souvent apparaître, par transparence, les dessins et la coloration alaires. Lorsque l'enveloppe nymphale se fend, le papillon inspire fortement pour gonfler son corps et élargir la fente en question. Il dégage alors progressivement ses appendices, puis se déplace vers un endroit où il s'immobilise afin de déployer ses ailes (par injection de « liquide sanguin » dans les nervures). Chez certaines espèces, l'imago femelle est aptère ou brachyptère, pouvant même — dans quelques cas — s'accoupler et pondre sans quitter son cocon.

La durée de chaque phase du cycle varie en fonction de l'espèce considérée, voire des conditions climatiques dans lesquelles celle-ci évolue. Un papillon n'ayant qu'une génération en Europe septentrionale en a fréquemment deux, trois ou plus, en Europe méridionale. Généralement, les œufs éclosent au bout d'une à quatre semaines ; parfois cependant, ils doivent hiverner, les chenilles attendant le printemps pour naître (c'est à cette saison qu'elles peuvent trouver une grande quantité de feuilles tendres). De même, certaines chenilles se développent en quelques semaines, tandis que d'autres ont leur croissance interrompue par une période d'hibernation. D'autres encore mettent au moins deux ans pour parvenir à leur taille maximale : c'est notamment le cas de celles qui consomment du bois ou des matières pauvres en éléments nutritifs. Parfois même, après avoir tissé son cocon, la chenille y reste immobile, attendant plusieurs semaines — voire plusieurs mois — avant de se nymphoser. La durée du stade nymphal se révèle encore plus variable, allant de quelques jours à plusieurs années. les chrysalides issues d'une même ponte peuvent quelquefois se répartir en deux catégories, les unes s'ouvrant rapidement, les autres ne donnant des imagos qu'après avoir passé la mauvaise saison ; dans certains cas, la période d'émergence s'étale sur plusieurs mois. La plupart des imagos ne vivent que quelques semaines, mais il en est qui hivernent pour se reproduire au printemps. Ainsi, chez une espèce telle que le Citron (*Gonepteryx rhamni*), la longueur de la vie imaginale atteint jusqu'à dix mois. Cette importante variabilité du cycle des papillons leur a permis de s'adapter aux conditions climatiques les plus diverses.

LES MALADIES, LES PARASITES ET LES PRÉDATEURS

(Se reporter à la planche 35)

Les chenilles ont de nombreux ennemis. Parmi les prédateurs, il faut citer les anoures, les lacertiliens, les oiseaux et certains mammifères, ainsi que les araignées et divers insectes carnivores : des Coléoptères, des punaises, des guêpes, des fourmis, quelques forficules et les larves de plusieurs Névroptères... Il est bien connu que des oiseaux tels que les mésanges bleues capturent d'importantes quantités de chenilles pour les donner à leurs jeunes. Ainsi, les gardes forestiers installent parfois des nids artificiels pour accroître le nombre d'oiseaux susceptibles de lutter contre les Lépidoptères nuisibles. Même de grands oiseaux — comme les hiboux — complètent leur régime alimentaire à l'aide de chenilles. Celles-ci sont également recherchées par les musaraignes et quelques rongeurs, ainsi que par les renards qui ont l'habitude de creuser le sol pour les trouver.

Il y a aussi de nombreux « parasites » qui s'attaquent aux chenilles, notamment des insectes de l'ordre des Hyménoptères (Ichneumonidae, Braconidae...). Leurs femelles ont souvent l'extrémité postérieure de l'abdomen prolongée par une longue tarière, oviposteur perforant qui leur permet de pondre dans le corps des chenilles. Endoparasites, les larves de ces Hyménoptères évitent d'attaquer les organes vitaux, de sorte que le développement des chenilles infestées se poursuit apparemment de façon normale. Toutefois, ces dernières meurent peu après que les larves parasites soient sorties pour se nymphoser à l'air libre. Un exemple caractéristique de ce phénomène est fourni par un parasite fréquent de la Piéride du Chou (*Pieris brassicae*) : l'*Apanteles glomeratus* (Linné), membre de la famille des Braconidae. Lorsque les larves d'*Apanteles* quittent le corps d'une chenille moribonde, elles tissent au contact de ses flancs des cocons de couleur jaune vif.

Plusieurs Hyménoptères parasites sont de très petite taille ; ne pouvant transpercer le tégument des chenilles, ils utilisent des stratégies différentes. Certains pondent leurs œufs dans ceux des Lépidoptères, d'autres, sur les feuilles que consomment les chenilles (les œufs ainsi ingérés ne tardent pas à éclore...). D'autres encore pondent à la surface du tégument des chenilles : les larves qui naissent peuvent se développer comme ectoparasites, mais, le plus souvent, elles pénètrent dans le corps des chenilles au niveau des plis intersegmentaires.

Un autre groupe de parasites se révèle important. Il s'agit des Diptères de la famille des Tachinidae. Connus sous le nom de « mouches tachinaires », ces insectes pondent généralement leurs œufs sur le tégument des chenilles. A leur naissance, les larves s'introduisent dans le corps de leur hôte, ne l'abandonnant que pour la nymphose. Celle-ci s'effectue non loin de la chenille mourante : il y a formation de « puparia » caractéristiques, lisses et ovales.

Divers champignons — notamment des moisissures — peuvent aussi s'attaquer aux premiers états des Lépidoptères. Citons le cas, fort intéressant des *Cordyceps*. Ces champignons tuent les chenilles qui vivent dans le sol, en particulier pendant la période d'hibernation. Leur mycélium envahit le corps des chenilles qui se trouvent ainsi « momifiées ». Ensuite, il produit une fructification ascendante, longue et mince, qui fait saillie au-dessus de la surface du sol. En Chine, on prépare un médicament tonique en broyant ces « chenilles-champignons ».

Les maladies des chenilles se répartissent en deux catégories principales : celles causées par des bactéries et celles dues à des virus. Les infections bactériennes se traduisent par un comportement léthargique, l'arrêt de la prise de nourriture et l'émission de liquides bruns aux deux extrémités du corps. Les parties viscérales se liquéfient et prennent une odeur nauséabonde ; la chenille finit par mourir en devenant entièrement noire. Les symptômes sont assez différents dans le cas des maladies virales : le tégument ne noircit pas, mais le corps devient flasque et il tend à pendre en restant accroché à la plante nourricière ; la chenille qui vient de mourir n'a pas d'odeur forte ou désagréable. Une espèce de virus conduit les chenilles infectées à rejeter des excréments blanchâtres.

De nombreuses recherches ont été consacrées aux maladies en question, principalement dans la perspective de lutter contre les insectes nuisibles. Répandus par voie aérienne, des bactéries et des virus ont permis d'éviter des surpopulations de chenilles nuisibles, notamment dans les zones forestières. Par rapport aux pesticides, ce type de contrôle biologique présente l'avantage de combattre sélectivement certaines espèces d'insectes. On ne pourra cependant généraliser ces méthodes que lorsqu'on aura acquis la certitude qu'elles ne présentent vraiment aucun danger.

LA CHENILLE ET SES MOYENS DE DÉFENSE

Le plus souvent occupée à s'alimenter (quand elle est active), la chenille se déplace moins facilement et moins vite que le papillon. En règle générale, la fuite ne constitue donc pas pour elle la meilleure façon d'échapper à d'éventuels ennemis. Les chenilles les plus rapides appartiennent à la famille des Arctiidae, mais même dans leur cas, le premier réflexe face à un danger consiste à faire le mort, la fuite n'intervenant qu'ensuite. Souvent, pour éviter un prédateur, la chenille se laisse tomber dans les herbes, attendant quelque temps avant de regagner sa plante-hôte. Elle peut également rester suspendue à un fil de soie. Ce dernier lui permet ensuite de remonter aisément vers la feuille qu'elle consommait. Parfois, la chenille ainsi suspendue se met à tourner sur elle-même à toute vitesse, ce qui la rend pratiquement invisible.

Le camouflage représente le moyen de protection le plus répandu et le plus efficace. Dans l'ensemble, les chenilles se trouvant dans le feuillage sont vertes, tandis que celles qui fréquentent plutôt les branches ont une coloration brune. La pigmentation de certaines chenilles peut même dépendre de la couleur de leur nourriture, notamment lorsqu'il s'agit de pétales de fleurs. Chez le Petit Paon de nuit (*Saturnia pavonia*), la jeune chenille est noire, ce qui lui permet de se tenir inaperçue sur les ramilles de bruyère. Par la suite, cette larve devient verte, ornée de bandes noires, et elle se confond alors parfaitement avec le feuillage de la même plante.

Fréquemment, la région ventrale du corps se révèle plus claire que la région dorsale. Ceci renforce l'homochromie de la chenille en effaçant plus ou moins son ombre. Le même résultat est parfois obtenu à l'aide de franges de soies latéro-ventrales, franges étroitement appliquées contre le support. Chez divers Lasiocampidae (ex. : *Gastropacha quercifolia*), il y a même, de chaque côté du corps, une rangée de grands lobes charnus.

Dans le cas des chenilles qui vivent sur les conifères ou sur les graminées, on observe essentiellement des bandes longitudinales vertes, blanches ou jaunes et ce type de coloration s'adapte bien aux feuilles étroites des plantes en question. Beaucoup d'espèces attaquant les pins ont une tête brun rougeâtre qui mime un petit bourgeon.

La plupart des chenilles de Geometridae ne possèdent que deux paires de fausses pattes. Cette particularité, jointe à une forme assez grêle, les fait ressembler à de petites brindilles. Ce mimétisme est souvent renforcé par la présence de gibbosités semblables à des bourgeons, ainsi que par l'aspect linéaire du corps qui, tendu en position de repos, forme un angle aigu avec la branche-support. La chenille de *Thetidia smaragdaria* a de plus le tégument entièrement recouvert de fragments de sa plante nourricière.

Les chenilles montrent souvent des dessins servant à « briser » leur silhouette, donc contribuant à leur camouflage. Parfois, en revanche, elles présentent des couleurs vives qui signalent aux prédateurs leur nature incomestible. A titre d'exemple, les chenilles de *Tyria jacobaeae* s'ornent de larges bandes noires et jaune orangé. Elles se remarquent d'autant plus facilement qu'elles vivent plus ou moins regroupées. Les chenilles de Zygènes (*Zygaena*) sont généralement jaunes ou vertes, avec de grandes macules noires ; cette coloration voyante « indique » qu'elles possèdent des substances toxiques dans leur organisme (en l'occurrence des composés cyanhydriques).

Chez la Grande Queue fourchue (*Cerura vinula*), la chenille assure sa protection de différentes façons. Vert vif et relativement volumineux, son corps a le dos marqué d'un grand losange noirâtre qui permet un camouflage efficace. Lorsqu'on inquiète cette chenille, elle relève la tête et le thorax, tout en mettant en évidence la zone rouge de son prothorax, zone munie de deux taches noires évoquant des yeux. Simultanément, elle redresse ses deux processus postéro-abdominaux d'où sortent des filaments rouge vif. En outre, elle peut envoyer un jet d'acide formique à l'aide de sa glande jugulaire (située ventralement, à l'avant du prothorax).

La chenille du Grand Sphinx de la Vigne (*Deilephila elpenor*) utilise habituellement son homochromie pour se dissimuler. S'il lui arrive d'être repérée, elle rentre la tête tout en gonflant et en redressant la région antérieure de son corps. Elle fait ainsi ressortir de grands ocelles évoquant des yeux et cette attitude lui donne l'aspect d'un petit serpent. Contrairement à la majorité des larves de Sphingidae, cette chenille ne possède qu'un petit scolus sur le huitième segment abdominal. Chez les espèces possédant un grand scolus, celui-ci joue également un rôle dissuasif (au début du développement larvaire, ce processus est souvent plus long que le corps...).

Dans la famille des Papilionidae, la partie dorsale du prothorax abrite une glande bifide, évaginale, qui émet une forte odeur, nettement répulsive.

La présence de scoli ou de nombreuses soies secondaires peut aussi intervenir dans le système de protection. En effet, ces structures augmentent le diamètre du corps qui devient ainsi difficile à avaler pour les oiseaux de petite taille. En revanche, les coucous et d'autres grands oiseaux arrivent à consommer de telles chenilles. La pilosité peut également constituer un obstacle pour les insectes parasites cherchant à pondre sur le tégument ou à travers celui-ci (le parasitisme reste néanmoins possible dans certains cas). En outre, les soies de quelques espèces ont des propriétés urticantes. Elles s'observent fréquemment chez des chenilles grégaires, ce qui les rend encore plus redoutables (en raison de leur grand nombre). Urticantes et grégaires, les chenilles de *Thaumetopoea* (« Processionnaires ») se déplacent en file indienne et ceci leur évite d'être attaquées par erreur.

Plusieurs espèces tissent de grandes poches de soie (« nids ») où elles vivent — regroupées — pendant la journée et qu'elles quittent la nuit pour aller s'alimenter. D'autres chenilles construisent des abris individuels en enroulant ou en repliant des feuilles et en les consolidant à l'aide de fils de soie ; un tel comportement se remarque notamment chez de nombreux Hesperiidae. Beaucoup de chenilles sont nocturnes et elles se contentent, le jour, de s'abriter parmi des mousses, sous des feuilles mortes ou dans les anfractuosités des troncs. Appartenant aux Noctuidae, les « vers gris » se tiennent dans le sol pendant la journée, remontant au crépuscule pour attaquer la base de leurs plantes nourricières.

Parfois, le camouflage consiste à mimer des fientes d'oiseaux. Marquée dorsalement d'une grande plage blanche, la chenille du Gamma (*Polygonia c-album*) illustre bien ce type de mimétisme qu'elle accentue d'ailleurs en prenant, au repos, une position plus ou moins arquée. La jeune chenille de *Jocheaera alni* a une coloration et un comportement similaires, mais le dernier stade larvaire de cette espèce se révèle très différent, avec une coloration voyante — jaune et noire — suggérant qu'il s'agit d'une larve incomestible.

Diverses chenilles de Lycaenidae montrent une remarquable association avec certaines espèces de fourmis. Elles possèdent en effet des glandes dorsales secrétant un miellat recherché par les fourmis. Celles-ci viennent donc « traire » les chenilles qui, en retour, bénéficient de leur protection face aux prédateurs. Il existe une myrmécophilie encore plus prononcée dans quelques cas (*Maculinea arion*, par exemple), les chenilles étant transportées dans la fourmilière où elles consomment des larves de fourmis.

COMMENT TROUVER DES CHENILLES ?

Il est assez fréquent de voir des chenilles se reposer sur des feuilles ou traverser des sentiers, mais il y en a davantage qui restent plus ou moins cachées. On peut cependant trouver ces dernières en les recherchant avec attention. Lorsqu'on examine le feuillage des arbres et des arbustes, il faut observer plus particulièrement la face inférieure des feuilles. Il convient également de repérer les feuilles partiellement dévorées. On découvre beaucoup de grosses chenilles — notamment celles des Sphingidae — grâce à leurs excréments qui se trouvent sur le sol, sous la plante nourricière. Les feuilles réunies par de la soie doivent aussi être examinées, bien qu'elles abritent souvent des chenilles de Microlépidoptères (larves certes intéressantes, mais non traitées dans le présent guide).

L'observation des plantes basses se révèle rarement aussi fructueuse ; toutefois, là encore, c'est sous les feuilles ou à terre, près des racines, que se tiennent le plus fréquemment les chenilles. L'automne et l'hiver constituent les meilleures saisons pour explorer la litière, au pied de plantes telles que le Thym (*Thymus*), les Hélianthèmes (*Helianthemum*...) ; il s'agit en effet d'endroits propices à l'hibernation.

Une méthode d'investigation très rentable consiste à observer la végétation de nuit, à l'aide d'une torche électrique, par exemple. On constatera ainsi qu'il existe beaucoup de chenilles ayant des mœurs nocturnes.

L'utilisation d'un « parapluie japonais » permet de récolter aisément un grand nombre de chenilles. Cet instrument se compose d'une grande toile blanche soutenue par une armature de bois, mais il peut être remplacé par un véritable parapluie maintenu à l'envers. On le met sous les branches d'un arbre ou d'un arbuste et l'on bat celles-ci avec un bâton de façon à faire tomber les chenilles dans le « parapluie ». Il faut donner un coup sec, mais non trop brutal. On obtient alors des espèces très diverses, à l'exception — dans l'ensemble — de certaines grandes chenilles qui s'agrippent fortement à leur support. Pour les Sphingidae, par exemple, cette technique se révèle peu efficace et il vaut mieux avoir recours à celles que nous avons précédemment signalées. Par ailleurs, le « battage » donne de mauvais résultats s'il pleut ou s'il y a du vent : dans le premier cas, les chenilles risquent de se noyer et, dans le second, elles se cramponnent si bien aux branches qu'il est difficile de provoquer leur chute. Une fois que l'on a battu le branchage d'un arbre, il convient de regarder attentivement le contenu du parapluie japonais. Les chenilles mimant des brindilles ne se remarquent souvent qu'au bout de quelques instants, notamment lorsqu'elles se mettent à bouger pour se déplacer.

Pour obtenir les chenilles qui vivent sur les plantes basses, on peut employer un « filet-fauchoir », instrument conçu comme un filet à papillons mais avec une armature et une poche particulièrement solides. Il sert à balayer énergiquement les friches et la végétation bordant les sentiers, ce qui permet le ramassage de diverses chenilles, notamment au crépuscule, quand celles-ci viennent de regagner la partie supérieure de leurs plantes-hôtes. Notons que le « battage » et le « fauchage » conduisent à déloger en outre de nombreux autres groupes d'insectes, ainsi que des arachnides variés. On a ainsi un aperçu intéressant des associations entre les différentes espèces animales et végétales ; il est néanmoins recommandable, pour respecter les équilibres écologiques, de relâcher la plupart des arthropodes sensiblement à l'endroit où ils se trouvaient. Précisons enfin que le fauchage a souvent l'inconvénient de mêler des chenilles provenant de plantes diverses...

En ce qui concerne les chenilles se nourrissant de racines, leur recherche s'effectue en déterrant les plantes qui jaunissent ou se développent de façon anormale. En certains lieux, naturellement, il est nécessaire de demander une autorisation particulière avant de procéder à cet arrachage. Davantage de problèmes se posent pour la découverte et l'élevage des chenilles qui forent des galeries dans le bois. Ces dernières se repèrent généralement grâce à leurs orifices d'où l'on peut voir — si elles sont habitées — des amas de sciure et d'excréments. On trouve parfois ces larves en inspectant des arbres récemment abattus.

Il faut éviter de toucher les chenilles pourvues d'une pilosité plus ou moins urticante. Ainsi, chez le Cul brun (*Euproctis chrysorrhoea*) et les Processionnaires (*Thaumetopoea*), les soies larvaires sont susceptibles d'une part d'irriter la peau, d'autre part de causer de graves troubles de la vue si elles pénètrent dans les yeux. Il existe d'autres chenilles européennes dont les poils ont des propriétés urticantes : *Macrothylacia rubi, Orgyia antiqua, Euproctis similis*... En général considérées comme inoffensives, les soies larvaires de l'Écaille-martre (*Arctia caja*) produisent elles aussi des démangeaisons chez quelques personnes à l'épiderme très sensible. Dans les régions tropicales, les chenilles de Limacodidae provoquent des irritations extrêmement douloureuses et celles d'un Saturniidae d'Amérique latine — *Lonomia achelous* (Cramer) — se révèlent dangereuses pour les muqueuses qu'elles peuvent faire saigner abondamment.

L'ÉLEVAGE

Lors de la récolte, les chenilles doivent être placées dans des récipients adéquats, avec une petite partie des plantes-hôtes. On pourra utiliser des tubes en verre ou en plastique, ainsi que les boîtes les plus diverses. Il faut essentiellement éviter le surpeuplement, le cannibalisme, la chaleur excessive et la formation de buée. Si on laisse au soleil un récipient hermétique, sa température intérieure s'élève très vite et ses occupants ne tardent pas à mourir. Il est bon de percer quelques trous d'aération et de tapisser les parois de papier-filtre, celui-ci absorbant les gouttelettes susceptibles d'apparaître par condensation (et dans lesquelles les petites chenilles risqueraient de se noyer). Le surpeuplement déclenche souvent un comportement cannibale, principalement lorsqu'il n'y a plus assez de nourriture végétale dans une boîte. Au printemps,. on devra particulièrement se méfier des chenilles de la noctuelle *Cosmia trapezina*, celles-ci dévorant leurs semblables, ainsi que les larves de divers autres Lépidoptères. L'élevage d'une telle espèce nécessite donc l'isolement des individus. Les jeunes chenilles de nombreux Lycaenidae se révèlent cannibales quand on les rassemble dans des récipients exigus et ce phénomène se retrouve chez les chenilles de l'Aurore (*Anthocharis cardamines*).

Il est important de noter avec précision le nom de la plante-hôte de chaque chenille que l'on désire élever. Si l'on coupe des branches, il convient d'en prendre assez peu, car leurs feuilles ne resteront fraîches et consommables que pendant quelques jours. Avant de ramasser une chenille, il faut s'assurer qu'on pourra l'alimenter de façon satisfaisante ; l'idéal consiste à retrouver sa plante nourricière dans un jardin ou une friche aisément accessible. Il vaut mieux éviter de prendre les plantes qui croissent au bord des routes ou dans des endroits susceptibles d'avoir reçu une certaine quantité d'herbicide ou de pesticide. En cas de doute, les feuilles doivent être soigneusement lavées et essuyées avant d'être proposées aux chenilles.

Lorsqu'on n'a pas à sa disposition une plante-hôte précise, il demeure possible d'essayer une plante de remplacement (par exemple, une espèce de la même famille) ou encore un ensemble de feuilles variées appartenant à des espèces couramment consommées. Dans ce dernier cas, il suffit de repérer les feuilles éventuellement attaquées. Si l'on a affaire à une chenille identifiable à l'aide de ce guide, on trouvera dans celui-ci les indications permettant de choisir une plante nourricière appropriée. C'est peu de temps après l'éclosion ou immédiatement après une mue qu'une chenille accepte le plus volontiers de changer de nourriture. Par ailleurs, quand des chenilles ont jeûné pendant quelques jours, elles ont tendance à goûter des espèces végétales très diverses, mais en général elles les délaissent assez vite. Il arrive même qu'une plante convienne durant quelque temps pour le développement larvaire, sans toutefois que celui-ci puisse parvenir à son terme.

Il existe quelques plantes susceptibles de nourrir beaucoup de chenilles qui fréquentent la végétation basse. Citons les Patiences ou Oseilles (*Rumex*), les Renouées (*Polygonum*) et le Pissenlit (*Taraxacum*). La laitue (*Lactuca*) est largement acceptée, mais, trop riche en eau, elle déclenche souvent des diarrhées. Néanmoins, la laitue flétrie permet d'élever avec succès les chenilles vivant habituellement sur mousses, lichens et algues. Les feuilles des Pommiers (*Malus*) peuvent souvent remplacer celles des Saules (*Salix*) et de divers autres arbres (ou arbustes) à feuilles caduques. De même, on substitue aisément les Pensées cultivées aux Violettes sauvages (*Viola*). Vers la fin de l'automne, alors que la verdure se raréfie, il convient d'essayer, en dernier ressort, la Ronce (*Rubus*) ou le Troène (*Ligustrum*).

Dans l'ensemble, l'élevage ne nécessite qu'un équipement peu onéreux. Les chenilles de petite taille peuvent se développer dans des boîtes en plastique permettant d'observer leur évolution. Il faut attendre que les chenilles néonates aient mangé le chorion de leurs œufs avant de les transférer dans un récipient contenant leur plante nourricière. On évitera d'ailleurs d'introduire celle-ci dans la boîte renfermant la ponte (afin qu'il n'y ait pas formation de moisissures).

Quoique possible, l'élevage de grandes chenilles dans des boîtes en plastique n'est guère pratique, car ces larves ont besoin de beaucoup d'espace et de nourriture fraîche. On emploiera donc de préférence soit un cylindre en rhodoïd muni d'un couvercle grillagé, soit une cage pourvue d'une vitre et d'un système d'aération. Le premier peut coiffer une plante en pot, tandis que la seconde convient aussi bien pour une telle plante que pour des branches plongées dans un flacon rempli d'eau et bouché par du coton (qui cale les tiges et empêche les noyades). Si le feuillage d'une plante maintenue en terre possède d'excellentes qualités nutritives, il présente l'inconvénient d'être rapidement entièrement dévoré.

Une autre méthode consiste à élever les chenilles dans un jardin, en entourant chacune des branches où elles se trouvent d'un manchon de tulle resserré et fermé aux deux extrémités. Malheureusement, ces appareils sont plutôt inesthétiques et ils ne permettent pas une observation précise des chenilles. De plus, il faut les déplacer dès que les portions enfermées ont été défoliées. D'une façon similaire, on peut recouvrir une plante basse d'un filet retenu par un cercle métallique ; pour ce faire, il semble préférable de la déterrer et de la replanter dans un bac ou une cuvette. Malgré tout, il existe le risque d'emprisonner des araignées ou d'autres petits prédateurs.

Quelle que soit la technique adoptée, la règle principale à observer reste le maintien de la propreté. Les moisissures ne tardent pas à apparaître là où s'accumulent excréments et éléments végétaux flétris. Bien que relativement mal connues, les conditions favorisant le déclenchement des maladies virales ou bactériennes paraissent comprendre avant tout le surpeuplement, la malnutrition, la saleté et l'humidité excessive. Les chenilles malades étant dans l'ensemble condamnées à mourir, il convient de les éliminer rapidement d'une cage et de transférer les chenilles saines dans une autre enceinte, parfaitement propre et garnie de nourriture fraîche. Il faut toutefois se garder de prendre pour des individus malades les chenilles sur le point de muer ou celles qui vont se nymphoser. L'aspect des premières a été précédemment décrit, tandis que les secondes se reconnaissent en principe ainsi : leur corps devient plus trapu et il change de couleur après une période d'intense activité (se traduisant par d'importants déplacements).

Une fois qu'un élevage a été mené à terme, les cages et les boîtes ont besoin d'une désinfection complète. Selon qu'il s'agit de bois ou de matière plastique, on utilisera respectivement une solution de soude ou de l'eau de Javel diluée.

Lorsqu'elles ont achevé leur croissance, les chenilles doivent être placées dans un endroit leur permettant de se nymphoser. On mettra quelques branches à la disposition des chenilles de Rhopalocères qui donnent des chrysalides ceinturées ou suspendues. Quant aux chenilles qui se nymphosent dans un cocon, il est bon de les enfermer dans une boîte au fond revêtu d'une épaisse couche de tourbe (légèrement humide). Dans d'autres cas, on introduira dans la cage des feuilles, de l'écorce ou du liège. Les chrysalides formées vers la fin de l'été ou au début de l'automne ne nécessitent généralement pas de précautions particulières, car elles produisent rapidement des imagos. En revanche, celles qui hivernent risquent de moisir ou de se dessécher si on ne les transfère pas dans un milieu adéquat. Il est recommandé de les mettre entre des couches de tourbe, dans une boîte métallique maintenue au frais, mais à l'abri du gel. Au printemps, on les enlève pour les placer dans une cage, soit sur une couche de tourbe ou de vermiculite, soit dans les rainures d'un morceau de carton ondulé. On peut alors — de temps en temps — légèrement asperger les chrysalides à l'aide d'un pulvérisateur. Ceci a pour effet de favoriser l'émergence. Une atmosphère quelque peu humide paraît bénéfique, mais il n'est pas souhaitable de trop mouiller les chrysalides. Pour l'émergence, il faut installer des branches et divers supports permettant aux imagos de grimper avant de déployer leurs ailes, faute de quoi on obtient souvent des imagos présentant des malformations.

D'une façon générale, il semble préférable de collecter les chenilles au printemps, ceci de façon à éviter les problèmes liés au passage de la mauvaise saison. Avec une certaine expérience, il deviendra possible de réussir les élevages les plus difficiles.

L'ÉTUDE DES CHENILLES ET LA PROTECTION DES ESPÈCES

La collecte et l'élevage des chenilles sont beaucoup plus gratifiants que la simple « chasse aux papillons ». De plus, ils permettent éventuellement d'assurer la protection des espèces. Dans les conditions naturelles, chaque papillon femelle pond de nombreux œufs, mais ceux-ci n'engendrent en moyenne que deux imagos lorsque les effectifs d'une population restent stables. En effet, il y a une forte mortalité au niveau des premiers stades, mortalité essentiellement due aux prédateurs et aux maladies. En réalisant un élevage à partir d'une ponte, on aura non seulement la joie de découvrir divers aspects biologiques, mais aussi la possibilité de relâcher une partie des imagos pour éviter une raréfaction de l'espèce concernée. Néanmoins, cette dernière opération doit s'effecter en respectant un certain nombre de règles. Tout d'abord, il ne faut libérer les papillons qu'à l'endroit exact d'où provenaient les œufs ou les chenilles. Ensuite, il convient de ne relâcher qu'un petit nombre d'individus afin de ne pas créer de déséquilibres écologiques. Précisons encore qu'il nous semble inadmissible d'introduire une espèce dans des biotopes ou des localités où elle fait normalement défaut.

Il est intéressant de consigner dans un cahier différentes observations relatives aux élevages entrepris. En effet, les informations sur la biologie des Lépidoptères se révèlent encore trop fragmentaires. On notera donc divers aspects du comportement, le nombre de stades larvaires, le nom des plantes nourricières, les périodes d'activité, les dates de nymphose et d'émergence, la nature des parasites, les symptômes des maladies, etc. On pourra également adhérer à une société d'entomologie de façon à avoir un échange de vues avec d'autres amateurs se consacrant à l'élevage des chenilles. Il faut également envisager de publier dans une revue d'entomologie toutes les observations paraissant inédites ou méconnues.

Lorsqu'on en a la possibilité, il est souhaitable de conserver en alcool (80°) une chenille de chaque stade. Les collections ainsi constituées ont d'autant plus d'intérêt qu'elles sont encore fort rares, y compris dans les muséums. Néanmoins, cette méthode ne permet pas la préservation des couleurs et il est utile de réaliser en outre des photographies en couleurs. Il existe actuellement de nombreux manuels de macrophotographie, ainsi que d'excellents appareils donnant aux amateurs la possibilité de travailler à l'instar des professionnels.

Enfin, soulignons une fois de plus la nécessité de respecter les milieux naturels, aussi bien à la campagne que dans les zones semi-industrialisées. Les friches et les haies abritent une faune qui mérite d'être protégée autant que celle des grandes forêts. Par ailleurs, en divers endroits d'Europe, il n'est permis de collecter papillons ou chenilles que moyennant des autorisations spéciales.

HEPIALIDAE

Cette famille représente un groupe relativement primitif au sein des Lépidoptères. En Europe, les chenilles d'Hépiales se nourrissent principalement de racines. Elles sectionnent parfois la base des tiges de certaines plantes, se comportant ainsi comme diverses chenilles de Noctuidae. Elles sont relativement minces, allongées, et de couleur blanc sale ; leur corps porte souvent de petites « plaques » d'un brun luisant. Elles s'attaquent à un vaste éventail de plantes basses.

HEPIALUS HUMULI (Linné), *l'Hépiale du Houblon* **Pl. 29**

Répartition géographique. Espèce répandue en Europe moyenne et septentrionale. En France : presque partout.
Description. Longueur maximale : 40 mm. Corps d'un blanc luisant ou grisâtre, avec des taches gris brun nettement indiquées. Plaque pronotale d'un brun rougeâtre, ornée de chaque côté d'un dessin oblique noirâtre. Tête d'un brun rougeâtre luisant.
Biotopes. Prairies, dunes, friches, jardins et endroits similaires.
Plantes nourricières. Diverses herbes et plantes herbacées, sauvages ou cultivées.
Cycle biologique. Une génération par an. Pondus en juin-juillet, les œufs sont dispersés au hasard, car la ponte s'effectue en vol. L'éclosion a lieu environ une quinzaine de jours après. Les chenilles vivent en terre, s'attaquant aux racines et aux tubercules de diverses plantes. Durée de la vie larvaire : un an ou deux. Nymphose dans le sol, en mai. Émergence de l'imago en juin.

KORSCHELTELLUS LUPULINA (Linné), *la Louvette* **Pl. 27**

Répartition géographique. Toute l'Europe. Espèce largement répandue en France.
Description. Longueur maximale : 38 mm. Chenille longue et mince ; corps luisant, blanc jaunâtre, ponctué de taches peu apparentes, d'un brun jaunâtre clair. Plaque pronotale et écusson anal brun ocre. Tête brillante, brun rougeâtre.
Biotopes. Prairies, champs, jardins, etc.
Plantes nourricières. Un large éventail d'herbes et de plantes basses, sauvages ou cultivées. Souvent nuisible.
Cycle biologique. Une génération par an. Œufs pondus en mai-juin et de la même façon que chez l'espèce précédente. Éclosion une quinzaine de jours après. Contrairement à ce que suggère la planche 27, les chenilles vivent dans le sol et se nourrissent de racines. Elles achèvent leur développement au printemps suivant et se nymphosent sans changer d'emplacement. L'émergence a lieu en mai-juin.

COSSIDAE

En Europe, cette famille comprend les Cossinae (ex. : *Cossus*) et les Zeuzerinae (*Phragmataecia, Zeuzera*). Les chenilles forent les troncs ou les branches d'arbres, voire les tiges de certaines plantes basses. Elles sont robustes, plutôt lisses et généralement sans dessins bien indiqués.

COSSUS COSSUS (Linné), *le Cossus gâte-bois* **Pl. 8**

Répartition géographique. Toute l'Europe. Partout en France.
Description. Longueur maximale : 65 mm. Corps jaunâtre, tirant sur le rose, avec une large bande dorsale d'un rouge violacé assez sombre. Plaque pronotale lisse, largement marquée de noir. Tête luisante, noire, partiellement rétractile. Cette chenille a une odeur caractéristique qui rappelle la chèvre.
Biotopes. Bois, régions forestières, jardins et vergers.
Plantes nourricières. Divers arbres à feuilles caduques, y compris des arbres fruitiers.
Cycle biologique. Une génération par an. Les œufs sont pondus en petites rangées ou en petits groupes dans des anfractuosités de l'écorce (juin-juillet). Les chenilles naissent en juillet-août et creusent d'abord leurs galeries entre l'écorce et le bois. Ensuite, elles pénètrent profondément dans les troncs. Durée de vie larvaire : deux à quatre ans. Nymphose dans la galerie larvaire ou sur le sol, à l'intérieur d'un cocon formé de soie et d'éléments ligneux (avril). Émergence de l'imago en juin.

PHRAGMATAECIA CASTANEAE (Hübner), **Pl. 30**
la Zeuzère du Roseau

Répartition géographique. Espèce surtout répandue en Europe moyenne. Pas rare en France, mais assez localisée.
Description. Longueur maximale : 45 mm. Tégument ridé et brillant. Corps d'un blanc jaunâtre sale, marqué dorsalement de deux lignes longitudinales violacé clair. Plaque pronotale grande, brun jaunâtre, ornée de dents à l'arrière. Tête relativement plate, de couleur brun clair.
Biotopes. Zones roselières.
Plante nourricière. Roseau (*Phragmites communis*).
Cycle biologique. Une génération par an. Déposés en groupes sur les roseaux, les œufs sont pondus principalement en juillet et l'éclosion a lieu le mois suivant. Les chenilles vivent dans la partie inférieure des tiges ; le développement larvaire dure deux ans et s'achève en mai-juin. La chrysalide se forme dans une tige et l'émergence a lieu en juin-juillet.

ZEUZERA PYRINA (Linné), *la Zeuzère du Poirier* **Pl. 16**

Répartition géographique. Toute l'Europe. En France : presque partout.
Description. Longueur maximale : 50 mm. Corps blanc jaunâtre, ponctué de petites taches brun noir. Écusson anal et plaque pronotale brun noir, cette dernière munie de dents vers l'arrière. Tête assez petite, brillante, noire ou brun sombre.
Biotopes. Forêts, régions boisées, jardins, parcs et vergers.
Plantes nourricières. Nombreux arbres et arbustes à feuilles caduques, y compris des espèces ornementales et des arbres fruitiers.
Cycle biologique. Une génération par an. 0eufs pondus — isolément ou en groupes — dans des anfractuosités de l'écorce. Ponte en juin-juillet ; éclosion environ trois semaines après. Les chenilles vivent d'abord dans les jeunes branches ou sous l'écorce, mais elles pénètrent ensuite plus profondément dans le bois. La vie larvaire dure deux ou trois ans. La nymphose s'opère en mai-juin dans un cocon fait de soie et de fragments ligneux (cocon situé dans la galerie larvaire). L'émergence a lieu en juin-juillet.

SESIIDAE

La plupart des papillons de cette famille ont leurs ailes largement dépourvues d'écailles, ce qui leur donne souvent l'aspect d'Hyménoptères. De taille petite ou modérée, les chenilles forent des galeries dans les branches et les tiges ligneuses, ainsi que dans les racines et les tiges de diverses plantes basses (voire dans le sol, au contact des racines). Elles sont généralement blanchâtres en majeure partie, avec habituellement un léger renflement de la région thoracique.

SESIA APIFORMIS (Clerck), *la Sésie apiforme*

Répartition géographique. Presque partout en Europe et en France.
Description. Longueur maximale : 65 mm. Corps blanc jaunâtre. Plaque pronotale et écusson anal brun jaunâtre. Soies courtes. Tête brun rouge.
Biotopes. Bois et forêts essentiellement.
Plantes nourricières. Surtout : Peupliers, Tremble (*Populus*) et Saules (*Salix*), mais aussi : Tilleuls (*Tilia*), Frêne (*Fraxinus*) et Bouleaux (*Betula*).
Cycle biologique. Oeufs pondus vers la base des troncs, dans des anfractuosités de l'écorce ou dans d'anciennes galeries (juin-août). Les chenilles forent principalement la périphérie des troncs et se situent souvent sous les écorces. La vie larvaire dure deux ans. La nymphose s'effectue dans un cocon placé à l'extrémité de la galerie ou à la surface du sol (avril-mai). L'imago s'observe de mai à août.

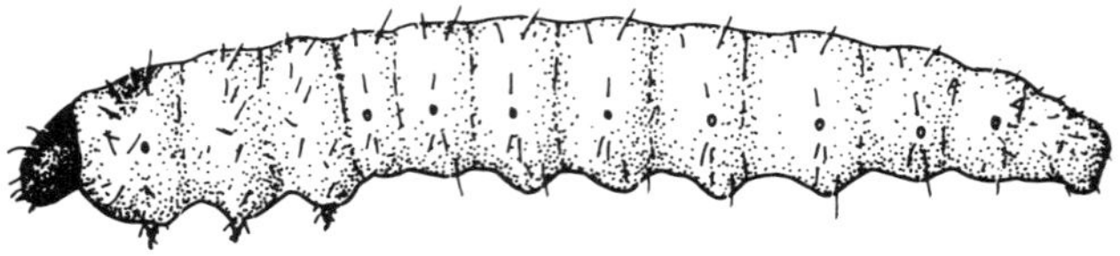

Chenille de *Sesia apiformis* (Clerck)

SYNANTHEDON TIPULIFORMIS (Clerck), **Pl. 22**
La Sésie du Groseillier

Répartition géographique. Espèce largement répandue en Europe et en France.
Description. Longueur maximale : 18 mm. Corps blanc jaunâtre avec de petites taches jaunes, luisantes, portant de courtes soies rousses. Plaque pronotale et écusson anal brun jaunâtre. Stigmates petits, cerclés de brun rouge. Tête d'un brun rougeâtre.
Biotopes. Jardins, vergers, etc.
Plantes nourricières. Groseillier rouge (*Ribes rubrum*), Cassis (*Ribes nigrum*) et Groseillier épineux (*Ribes uva-crispa*).
Cycle biologique. En principe une génération par an. La ponte a lieu en juin-juillet, les œufs étant déposés isolément, dans des anfractuosités de l'écorce. L'éclosion s'effectue une quinzaine de jours après. Les chenilles vivent dans la moelle des branches, causant ainsi un dépérissement des feuilles. Elles passent un hiver — parfois deux — avant de se nymphoser (généralement en mai-juin). L'imago peut s'observer d'avril à octobre.

SYNANTHEDON MYOPAEFORMIS (Borkhausen), **Pl. 16**
la Sésie du Pommier

Répartition géographique. De l'Europe méridionale jusqu'au Sud de la Scandinavie. En France : presque partout.
Description. Longueur maximale : 20 mm. Corps assez trapu, ponctué de petites taches jaune clair, peu apparentes. Plaque pronotale et écusson anal brun jaunâtre. Tête brun rougeâtre, en partie rétractile.
Biotopes. Vergers, jardins et zones rurales boisées.
Plantes nourricières. Pommiers (*Malus*), Poiriers (*Pyrus*), Sorbier des oiseleurs (*Sorbus aucuparia*), Aubépine (*Crataegus monogyna*) et divers arbres fruitiers et ornementaux.
Cycle biologique. Une génération par an. Ponte en juin-juillet (voire en août), dans des anfractuosités de l'écorce ; éclosion environ un mois après. Les chenilles vivent entre le bois et l'écorce. La vie larvaire dure deux ans, la nymphose s'opérant habituellement en mai-juin. Formé de soie et de particules ligneuses, le cocon se situe à l'extrémité de la galerie et il n'est masqué que par un mince fragment d'écorce. La durée du stade nymphal est d'environ quinze jours.

BEMBECIA SCOPIGERA (Scopoli), **Pl. 20**
la Sésie ichneumoniforme

Répartition géographique. Presque partout en Europe et en France, mais généralement assez localisée.
Description. Longueur maximale : 13 mm. Thorax relativement large ; abdomen assez effilé à l'arrière. Coloration blanche, tirant parfois sur le rose jaunâtre. Tête brun pâle avec des marbrures claires.
Biotopes. Dunes, champs, carrières calcaires, cuvettes sablonneuses et falaises côtières.
Plantes nourricières. Anthyllide (*Anthyllis vulneraria*), Pied de poule (*Lotus corniculatus*), Hippocrépis (*Hippocrepis comosa*), etc.
Cycle biologique. Une génération par an. Ponte en juillet (voire en août). Les œufs sont déposés sur les feuilles, les tiges et les zones découvertes des racines de la plante nourricière. Les chenilles naissent en juillet-août. Elles attaquent les racines et achèvent leur développement en mai-juin de l'année suivante. La nymphose s'effectue parmi les racines. Les imagos s'observent de mai à août, principalement en juillet.

BEMBECIA CHRYSIDIFORMIS (Esper), **Pl. 10**
la Sésie chrysidiforme

Répartition géographique. Espèce se trouvant plutôt en Europe moyenne et méridionale. largement répandue en France.
Description. Longueur maximale : 20 mm. Corps assez trapu, légèrement renflé vers l'avant, luisant et d'un ocre blanchâtre. Plaque pronotale et écusson anal brun jaunâtre clair. Tête d'un brun rougeâtre.
Biotopes. Talus calcaires, champs et clairières.
Plantes nourricières. Patiences (*Rumex*), Armoises (*Artemisia*), etc.
Cycle biologique. Une génération par an. Les œufs sont pondus en juillet, à proximité des racines de la plante-hôte. Les chenilles forent les racines, puis se nymphosent parmi celles-ci en mai de l'année suivante (les cocons de soie ont une forme tubulaire). Quelques chenilles hivernent deux fois avant d'achever leur croissance. L'émergence a lieu en juin.

HETEROGYNIDAE

Les imagos femelles de cette famille sont aptères et néoténiques. De taille moyenne, les chenilles ont un tégument luisant et elles ressemblent un peu à celles des Zygaenidae, quoiqu'elles ne possèdent pas de « touffes » de soies secondaires. Leur corps est parsemé de petites couronnes d'épines noirâtres. Les cocons ajourés, blanchâtres ou jaune clair, ont un aspect caractéristique. Les plantes-hôtes appartiennent à la famille des Leguminosae.

HETEROGYNIS PENELLA (Hübner) — Pl. 19

l'Hétérogynide plumeuse

Répartition géographique. Europe méridionale.
Description. Longueur maximale : 20 mm. Corps noirâtre, luisant, marqué — dorsalement et latéralement — de bandes longitudinales jaune clair, Soies longues et fines, de couleur blanc jaunâtre. Tête rétractile, d'un noir brillant.
Biotopes. Prairies arborées et coteaux où croissent les plantes-hôtes.
Plantes nourricières. Genêts (notamment : *Genista tinctoria*), Genêt à balais (*Cytisus scoparius*)...
Cycle biologique. Une génération par an. La femelle ne sort du cocon que pour l'accouplement et elle repénètre dans l'enveloppe nymphale pour y déposer ses œufs. Les jeunes chenilles dévorent le cadavre de la femelle, puis elles quittent le cocon pour se nourrir de feuilles (mai-juillet). La nymphose s'effectue dans un cocon de soie fixé à une tige et les imagos s'observent essentiellement en juillet-août.

ZYGAENIDAE

Il s'agit de papillons diurnes aux couleurs vives. Les chenilles, particulièrement trapues, portent des « verrues » couvertes de soies courtes. Au repos, leur tête est profondément rétractée dans le thorax. Les larves de Zygènes (*Zygaena*) ont une coloration assez tranchée comprenant souvent du vert, du jaune et du noir ; elles renferment dans leur organisme des composés cyanhydriques qui les rendent incomestibles. Ces chenilles vivent sur des plantes basses — Lotiers (*Lotus*) et Trèfles (*Trifolium*) en particulier — et beaucoup construisent des cocons parcheminés et fusiformes.

ADSCITA STATICES (Linné), *la Turquoise* **Pl. 10**

Répartition géographique. Espèce largement répandue en France comme dans le reste de l'Europe.
Description. Longueur maximale : 12 mm. Corps trapu, ocre mat, finement moucheté de noir et muni — dorsalement et latéralement — de petites touffes de soies situées sur des taches rosées ou brunâtres. Tête brun sombre, petite et rétractile.
Biotopes. Prés, milieux calcaires, falaises, landes et lisières des bois.
Plantes nourricières. Principalement l'Oseille commune (*Rumex acetosa*) et la Petite Oseille (*Rumex acetosella*).
Cycle biologique. Une génération par an. Oeufs pondus en juin-juillet, disposés en courtes rangées sur les feuilles. Les chenilles s'alimentent à partir de juillet, entrent en hibernation à l'automne et reprennent leur croissance au printemps suivant. La nymphose a lieu vers le mois d'avril, dans un cocon de soie tissé sous une feuille ou sur une tige de la plante nourricière. Émergence en mai-juin.

ZYGAENA TRANSALPINA (Esper), **Pl. 19**
la Zygène transalpine

Répartition géographique. Europe méridionale.
Description. Longueur maximale : 20 mm. Corps trapu, jaune verdâtre, avec une rangée dorsale de grandes taches noires latéralement bordées de dessins jaunes. En outre, une série de petites taches latérales noires de chaque côté du corps. Tête noire, fortement rétractée dans le thorax.
Biotopes. Prairies sèches et ensoleillées ; garrigues.
Plantes nourricières. Coronilles (notamment *Coronilla varia*), Hippocrépis (*Hippocrepis comosa*), Pied de poule (*Lotus corniculatus*) et Astragales (*Astragalus*).
Cycle biologique. Une génération par an. Ponte en juillet ; éclosion en août. Après hibernation, les chenilles se réalimentent au printemps, certaines se nymphosant en juin, d'autres passant un second hiver avant d'achever leur développement. Émergence en juin-juillet.

ZYGAENA FILIPENDULAE (Linné), **Pl. 21**
la Zygène de la Filipendule

Répartition géographique. Espèce répandue et commune dans toute l'Europe. En France, présente partout.
Description. Longueur maximale : 22 mm. Chenille trapue ; corps brusquement rétréci à chaque extrémité, de couleur jaune verdâtre et pourvu d'une double rangée de taches dorsales noires. Des dessins jaunes dorso-latéraux et, parfois, une paire de rangées latérales de taches noires. Chez certaines formes, les dessins noirs envahissent pratiquement toute la surface du corps. Tête noire, rétractile.
Biotopes. Dunes, prairies, falaises, friches et lisières des bois.
Plantes nourricières. Principalement des Légumineuses, notamment le Pied de poule (*Lotus corniculatus*).
Cycle biologique. Généralement deux générations par an. En Europe septentrionale (une seule génération), les œufs sont pondus sur la plante nourricière en juillet-août et les chenilles néonates s'alimentent jusqu'au début de l'automne. Après hibernation, elles se réalimentent au printemps et achèvent leur croissance vers la fin-mai. Quelques chenilles hivernent une seconde fois. Fixé sur une tige, le cocon est allongé, parcheminé, opaque, luisant et de couleur jaune paille. Émergence en juin-juillet (également en mai dans certaines régions).

ZYGAENA TRIFOLII (Esper), *la Zygène du Trèfle* **Pl. 21**

Répartition géographique. Toute l'Europe ; en France, presque partout.
Description. Longueur maximale : 22 mm. Chenille très semblable à celle de *Z. filipendulae*, mais d'un vert bleuté ; moins variable, sans formes très sombres ou très pâles.
Biotopes. Prairies humides, endroits marécageux et coteaux calcaires.
Plantes nourricières. Lotiers (*Lotus uliginosus, L. corniculatus*).
Cycle biologique. Généralement deux générations par an. En Europe septentrionale (une seule génération par an), la ponte s'effectue en juin-juillet. Les œufs sont déposés en petits groupes sur la plante-hôte. Après avoir commencé à se nourrir, les jeunes chenilles entrent en hibernation. Elles se réalimentent au printemps suivant ; la plupart d'entre elles parviennent à leur taille maximale en mai-juin, tandis que d'autres hivernent une seconde fois. Fixé sur un brin d'herbe ou une plante basse, le cocon est allongé, brillant, jaunâtre ou blanchâtre. Les imagos peuvent s'observer de mai à septembre (lorsqu'il y a deux générations).

ZYGAENA LONICERAE (Scheven), **Pl. 21**
la Zygène du Chèvrefeuille

Répartition géographique. Toute l'Europe et presque partout en France.
Description. Longueur maximale : 22 mm. Chenille trapue, semblable à celles de *Zygaena filipendulae* et *trifolii*, mais plus bleutée et avec des soies distinctement plus longues. Celles-ci forment une sorte de « fourrure » noirâtre.
Biotopes. Dunes, coteaux herbeux, friches, marais et lisières des bois.
Plantes nourricièress (*Vicia*)...
Cycle biologique. Une génération par an. Les œufs sont pondus sur la plante-hôte en juillet-août. Les chenilles commencent à se nourrir vers la fin de l'été, puis elles

entrent en hibernation et reprennent leur activité au printemps suivant. Certaines d'entre-elles achèvent leur développement en mai, les autres doivent passer un second hiver. Nymphose dans un cocon fixé à une tige de plante basse (cocon allongé, luisant, de couleur blanchâtre ou jaunâtre). Les imagos volent de juin à août.

ZYGAENA EXULANS (Hohenwarth), *la Zygène exilée* **Pl. 25**

Répartition géographique. Nord de l'Europe et régions montagneuses de France et d'Europe centrale.
Description. Longueur maximale : 20 mm. Corps trapu, brusquement rétréci à chaque extrémité et d'un gris verdâtre sombre. Une paire de rangées latérales de points dorso-latéraux jaunes. Tête noire, rétractée dans le thorax.
Biotopes. Prairies alpines.
Plantes nourricières. Surtout la Camarine noire (*Empetrum nigrum*), mais également l'Airelle-myrtille (*Vaccinium myrtillus*), l'Airelle rouge (*V. vitis-idaea*), etc.
Cycle biologique. Une génération par an. Ponte en juillet-août. Les chenilles commencent à s'alimenter vers la fin de l'été. Après hibernation, elles reprennent leur croissance au printemps ; certaines achèvent leur développement en juin, les autres hivernant une seconde fois. Cocon gris argenté, ovoïde, tissé sur une plante basse ou sur un rocher. Émergence de l'imago en juin ou en juillet.

ZYGAENA PURPURALIS (Brünnich), *la Zygène pourpre* **Pl. 26**

Répartition géographique. Espèce largement répandue en Europe. En France : presque partout.
Description. Longueur maximale : 20 mm. Corps trapu, d'un vert jaunâtre terne tirant, dorsalement, sur le vert olive. Une paire de rangées subdorsales de points noirs qui sont ventralement soulignés par des taches jaunes. Tête brun noir, rétractée dans le thorax.
Biotope. Coteaux herbeux où croît la plante-hôte.
Plante nourricière. Exclusivement le Serpolet (*Thymus serpyllum*).
Cycle biologique. Une génération par an. La ponte a lieu en juin-juillet et les jeunes chenilles commencent à se nourrir vers la fin de l'été. Elles restent ensuite en hibernation et reprennent leur activité au printemps suivant. Certaines se nymphosent vers la fin-mai, les autres, un an plus tard. Faits de soie, ovoïdes et d'un gris argenté, les cocons sont tissés sur le sol ou sur des rochers. Émergence en juin.

LIMACODIDAE

Cette famille essentiellement tropicale n'a que peu de représentants européens. Plutôt limaciformes, les chenilles de ce groupe évoquent celles des Lycaenidae dont elles diffèrent, toutefois, par l'absence de fausses pattes. Elles s'attaquent au feuillage de certains arbres. Dans les régions tropicales, elles portent souvent des scoli et des soies urticantes.

APODA LIMACODES (Hufnagel), *la Tortue* — Pl. 6

Répartition géographique. Espèce plutôt répandue en Europe moyenne et méridionale. Présente dans pratiquement toute la France.
Description. Longueur maximale : 15 mm. Chenille relativement plate et lisse. Corps vert, orné de points blancs mal indiqués et d'une paire de carènes longitudinales jaunes, carènes entrecoupées par des points rose vif. Parfois, il y a également une ligne marginale jaune, notamment au-dessus de la tête ; celle-ci est fortement rétractile et généralement non visible.
Biotope. Zones boisées.
Plantes nourricières. Chênes (*Quercus*), Hêtre (*Fagus sylvatica*) et quelques autres arbres à feuilles caduques.
Cycle biologique. Une génération par an. Fortement aplatis, les œufs sont pondus en juin-juillet. Les chenilles se nourrissent d'août à octobre. Vers la fin de l'automne, elles ont terminé leur croissance et construisent leur cocon où elles hivernent, attendant le printemps pour se nymphoser. Ovoïde et rigide, le cocon possède un opercule prédécoupé. L'émergence s'observe en juin.

HETEROGENEA ASELLA (Denis & Schiffermüller), *le Cloporte* — Pl. 7

Répartition géographique. Espèce plutôt répandue en Europe moyenne. Présente dans différentes régions de France, mais assez rare en général.
Description. Longueur maximale : 12 mm. Corps trapu, vert jaunâtre clair, dorsalement marqué d'un grand losange brun. Tête rétractée dans le thorax.
Biotope. Zones forestières.
Plantes nourricières. Chêne (*Quercus*), Hêtre (*Fagus sylvatica*), Peupliers (*Populus*), Érables (*Acer*), etc.
Cycle biologique. Une génération par an. Déposés isolément sur le feuillage, les œufs sont pondus en juillet. Les chenilles s'alimentent d'août à octobre. En automne, les chenilles ont atteint leur taille maximale et elles construisent leur cocon sur une brindille ou une feuille. Elles attendent le printemps pour se nymphoser dans ce cocon qui est brun sombre et à l'aspect d'une galle. L'émergence des imagos a lieu en juin-juillet.

DREPANIDAE

Les imagos de cette famille évoquent soit des Noctuelles (c'est le cas des Thyatirinae), soit des Géomètres (Drepaninae). Les chenilles des espèces européennes n'ont qu'un assez petit nombre de soies. Plusieurs d'entre elles relèvent l'extrémité supérieure de l'abdomen et, dans la sous-famille des Drepaninae, celle-ci se termine par une pointe plus ou moins conique, les fausses pattes anales faisant presque entièrement défaut. D'une façon générale, les chenilles de Drepanidae vivent sur des arbres, des arbustes ou des ronces.

THYATIRA BATIS (Linné), *la Batis* **Pl. 15**

Répartition géographique. Toute la France et presque toute l'Europe.
Description. Longueur maximale : 35 mm. Thorax renflé avec, sur le dernier segment, une proéminence dorsale dirigée vers l'avant. Incisions intersegmentaires bien visibles en vue dorsale. Corps brun purpurin ou brun rougeâtre clair, avec une rangée de triangles dorsaux plus pâles. Une protubérance dorsale sur chacun des segments abdominaux 2 à 6, ainsi que sur le segment 8. Tête brun clair avec des dessins plus sombres.
Biotopes. Zones forestières.
Plante nourricière. Ronce (*Rubus fruticosus*).
Cycle biologique. Une génération par an en Europe septentrionale, habituellement deux dans les régions plus méridionales. Les œufs sont pondus en petits groupes sur le bord des feuilles (juin-juillet ; juillet-août). Les chenilles peuvent s'observer de juin à octobre. La nymphose s'effectue dans des cocons tissés parmi les feuilles et l'émergence a lieu en mai-juin ou en juillet-août.

HABROSYNE PYRITOIDES (Hufnagel), **Pl. 15**
la Râtissée

Répartition géographique. Toute l'Europe sauf l'extrême Nord. Pratiquement toute la France.
Description. Longueur maximale : 40 mm. Corps châtain, couvert d'un fin réseau de lignes brun noir. Limites intersegmentaires noirâtres. Une ligne noire médio-dorsale. Une grande tache blanche au-dessus de chacun des stigmates du premier segment abdominal. Tête d'un brun rougeâtre.
Biotopes. Landes et zones plus ou moins boisées.
Plantes nourricières. Ronces (surtout *Rubus fruticosus*).
Cycle biologique. Une génération par an. Déposés sur les feuilles en petits groupes, les œufs sont habituellement pondus en juillet. Les chenilles s'alimentent d'août à octobre. Actives la nuit, elles se cachent dans la litière pendant la journée. Nymphose en automne, dans un cocon enfoui dans le sol. Émergence en juin-juillet, voire en mai.

TETHEA OCULARIS (Linné), *l'Octogésime* **Pl. 3**

Répartition géographique. Espèce largement répandue en Europe. Presque partout en France, mais plus abondante dans la moitié septentrionale.
Description. Longueur maximale : 37 mm. Corps d'un jaune pâle tirant sur le gris verdâtre. De chaque côté, une ligne longitudinale jaune clair située au contact des stigmates. Plaque pronotale luisante, gris clair. Segments thoraciques et huitième segment abdominal avec des points latéraux noirs. Tête brun ocre, antérieurement tachée de noir.
Biotopes. Parcs, campagne boisée et zones forestières.
Plantes nourricières. Peupliers et Tremble (*Populus*).
Cycle biologique. Une génération par an ; parfois deux. Ponte habituellement en juillet ; éclosion le même mois. Les chenilles s'alimentent jusqu'en septembre-octobre. Pendant la journée, elles se cachent dans une feuille morte enroulée ou entre des feuilles réunies par de la soie. Les cocons sont tissés entre des feuilles mortes et les imagos s'observent, selon les régions, de mai à août.

TETHEA OR (Denis & Schiffermüller), *l'Or* **Pl. 3**

Répartition géographique. Semblable à celle de l'espèce précédente.
Description. Longueur maximale : 20 mm. Corps jaunâtre ou d'un vert bleuté pâle, avec, de chaque côté, une ligne longitudinale blanchâtre placée au contact des stigmates. Parfois, une paire de rangées latéro-dorsales de petits cercles noirs. Tête ocre, antérieurement marquée de noir.
Biotopes. Zones forestières et semi-boisées.
Plantes nourricières. Essentiellement Tremble (*Populus tremula*), Peuplier noir (*Populus nigra*) et Saules (*Salix*).
Cycle biologique. Une ou deux générations par an. Ponte le plus souvent en juillet. Les chenilles se développent jusqu'en octobre. Pendant la journée, elles se dissimulent entre des feuilles assemblées par de la soie ; la nuit, elles quittent leur abri pour se nourrir. Certaines chenilles s'observent en juin-juillet. De couleur brune, les cocons sont tissés entre des feuilles. Les imagos peuvent se rencontrer d'avril à août.

OCHROPACHA DUPLARIS (Linné), *le Colon* **Pl. 5**

Répartition géographique. Espèce largement répandue en Europe moyenne et septentrionale. Présente presque partout en France.
Description. Longueur maximale : 22 mm. Corps verdâtre ou blanc grisâtre, avec une large bande dorsale gris vert ou vert foncé. Plaque pronotale noire et luisante. De chaque côté, au-dessus des stigmates, une rangée longitudinale de points vert foncé ou noirâtres. Tête brun ocre.
Biotope. Zones boisées.
Plantes nourricières. Bouleau (*Betula pendula*), Aulne (*Alnus glutinosa*), Peupliers (*Populus*), Chênes (*Quercus*) et Noisetier (*Corylus avellana*).
Cycle biologique. Deux générations par an, sauf dans le Nord de l'Europe. Ponte en juin et en juillet-août. Chenilles d'août à début octobre, ainsi qu'en juin-juillet. S'alimentant la nuit, les chenilles se dissimulent pendant la journée entre des feuilles réunies par de la soie. Nymphose dans un léger cocon de soie tissé entre des feuilles de la plante-hôte. Les imagos en mai-juin et en juillet-août.

ACHLYA FLAVICORNIS (Linné), *la Flavicorne* **Pl. 4**

Répartition géographique. Espèce largement répandue en Europe. En France, partout, quoique plus commune dans la moitié septentrionale.
Description. Longueur maximale : 33 mm. Corps blanc à vert grisâtre clair, parfois d'un vert grisâtre sombre dans sa partie dorsale. Plusieurs points noirs et blancs sur le dos et les flancs. Plaque pronorale noirâtre, scindée en deux par une ligne médiane blanchâtre. Tête brun ocre à brun rougeâtre, avec parfois une ombre antérieure noire.
Biotopes. Landes et zones forestières.
Plantes nourricières. Principalement le Bouleau (*Betula pendula*), mais aussi Peupliers (*Populus*), arbres fruitiers...
Cycle biologique. Habituellement deux générations par an. Ponte en mars-avril et en août. Les œufs sont déposés en petits groupes sur les branches, à proximité des bourgeons. Les chenilles s'observent de fin-mai à juillet, ainsi qu'en septembre. Pendant la journée, elles se cachent entre des feuilles rassemblées par de la soie. Nymphose dans un léger cocon tissé sur le sol ou parmi les feuilles de la plante-hôte. Imagos en mars-avril et en août.

POLYPLOCA RIDENS (Fabricius), *la Rieuse* **Pl. 6**

Répartition géographique. Presque toute l'Europe à l'exception des régions les plus septentrionales. Toute la France.
Description. Longueur maximale : 33 mm. Corps jaune clair, plus ou moins envahi de gris verdâtre (souvent sous forme de lignes brisées). Des points dorsaux blanchâtres, en partie cerclés de noir. Une ligne longitudinale jaune clair, de chaque côté, au niveau des stigmates. Tête d'un brun rougeâtre clair.
Biotope. Zones forestières.
Plantes nourricières. Chênes (*Quercus*).
Cycle biologique. Deux générations par an, sauf dans le Nord de l'Europe. Oeufs pondus isolément sur les branches, à proximité des bourgeons (avril-mai et août). Les chenilles ont une activité nocturne et elles se cachent, le jour, entre des feuilles réunies par de la soie (mai à juillet et septembre-octobre). Tissés dans le feuillage, les cocons tombent éventuellement sur le sol. Le stade nymphal peut durer un an ou deux, voire plus. Imagos en avril-mai et en août.

DREPANA FALCATARIA (Linné), *la Faucille* **Pl. 4**

Répartition géographique. Toute la France et presque toute l'Europe.
Description. Longueur maximale : 25 mm. Corps relativement trapu avec la région anale effilée et pourvue d'une pointe conique. Flancs et région ventrale vert clair ou vert bleuté ; région dorsale brun ocre ou brun purpurin, notamment sur l'abdomen. Une paire de scoli latéro-dorsaux sur le méso- et le métathorax, ainsi que sur le deuxième segment abdominal. Tête non sphérique, brune avec des dessins clairs.
Biotopes. Landes et endroits boisés.
Plantes nourricières. Bouleaux (*Betula*), Aulne (*Alnus glutinosa*), ainsi que quelques autres espèces arborescentes.
Cycle biologique. Généralement deux générations par an. Disposés en petites rangées sous les feuilles, les œufs sont pondus en mai et en août. Non dissimulées lorsqu'elles s'alimentent, les chenilles passent toutefois inaperçues, car elles ressemblent à de petites feuilles recroquevillées (mai-juillet et septembre). La nymphose a lieu en juillet et en septembre, les cocons étant tissés dans des feuilles repliées. Les imagos volent en avril-mai et de juillet à septembre.

FALCARIA LACERTINARIA (Linné), *la Lacertine* **Pl. 4**

Répartition géographique. Espèce largement répandue en Europe. En France, présente surtout dans la moitié septentrionale.
Description. Longueur maximale : 20 mm. Extrémité postérieure de l'abdomen se terminant par une pointe conique. Corps brun, quelquefois avec une nuance pourprée. Région dorsale parfois ornée d'une double rangée de dessins triangulaires brun noir. Une paire de scoli bien développés sur le méso- et le métathorax. Tête non sphérique, brun purpurin, avec des dessins blanchâtres.
Biotopes. Landes et zones forestières.
Plantes nourricières. Bouleaux (principalement *Betula pendula*).
Cycle biologique. Deux générations par an. Les œufs sont pondus en petits groupes à la face inférieure des feuilles (mai ; août). Les chenilles s'alimentent en juin-juillet et en août-septembre ; elles sont censées ressembler à de petits lézards, ce qui explique le nom latin de cette espèce (« lacertinaria »). La nymphose s'effectue dans un cocon tissé à l'intérieur d'une feuille repliée (juillet ; octobre). L'émergence s'opère habituellement en mai et en août.

CILIX GLAUCATA (Scopoli), *la Petite Épine* **Pl. 17**

Répartition géographique. Toute l'Europe, à l'exception des régions les plus septentrionales. Partout en France.
Description. Longueur maximale : 12 mm. Thorax légèrement renflé, avec une paire de petites protubérances sur les segments 2 et 3. Région anale effilée, pointue à l'apex. Corps brun rougeâtre, avec un fin réseau de traits brun sombre ou noirâtres. Partie dorsale de l'abdomen largement crème ou ocre, avec une ligne médio-dorsale brun sombre. Tête brun clair, mouchetée de noirâtre.
Biotopes. Haies et lisières de forêts.
Plantes nourricières. Aubépine (*Crataegus monogyna*), Prunellier (*Prunus spinosa*), Prunier (*Prunus domestica*) ; parfois aussi : Pommiers (*Malus*), Poiriers (*Pyrus*), Sorbier des oiseleurs (*Sorbus aucuparia*) et Ronce (*Rubus fruticosus*).
Cycle biologique. Deux générations par an. Ponte en mai et en août. Les chenilles s'observent de mai à juillet et d'août à octobre. Lorsqu'elles sont jeunes, elles n'attaquent que la face supérieure des feuilles, causant ainsi des dégâts caractéristiques. Par la suite, elles dévorent toute l'épaisseur des feuilles. Les cocons — bruns et résistants — sont tissés dans le feuillage ou sous des fragments d'écorce. Nymphose en août et en octobre ; émergence respectivement en août et en mai.

WATSONALLA CULTRARIA (Fabricius), *la Serpette* **Pl. 7**

Répartition géographique. Espèce plutôt répandue dans le centre, l'Ouest et le Sud de l'Europe. En France, presque partout.
Description. Longueur maximale : 20 mm. Chenille assez allongée, avec l'extrémité anale effilée et pourvue d'une pointe apicale. Corps brun rougeâtre, avec un grand losange crème sur la partie dorsale de l'abdomen. Métathorax muni d'une protubérance dorsale légèrement bifide. Région ventrale blanc jaunâtre, ainsi que les stries latérales qui flanquent le thorax et l'extrémité postérieure de l'abdomen. Tête échancrée, d'un brun rougeâtre clair.

Biotope. Endroits boisés.
Plantes nourricières. Essentiellement le Hêtre (*Fagus sylvatica*).
Cycle biologique. Deux générations par an. Ponte en mai et en août. Chenilles en juin-juillet et en septembre-octobre. Cocons tissés dans des feuilles repliées. Nymphose en juillet et en octobre ; émergence des imagos respectivement en juillet-août et en avril-mai.

WATSONALLA BINARIA (Hufnagel), *le Hameçon* **Pl. 6**

Répartition géographique. Semblable à celle de l'espèce précédente.
Description. Longueur maximale : 24 mm. Corps relativement allongé, effilé à l'arrière, avec une pointe anale bien indiquée. Couleur générale brun clair avec un fin réseau de traits noirâtres ou brun sombre. Région dorsale de l'abdomen marquée d'un grand losange médian de couleur jaunâtre. Métathorax portant un grand scolus dorsal à apex bifide. Tête échancrée, brun clair avec de petites taches sombres.
Biotopes. Zones forestières.
Plantes nourricières. Chênes principalement (*Quercus*), mais aussi, parfois, Hêtre (*Fagus*), Aulne (*Alnus*)...
Cycle biologique. Deux générations par an. Pondus sur le bord des feuilles en juin et en août, les œufs éclosent au bout d'une dizaine de jours. Les chenilles s'observent en juin-juillet et en septembre-octobre. La nymphose s'effectue dans un cocon abrité par une feuille repliée (juillet ; octobre). L'émergence a lieu habituellement en août et en mai.

SABRA HARPAGULA (Esper), *le Harpon* **Pl. 8**

Répartition géographique. Europe moyenne et septentrionale. En France, fait défaut en Provence.
Description. Longueur maximale : 25 mm. Corps assez allongé, avec l'extrémité postérieure amincie et terminée par une pointe. Abdomen jaune sur le dos et, par endroits, sur les flancs. Reste de l'abdomen et thorax brun rougeâtre ou brun purpurin. Métathorax muni d'un scolus dorsal bifide. Tête non sphérique, rosée, avec des dessins brun sombre.
Biotope. Zones forestières.
Plantes nourricières. Chênes (*Quercus*), Tilleul (*Tilia cordata*), etc.
Cycle biologique. Une ou deux générations par an selon les régions. Les œufs sont pondus sur le bord des feuilles en juin et aussi, éventuellement, en août. L'éclosion a lieu une dizaine de jours après la ponte. Les chenilles s'observent en mai-juin et de juillet à septembre. De couleur brune, les cocons sont tissés dans des feuilles repliées. Les imagos volent en mai-juin et en juillet-août.

CIMELIIDAE

Cette famille ne comprend qu'un très petit nombre d'espèces (six). Les imagos ont une coloration assez vive, leurs ailes antérieures portant le plus souvent des taches argentées; ils ont un corps relativement mince et leurs antennes sont bipectinées dans les deux sexes. Leurs chenilles vivent sur des Euphorbiaceae et peut-être aussi, parfois, sur des Leguminosae et des Gramineae.

AXIA MARGARITA (Hübner), *la Timie-perle*

Répartition géographique. Régions méditerranéennes. France méridionale.
Description. Longueur maximale : 21 mm. Corps légèrement granuleux et plissé transversalement. Soies peu nombreuses et très courtes. Tête, prothorax et partie ventrale du corps de couleur rose ; région dorsale de l'abdomen, du méso- et du métathorax de couleur jaune verdâtre. Plaque pronotale saillante vers l'avant, masquant un organe bilobé probablement glandulaire. Fausses pattes anales plus développées que les autres.
Biotopes. Garrigues.
Plantes nourricières. Certaines Euphorbes (*Euphorbia*).
Cycle biologique. Deux générations par an, voire davantage. Ponte sur la plante-hôte, en mai-juin et en août. Éclosion des œufs une dizaine de jours après. Les chenilles consomment feuilles et bractées (mai-juillet et septembre-octobre). Enfoncés dans le sol, les cocons sont formés de particules de terre et de granules minéraux assemblés par quelques fils de soie. Les imagos s'observent de mai à août.

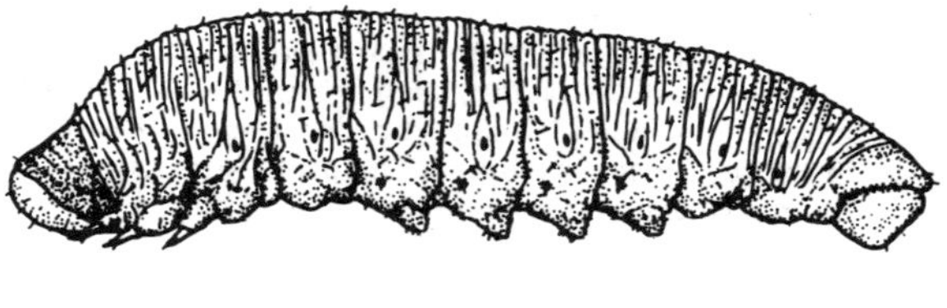

Chenille d'*Axia margarita* (Hübner)

LASIOCAMPIDAE

Les papillons de cette famille ont un corps robuste et trapu, et leurs antennes sont bipectinnées. Moyennes à grandes, les chenilles sont densément recouvertes de soies, y compris sur la capsule céphalique. Leur corps possède souvent des protubérances latéro-ventrales charnues et velues. Ces chenilles se nourrissent d'espèces végétales très diverses et qui comprennent aussi bien des plantes basses que des arbres et des arbustes. Les cocons ont fréquemment une forme ovoïde.

POECILOCAMPA POPULI (Linné), **Pl. 3**
le Bombyx du Peuplier

Répartition géographique. Espèce largement répandue en Europe moyenne et septentrionale. En France, presque partout.
Description. Longueur maximale : 50 mm. Fine pilosité grise, dense et courte. Corps gris clair, moucheté de points noirs ou gris sombre. Région dorsale parfois teintée d'ocre. Plaque pronotale et écusson anal largement brun rougeâtre. Tête gris pâle avec des points noirs.
Biotopes. Haies et endroits boisés.
Plantes nourricières. Chênes (*Quercus*), Bouleaux (*Betula*), Peupliers (*Populus*), Aubépine (*Crataegus monogyna*), etc.
Cycle biologique. Une génération par an. A la fin de l'automne ou en hiver, les œufs sont pondus sur les écorces, isolément ou en petits groupes ; l'éclosion n'a lieu qu'au printemps. Les chenilles s'alimentent de mars à juin. Plaquées au repos contre les troncs et les branches, elles passent aisément inaperçues (elles ont alors un aspect linéaire). Sombres et grisâtres, les cocons se trouvent dans le sol ou la litière. Nymphose en juin ; émergence à la fin de l'automne ou en hiver.

TRICHIURA CRATAEGI (Linné), **Pl. 17**
le Bombyx de l'Aubépine

Répartition géographique. Pratiquement toute l'Europe et presque partout en France.
Description. Longueur maximale : 40 mm. Corps noir en grande partie. Pilosité assez courte et fine, rousse dorsalement, blanc jaunâtre latéralement ; en outre, des touffes de longues soies noires. Des dessins rouges et blancs (ou jaunes) d'extension variable sur les parties latérales et dorsales du corps. Toujours une paire de rangées latéro-dorsales de verrues rouges. Tête d'un noir brillant.
Biotopes. Endroits plus ou moins boisés, haies et bruyères.
Plantes nourricières. Prunellier (*Prunus spinosa*), Aubépine (*Crataegus monogyna*), Bouleaux (*Betula*), Saules (*Salix*), Chênes (*Quercus*), Noisetier (*Corylus avellana*),. Airelle-myrtille (*Vaccinium myrtillus*), Ronce (*Rubus fruticosus*), Bruyères (*Calluna* et *Erica*), etc.
Cycle biologique. Une génération par an. Regroupés approximativement par dix, en petites rangées, les œufs sont pondus sur les branches en septembre-octobre. Ils n'éclosent toutefois qu'au printemps suivant. Les chenilles s'observent d'avril à juin. Les cocons sont tissés à terre et les imagos apparaissent en août.

ERIOGASTER LANESTRIS (Linné), *le Bombyx laineux* **Pl. 17**

Répartition géographique. Espèce principalement répandue en Europe moyenne et septentrionale. En France, presque partout.
Description. Longueur maximale : 45 mm. Corps noir, couvert de longues soies claires, jaunâtres ; dorsalement une double série de zones couvertes d'une courte pilosité rousse et délimitées par un liseré blanc jaunâtre. Tête grise avec des dessins noirs.
Biotopes. Haies et broussailles.
Plantes nourricières. Prunellier (*Prunus spinosa*), Aubépine (*Crataegus monogyna*), Bouleaux (*Betula*), Saules (*Salix*), ainsi que quelques autres arbres et arbustes.
Cycle biologique. Une ou deux générations par an selon les régions. Les œufs sont pondus en petits groupes sur les branches de la plante-hôte (février-mars lorsqu'il n'y a qu'une seule génération). Les chenilles s'observent le plus souvent d'avril à début-juillet. Elles vivent de façon grégaire dans une poche de soie qu'elles quittent la nuit pourt aller s'alimenter. Nymphose habituellement en juillet ; la chrysalide passe parfois plusieurs hivers avant l'émergence de l'imago (qui a lieu généralement en février-mars). Les cocons sont brun clair et ils se trouvent à terre.

MALACOSOMA NEUSTRIA (Linné), *la Livrée* **Pl. 16**

Répartition géographique. Toute la France et toute l'Europe.
Description. Longueur maximale : 45 mm. Corps d'un bleu grisâtre clair, avec une fine pilosité rousse. Une ligne médio-dorsale blanche, latéralement bordée de lignes noires et rouge orangé. De chaque côté, au-dessus des stigmates, une ligne longitudinale rouge orangé souligné de noir. Tête gris bleuté avec deux taches noires.
Biotopes. Haies, zones semi-boisées, jardins et vergers.
Plantes nourricières. Aubépine (*Crataegus monogyna*), Prunellier (*Prunus spinosa*), Pommiers (*Malus*), Saules (*Salix*), et divers autres arbres ou arbustes à feuilles caduques.
Cycle biologique. Une génération par an. La ponte forme un manchon entourant une petite branche (août). Les chenilles naissent en avril et se nourrissent jusqu'en juin. Elles vivent rassemblées dans un nid de soie tissé dans le feuillage. Par temps ensoleillé, on peut les voir sortir de leur abri. Les cocons sont tissés parmi les feuilles ou dans la litière, à la surface du sol. La nymphose s'effectue en juin-juillet et l'émergence, quelques semaines après.

PACHYGASTRIA TRIFOLII (Denis & Schiffermüller), *le Bombyx du Trèfle* **Pl. 21**

Répartition géographique. Espèce largement répandue en France, comme dans le reste de l'Europe.
Description. Longueur maximale : 60 mm. Corps noir, recouvert dorsalement de soies rousses et latéralement de soies d'un blanc grisâtre. Sur le dos, trois rangées longitudinales de points d'un blanc bleuté. Plaque pronotale et écusson anal orange avec des dessins noirs. Tête noire, marquée de roux.
Biotopes. Dunes côtières, bruyères et friches.
Plantes nourricières. Genêt à balais (*Cytisus scoparius*), Saule rampant (*Salix repens*), Ronce (*Rubus fruticosus*), Luzerne (*Medicago sativa*), Pied d'oiseau (*Ornithopus perpusillus*), diverses herbes, etc.
Cycle biologique. Une génération par an. Les œufs sont pondus au hasard dans la végétation (août). L'éclosion a lieu au printemps suivant. Les chenilles s'alimentent

de mars à juin. Les cocons, ovales et bruns, sont tissés sur les plantes-hôtes, non loin du sol. Les imagos volent principalement de juillet à septembre.

LASIOCAMPA QUERCUS (Linné), **Pl. 15**
le Minime à bandes jaunes

Répartition géographique. Toute la France et pratiquement toute l'Europe.
Description. Longueur maximale : 65 mm. Corps brun sombre à noir, couvert de touffes de soies brunâtres. De chaque côté, au-dessus des stigmates, une ligne longitudinale de dessins blanchâtres ; en outre, parfois, une ligne de dessins rouges située sous les stigmates. Tête d'un brun sombre.
Biotopes. Bois, haies, dunes, bruyères et marais.
Plantes nourricières. Nombreux arbres et arbustes, dont la Ronce (*Rubus fruticosus*), l'Aubépine (*Crataegus monogyna*), les Chênes (*Quercus*), les Saules (*Salix*), les Genêts (*Genista*)... La sous-espèce septentrionale *Lasiocampa quercus callunae* Palmer vit sur la Callune (*Calluna vulgaris*) et l'Airelle-myrtille (*Vaccinium myrtillus*).
Cycle biologique. Une génération par an. Pondus en vol, les œufs sont dispersés au hasard. En général, les chenilles naissent en août, entrent en hibernation alors qu'elles sont encore assez petites, puis achèvent leur développement au printemps et se nymphosent en juillet. L'émergence a lieu en juillet-août. Chez *Lasiocampa quercus callunae,* après une première hibernation, les chenilles se nymphosent vers la fin de l'été et l'émergence ne se produit qu'en mai-juin, après un second hiver. Les cocons — grands et ovoïdes — sont tissés au sol ou dans les branches de la plante nourricière.

MACROTHYLACIA RUBI (Linné), **Pl. 24**
le Bombyx de la Ronce

Répartition géographique. Espèce largement répandue en Europe. En France : partout.
Description. Longueur maximale : 65 mm. Corps noir, velouté, densément recouvert de soies, rousses dans la région dorsale et grisâtres sur les flancs. Tête noire avec une pilosité brunâtre. Les jeunes chenilles sont brun noir avec des bandes intersegmentaires, dorsales, de couleur jaune clair. Les poils ont des propriétés urticantes.
Biotopes. Landes, bruyères, marais et dunes.
Plantes nourricières. Callune (*Calluna vulgaris*), Bruyères (*Erica*), Ronce (*Rubus fruticosus*), Airelle-myrtille (*Vaccinium myrtillus*) et autres plantes basses. Également sur Prunellier (*Prunus spinosa*) et Saule rampant (*Salix repens*).
Cycle biologique. Une génération par an. Les pontes sont groupées, entourant les tiges de la plante-hôte (juin). Éclosion vers la fin-juin. Parvenues à leur taille maximale en automne, les chenilles entrent en hibernation. Au printemps suivant, elles reprennent leur activité et s'exposent au soleil, mais elles ne se réalimentent pas. Nymphose en mars-avril. Les cocons, de couleur brune, sont composés de soies et de poils larvaires ; on les trouve parmi les plantes-hôtes, à proximité du sol. L'émergence a lieu en mai.

DENDROLIMUS PINI (Linné), *le Bombyx du Pin* **Pl. 1**

Répartition géographique. Espèce présente dans une grande partie de l'Europe, mais faisant défaut en Belgique et en Grande-bretagne. En France, presque partout.

Description. Longueur maximale : 75 mm. Pilosité courte, grisâtre. Taches dorsales noires. Une paire de bandes dorsales formées de soies squamiformes blanches ; ces bandes se fusionnent dans la région thoracique. Méso- et métathorax dorsalement ornés de bandes transversales d'un noir bleuté. Tête brune avec des dessins plus sombres.
Biotope. Zone forestière.
Plantes nourricières. Pins (*Pinus*), Épicéa de Sitka (*Picea sitchensis*), Sapin (*Abies alba*) et Douglas (*Pseudotsuga menziesii*).
Cycle biologique. Une génération par an. Les œufs sont pondus sur les aiguilles, isolément ou en petits groupes (juillet-août) ; l'éclosion a lieu deux ou trois semaines après. Les chenilles hivernent à terre et se réalimentent au printemps. En Europe septentrionale, elles passent parfois un second hiver avant de se nymphoser. La chrysalide se forme vers la fin-juin, dans un grand cocon ocre tissé dans les branches ou parmi les aiguilles. Le stade nymphal dure environ un mois.

EUTHRIX POTATORIA (Linné), *la Buveuse* **Pl. 32**

Répartition géographique. Partout, en France comme dans le reste de l'Europe.
Description. Longueur maximale : 75 mm. Corps gris bleuté dorsalement, noir latéralement. Abondante pilosité d'un roux clair. Sur le dos, une double série longitudinale de petites touffes de soies noires. Mésothorax et huitième segment abdominal dorsalement pourvus d'une grande touffe médiane de poils noirs. Flancs avec une large bande de dessins rouge orangé au-dessus des stigmates et, sous ces derniers, une série de touffes blanches entrecoupées de dessins rougeâtres. Tête noire, marquée de roux.
Biotopes. Endroits plus ou moins boisés, landes et marais.
Plantes nourricières. Dactyle aggloméré (*Dactylis glomerata*), Chiendent (*Agropyron repens*), Brome (*Bromus sterilis*), ainsi que d'autres plantes herbacées et des roseaux.
Cycle biologique. Une génération par an. Déposés en petits groupes sur les brins d'herbes, les œufs sont pondus en août. Les chenilles naissent le même mois, se nourrissent quelque temps, puis entrent en hibernation et achèvent leur croissance au printemps. Elles ont la réputation de boire les gouttes de rosée, ce qui explique le nom vernaculaire de cette espèce. Cocons naviculaires, blanc jaunâtre, fixés aux plantes nourricières. Nymphose en juin ; émergence en juillet.

PHYLLODESMA ILICIFOLIA (Linné), **Pl. 25**
la Feuille morte de l'Yeuse

Répartition géographique. Principalement en Europe moyenne et septentrionale.
Description. Longueur maximale : 60 mm. Corps roux à jaunâtre. Pilosité rousse, assez claire. Dorsalement, des bandes transversales, intersegmentaires, comprenant du noir et du gris bleuté. Parfois, ces bandes sont interrompues et il y a ainsi formation d'une double rangée de dessins plus ou moins carrés. De chaque côté du corps, une série de dessins gris bleuté longe les stigmates. Tête gris foncé.
Biotopes. Landes et zones semi-boisées.
Plantes nourricières. Airelle-myrtille (*Vaccinium myrtillus*), Saules (*Salix*), Peupliers (*Populus*) et Bouleaux (*Betula*).
Cycle biologique. Une génération par an. Ponte en mai-juin. Chenilles de juin à août. Nymphose en août-septembre. Les cocons de soie sont tissés dans le feuillage de la plante-hôte. Les papillons volent d'avril à juin.

GASTROPACHA QUERCIFOLIA (Linné), **Pl. 17**
la Feuille morte du Chêne

Répartition géographique. Presque toute l'Europe. En France : partout.
Description. Longueur maximale : 80 mm. Corps gris, piqueté de noir et couvert d'une fine pilosité noirâtre. Dorsalement, sur le méso-et le métathorax, une bande transversale noire et bleue. Huitième segment abdominal muni d'une petite protubérance dorsale de couleur noire. Une paire de séries latéro-ventrales de lobes charnus, portant de longues soies noirâtres. Tête noire avec des dessins gris clair.
Biotopes. Bois, haies et broussailles ; parfois dans les vergers.
Plantes nourricières. Prunellier (*Prunus spinosa*), Aubépine (*Crataegus monogyna*), Saules (*Salix*) et divers arbres fruitiers (*Malus, Pyrus*...).
Cycle biologique. Une ou deux générations par an, selon les régions. Les œufs sont pondus en petits groupes sur les branches et les feuilles (en juillet-août lorsqu'il n'y a qu'une génération). L'éclosion s'effectue au bout d'une quinzaine de jours. Les chenilles s'alimentent pendant quelques semaines, puis elles descendent au pied des plantes-hôtes où elles entrent en hibernation. Elles reprennent leur activité au printemps et achèvent leur développement en mai (dans le cas d'une seule génération annuelle). Allongés, d'un brun grisâtre, les cocons sont faits de soie et de poils larvaires. Les imagos s'observent de juin à août (une génération) ou de mai à août (deux générations).

LEMONIIDAE

Les imagos de cette famille ont un habitus qui rappelle quelque peu celui des Lasiocampidae. Les chenilles sont moyennement grandes, densément velues et entièrement dépourvues de scoli. Elles vivent sur des plantes basses et se nymphosent dans le sol.

LEMONIA DUMI (Linné), *la Brune du Pissenlit*

Répartition géographique. Espèce assez largement répandue en Europe, mais absente de quelques pays (Grande-Bretagne notamment). En France, présente dans des régions assez variées.
Description. Longueur maximale : 65 mm. Corps brun sombre, avec une abondante pilosité roussâtre. Une paire de rangées latéro-dorsales de taches transversales noires, mêlées de jaune par endroits. Stigmates noirs. Tête noirâtre, velue, avec quelques marbrures jaunâtres à l'arrière.
Biotopes. Friches et coteaux calcaires.
Plantes nourricières. Pissenlit (*Taraxacum*), Epervières (*Hieracium*) et quelques autres plantes basses.
Cycle biologique. Une seule génération annuelle. Les œufs sont pondus en groupes parmi les plantes basses (octobre-novembre). L'éclosion a lieu au printemps, habituellement en avril, et les chenilles s'alimentent jusqu'en juin (plutôt pendant la nuit). La nymphose s'effectue en terre et il n'y a pas formation de cocon. Les imagos volent en octobre-novembre.

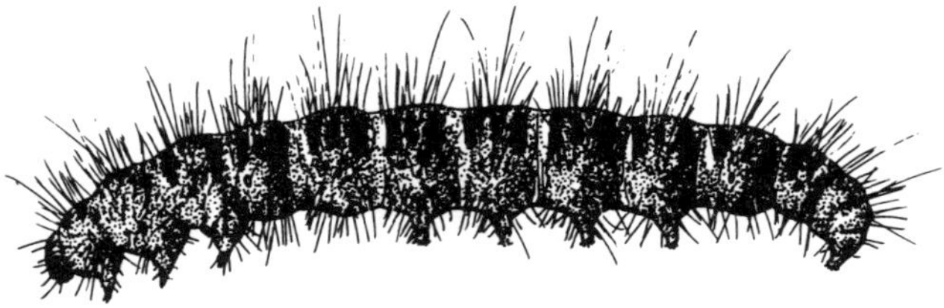

Chenille de *Lemonia dumi* (Linné)

BOMBYCIDAE

Non représentée en Europe à l'état sauvage, cette famille comprend toutefois une espèce domestiquée bien connue et élevée en France depuis le treizième siècle.

BOMBYX MORI (Linné), *le Bombyx du Mûrier*

Répartition géographique. Espèce d'origine asiatique, quoique n'existant plus dans la nature. Élevée dans les magnaneries, en France et dans le Sud de l'Europe.
Description. Longueur maximale : 75 mm. Corps d'un blanc grisâtre, avec une pilosité particulièrement rase. Thorax renflé, à l'exception du prothorax. Des taches dorsales brunâtres sur le mésothorax, ainsi que sur les segments abdominaux 2 et 5. Abdomen parfois marqué de bandes transversales brunes, pratiquement intersegmentaires. Sur le huitième segment abdominal, un scolus médio-dorsal en forme de corne. Tête petite, d'un brun grisâtre clair.
Plantes nourricières. Mûriers (*Morus*). Accepte aussi une autre Moracée (*Maclura*) et même la Laitue (*Lactuca*).
Cycle biologique. Les œufs ont reçu le nom de « graines » et la chenille, celui de « ver à soie ». Malgré la domestication, l'œuf présente une diapause hivernale obligatoire et l'éclosion a lieu en mai. La nymphose s'effectue dans un cocon assez allongé, blanc ou jaunâtre (voire rosé), et constitué d'une soie dense et résistante.

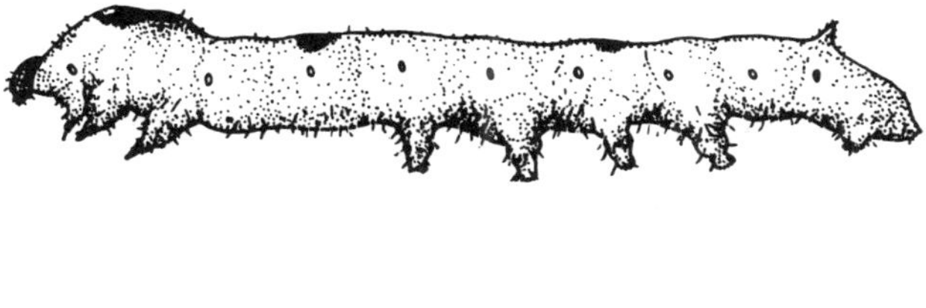

Chenille de *Bombyx mori* (Linné)

ENDROMIDAE

Cette famille ne comprend qu'une seule espèce. Les imagos ressemblent plus ou moins à des Lasiocampidae et ils ont, dans le cas des mâles, une activité mi-diurne, mi-nocturne. Les cheniles ont un processus conique sur le huitième segment abdominal et elles relèvent, au repos, la région antérieure de leur corps. Leurs plantes nourricières sont essentiellement des Betulaceae.

ENDROMIS VERSICOLORA (Linné), *le Versicolore* **Pl. 4**

Répartition géographique. Espèce présente dans divers pays européens, mais toujours assez localisée. En France, plutôt dans le centre, le Nord et les régions montagneuses.
Description. Longueur maximale : 63 mm. Corps relativement gros, mais fortement rétréci dans sa partie antérieure. Une pointe médio-dorsale conique sur le huitième segment abdominal. Corps vert, plus clair dorsalement et moucheté de noir latéralement. Une ligne médio-dorsale vert sombre et des stries blanches, obliques, sur les côtés. Flancs du thorax marqués d'une bande longitudinale d'un blanc jaunâtre. Tête verte, rayée de blanc jaunâtre.
Biotopes. Bois clairs et landes semi-boisées.
Plantes nourricières. Bouleau (*Betula pendula*), Aulne (*Alnus glutinosa*) et quelques autres arbres à feuilles caduques.
Cycle biologique. Une génération par an. Ponte en avril. Les œufs sont disposés en rangées sur les branches (souvent, on distingue deux rangées). Les chenilles s'observent de mai à juin ou juillet. Lorsqu'elles sont jeunes, elles ont des mœurs grégaires et se rassemblent sur des branches ou des feuilles en relevant, de façon caractéristiques, la région antérieure de leur corps. Nymphose dans un grand cocon brun, tissé sur le sol ou peu profondément enterré. Les chrysalides hivernent et les imagos volent en mars-avril.

SPHINGIDAE

Les « Sphinx » sont des insectes robustes, avec des ailes étroites et vigoureuses. Leurs chenilles possèdent habituellement un scolus en forme de corne sur le huitième segment abdominal. Plusieurs d'entre elles relèvent la partie antérieure de leur corps, adoptant ainsi une position qui évoque les sphinx de la mythologie des Égyptiens et des Grecs. Les chenilles de Sphingidae ont souvent un tégument rugueux, granuleux, et leurs soies sont minuscules, très peu apparentes. Elles consomment, selon les cas, des feuilles d'arbres, d'arbustes ou de plantes basses.

AGRIUS CONVOLVULI (Linné), *le Sphinx du Liseron* **Pl. 26**

Répartition géographique. Espèce migratrice, largement répandue en Europe méridionale et atteignant même des pays septentrionaux comme la Grande-Bretagne. En France : partout.

Description. Longueur maximale : 110 mm. Coloration et dessins très variables. On peut distinguer des formes vertes et des formes brunes. Chez les premières, le corps est vert clair avec, latéralement, des stries obliques brunâtres ou noirâtres ; chez les secondes, il a une couleur noirâtre ou brun pourpré et s'orne de stries obliques brun clair ou rosées. Stigmates noirs. Abdomen avec le scolus du huitième segment rouge ou jaunâtre et montrant un apex noir et pointu. Tête rousse ou ocre clair, nettement striée de noir.
Biotopes. Champs, friches, etc.
Plantes nourricières. Principalement des Liserons (notamment *Convolvulus arvensis*).
Cycle biologique. Deux générations par an, voire davantage. Les chenilles ne s'observent que très rarement en Europe septentrionale. Les œufs sont pondus isolément sur les feuilles de la plante-hôte ; ils éclosent au bout d'une quinzaine de jours environ. En France, on peut trouver les chenilles de juin à septembre. La nymphose s'effectue dans une grande loge souterraine (aux parois fragiles). Les imagos volent surtout en mai-juin et en août-septembre.

ACHERONTIA ATROPOS (Linné), *le Sphinx à tête de mort* **Pl. 27**

Répartition géographique. Espèce migrant régulièrement de l'Afrique vers différents pays européens (y compris la Grande-Bretagne). En France, pratiquement partout.
Description. Longueur maximale : 130 mm. Chenille très variable : on distingue des formes brunes, jaunes et vertes. En Europe, on rencontre plutôt la forme jaune qui a des points dorsaux d'un noir pourpré, ainsi que des stries latérales obliques de couleur bleu sombre ou brun purpurin. Huitième segment de l'abdomen orné d'un scolus granuleux en forme de « S ». Tête jaune avec deux larges stries noires.
Biotopes. Champs, jardins et endroits similaires.
Plantes nourrisières. Principalement des Solanaceae (dont *Solanum tuberosum*, la Pomme de terre). Accepte de nombreuses autres plantes en captivité, notamment le Troène (*Ligustrum ovalifolium*).
Cycle biologique. En Afrique, deux ou trois générations par an. Il existe une génération estivale en certains endroits d'Europe. Les œufs sont pondus isolément sur la face supérieure des feuilles. Les chenilles peuvent s'observer en été et en automne. La nymphose a lieu dans une grande loge souterraine. En Europe méridionale, l'émergence s'effectue en automne, mais il est rare que des chrysalides arrivent à rester en vie pendant l'hiver.

SPHINX LIGUSTRI (Linné), *le Sphinx du Troène* **Pl. 26**

Répartition géographique. Toute la France et presque toute l'Europe.
Description. Longueur maximale : 100 mm. Corps vert vif avec, de chaque côté, sept stries obliques formées chacune d'une ligne blanche accolée à une ligne pourpre. Huitième segment abdominal avec un scolus pointu, noir et luisant. Capsule céphalique vert jaunâtre avec deux larges stries noires.
Biotopes. Haies, parcs et jardins.
Plantes nourricières. Troène (*Ligustrum*), Lilas (*Syringa vulgaris*), Frêne (*Fraxinus excelsior*), Viornes (*Viburnum*), Sureau (*Sambucus nigra*), etc.
Cycle biologique. Une génération par an dans le Nord de l'Europe, deux dans le Sud. Les œufs sont pondus isolément sur les feuilles, les tiges ou les branches. Quand il n'y a qu'une seule génération : ponte en juin-juillet, éclosion une quinzaine de

jours après, chenilles en juillet-août, nymphose fin-août et émergence en juin, un an plus tard (voire deux ans plus tard, certaines chrysalides ayant à passer deux hivers). Les chenilles ont une activité principalement nocturne ; pendant la journée, elles restent sur leur plante-hôte, mais leur homochromie les rend difficiles à repérer. Les chrysalides sont profondément enterrées.

HYLOICUS PINASTRI (Linné), *le Sphinx du Pin* **Pl. 1**

Répartition géographique. Pratiquement partout, en France comme dans le reste de l'Europe.
Description. Longueur maximale : 80 mm. Corps vert avec des lignes transversales noirâtres. Une large bande médio-dorsale rousse qui s'étend parfois, latéralement, jusqu'au niveau des stigmates. Région dorsale marquée de trois lignes longitudinales blanc jaunâtre, parfois plus ou moins masquées par la bande rousse. De chaque côté, sous les stigmates, une bande longitudinale discontinue, de couleur blanc jaunâtre. Stigmates orange, cerclés de noir. Huitième segment abdominal avec l'appendice dorsal noir et légèrement rugueux. Tête brun clair avec des stries noires. Les jeunes chenilles sont vertes, rayées de blanc jaunâtre.
Biotope. Forêt de résineux.
Plantes nourricières. Pin sylvestre (*Pinus sylvestris*), Épicéa (*Picea abies*), Mélèze (*Larix europaea*)...
Cycle biologique. Une ou deux générations par an. Les œufs sont pondus sur les aiguilles par groupes de deux ou trois (juin-juillet ; août). L'éclosion s'opère une quinzaine de jours après la ponte. Les chenilles s'observent en juin et en août-septembre. Elles ont une activité diurne, mais sont très lentes et difficiles à repérer en raison de leur coloration. La nymphose s'effectue sous des aiguilles de pin tombées à terre ou dans le sol, à faible profondeur. Les imagos se rencontrent d'avril à août lorsqu'il y a deux générations.

MIMAS TILIAE (Linné), *le Sphinx du Tilleul* **Pl. 8**

Répartition géographique. Espèce largement répandue en Europe. En France : partout.
Description. Longueur maximale : 60 mm. Corps vert, finement moucheté de blanc jaunâtre et orné, de chaque côté, de sept stries obliques essentiellement jaunes. Stigmates cerclés de rouge. Scolus du huitième segment abdominal dorsalement marqué de bleu et ventralement teinté de jaune et de rouge purpurin. Écusson anal jaune et brun pourpré, avec des aspérités bien nettes. Capsule céphalique triangulaire, verte avec des raies blanches. Avant de se nymphoser, la chenille change de couleur et devient brun pourpré.
Biotopes. Bois, parcs, bord des routes...
Plantes nourricières. Tilleuls (*Tilia*), Orme (*Ulmus procera*), Aulne (*Alnus glutinosa*), Bouleaux (*Betula*), Chênes (*Quercus*) et quelques autres arbres à feuilles caduques.
Cycle biologique. Une ou deux générations par an selon les régions. Les œufs sont pondus sous les feuilles, isolément ou par deux (juin ; août-septembre). Ils éclosent au bout de deux à trois semaines. Les chenilles s'alimentent de juillet à septembre en Europe septentrionale. Elles descendent à terre pour se nymphoser dans le sol, à faible profondeur. Les imagos s'observent en mai-juin lorsqu'il y a une génération annuelle, d'avril à septembre lorsqu'il y en a deux.

SMERINTHUS OCELLATA (Linné), *le Sphinx Demi-paon* **Pl. 2**

Répartition géographique. Toute la France et presque toute l'Europe.
Description. Longueur maximale : 80 mm. Corps vert bleuté ou vert jaunâtre, finement piqueté de blanc. De chaque côté, sept stries latérales blanchâtres ou d'un jaune verdâtre clair. Stigmates blancs, cerclés de rouge sombre. Scolus du huitième segment abdominal bleu grisâtre. Tête triangulaire, verte avec deux stries jaunes. Il existe une forme ornée de points latéraux rougeâtres.
Biotopes. Bois, haies, bords de cours d'eau, parcs et vergers.
Plantes nourricières. Saules (*Salix*), Peupliers et Trembles (*Populus*), Bouleaux (*Betula*), Noisetier (*Corylus*), Pommiers (*Malus*), Prunellier (*Prunus spinosa*)...
Cycle biologique. Une à deux générations par an. Les œufs sont déposés, isolément ou par deux, sur la face inférieure des feuilles. Lorsqu'il n'y a qu'une seule génération : ponte en mai-juin, éclosion deux ou trois semaines après, chenilles de juin à septembre, émergence des imagos en mai-juin. Nymphose dans le sol, à faible profondeur.

LAOTHOE POPULI (Linné), *le Sphinx du Peuplier* **Pl. 3**

Répartition géographique. Toute l'Europe. En France : partout.
Description. Longueur maximale : 65 mm. Corps trapu, vert jaunâtre ou vert bleuté, parsemé de minuscules points blancs. Flancs marqués de sept stries obliques d'un blanc verdâtre. Il y a parfois, au-dessus des stigmates, une rangée latérale de « pustules » rougeâtres. Stigmates blancs, bordés de rouge sombre. Huitième segment abdominal avec le scolus vert jaunâtre, quelquefois marqué de rouge à l'apex. Capsule céphalique triangulaire, verte avec deux raies jaunes.
Biotopes. Bois humides, haies, bords des rivières, parcs, etc.
Plantes nourricières. Peupliers et Tremble (*Populus*), Saules (*Salix*), Bouleaux (*Betula*) ; Frêne (*Fraxinus*) et Pommiers (*Malus*), plus rarement.
Cycle biologique. Une à deux générations par an. Les œufs sont pondus sous les feuilles, isolément ou en petits groupes (juin ; août). Ils éclosent une dizaine ou une vingtaine de jours après la ponte. On peut trouver les chenilles de juin à octobre. Quand celles-ci ont terminé leur développement, elles descendent à terre et se nymphosent dans le sol, à faible profondeur. Les imagos volent en mai-juin et aussi, dans les régions méridionales, de juillet à septembre.

HEMARIS TITYUS (Linné), *le Sphinx-bourdon* **Pl. 28**

Répartition géographique. Espèce largement répandue en Europe. En France, présente partout.
Description. Longueur maximale : 35 mm. Corps vert blanchâtre à vert bleuté, avec des taches d'extension variable, rousses ou rouge purpurin. Face ventrale plus ou moins pourprée. Scolus postéro-abdominal rugueux, droit et brun rougeâtre. Tête verte. Le corps prend une couleur rougeâtre juste avant la nymphose.
Biotopes. Bois et landes humides, marais et endroits fleuris.
Plantes nourricières. Succise des prés (*Succisa pratensis*), Scabieuse des champs (*Knautia arvensis*), Cardères (*Dipsacus*), Gaillets (*Galium*), Lychnis (*Lychnis*) et Chèvrefeuilles (*Lonicera*).
Cycle biologique. Une ou deux générations par an. Pondus isolément sous les feuilles (juin ; août), les œufs éclosent au bout d'une à deux semaines. Les chenilles s'observent le plus souvent en juillet-août. Dès qu'on les dérange, elles se laissent tomber

à terre. La loge nymphale se trouve dans le sol, à faible profondeur. Dans les régions où il y a deux générations, les imagos peuvent se rencontrer d'avril à août.

HEMARIS FUCIFORMIS (Linné), *le Sphinx-gazé* **Pl. 28**

Répartition géographique. Presque toute l'Europe. Toute la France.
Description. Longueur maximale : 35 mm. Corps vert clair, tirant sur le blanc verdâtre dans sa région dorsale. Partie ventrale brun roux. Stigmates entourés par des zones rousses. Scolus du huitième segment abdominal avec une partie proximale violette et une partie distale brun sombre. Tête d'un vert bleuté sombre.
Biotopes. Bois clairs, lisières des forêts et jardins fleuris.
Plantes nourricières. Chèvrefeuille (*Lonicera periclymenum*), Symphorine (*Symphoricarpos*), Succise des prés (*Succisa pratensis*), Lychnis (*Lychnis*)...
Cycle biologique. Deux générations par an, sauf en Europe septentrionale. Les œufs sont pondus isolément sur la face inférieure des feuilles (mai-juin ; juillet-août). L'éclosion s'effectue une quinzaine de jours après la ponte. Les chenilles se trouvent sous les feuilles, de juin à août et en septembre-octobre. La nymphose a lieu dans une loge peu profondément enterrée. Les imagos volent principalement en mai-juin et en juillet-août.

MACROGLOSSUM STELLATARUM (Linné), *le Moro-sphinx* **Pl. 26**

Répartition géographique. Espèce commune dans le Sud de l'Europe, atteignant la plupart des régions septentrionales grâce à des individus migrateurs. En France : partout.
Description. Longueur maximale : 45 mm. Corps vert foncé ou roux, parsemé de petits points blancs. Une paire de lignes latéro-dorsales blanchâtres (plutôt jaunâtres vers la tête). De chaque côté, sous les stigmates, une bande longitudinale jaune. Scolus postéro-abdominal bleu, avec l'apex jaune. Tête verte ou brune.
Biotopes. Prés, buissons et jardins.
Plantes nourricières. Caille-lait blanc (*Galium mollugo*), Caille-lait jaune (*Galium verum*) et Garance sauvage (*Rubia peregrina*).
Cycle biologique. Les œufs sont déposés isolément sur les bourgeons et les fleurs ou dans leur voisinage (mai ; juillet-août). L'éclosion a lieu environ une semaine après la ponte. Les chenilles s'observent principalement en mai et en août. La nymphose s'effectue dans un cocon lâche situé sur le sol et le stade nymphal dure environ un mois. Les imagos volent habituellement d'avril à août (deux générations annuelles).

HYLES EUPHORBIAE (Linné), *le Sphinx de l'Euphorbe* **Pl. 22**

Répartition géographique. Espèce répandue surtout en Europe moyenne et méridionale. En France : pratiquement partout.
Description. Longueur maximale : 80 mm. Corps rouge avec des plages noires parsemées de points clairs et ornées de grandes macules blanchâtres ou jaunâtres. Souvent, les parties noires sont plus étendues que les parties rouges. De chaque côté du corps, sous les stigmates, se trouve une bande longitudinale comprenant du rouge et du jaune. Scolus du huitième segment abdominal de couleur rouge, avec l'apex noir. Tête rouge, parfois tachée de noir.

Biotopes. Bordures des champs, friches et zones côtières.
Plantes nourricières. Euphorbes (*Euphorbia*) et Mercuriale annuelle (*Mercurialis annua*).
Cycle biologique. Deux générations par an, en général. Oeufs pondus isolément ou en petits groupes sur les pousses (vers leur sommet). Éclosion environ deux semaines après la ponte. Chenilles de juin à octobre. Loge nymphale située dans le sol, à faible profondeur. Dans le cas de la première génération, l'émergence s'effectue une quinzaine de jours après la nymphose. En revanche, les chrysalides formées en automne doivent passer un hiver avant de donner les imagos (en mai-juin).

HYLES GALLII (Rottemburg), *le Sphinx de la Garance* **Pl. 26**

Répartition géographique. Espèce assez répandue en Europe, atteignant la Grande-Bretagne et d'autres régions septentrionales grâce à des migrations. En France, surtout dans l'Est.
Description. Longueur maximale : 80 mm. Couleur variant du vert olive au brun ou au gris pourpré sombre. Corps parsemé de petits points jaunâtres. Longitudinalement, une paire de séries dorso-latérales de disques jaunes ou ocre clair. Pattes noires. Fausses pattes marquées de noir. Stigmates jaunes, cerclés de noir. Huitième segment abdominal avec le scolus pointu, rugueux et d'un brun rougeâtre. Tête rosée. Les jeunes chenilles sont vertes.
Biotopes. Dunes côtières, lisières des bois et prés, notamment sur terrains sablonneux.
Plantes nourricières. Gaillets (*Galium*), Garances (*Rubia*), Épilobes (*Epilobium*), *Fuchsia*...
Cycle biologique. Une ou deux générations par an selon les régions. Les œufs sont déposés sur les feuilles et les fleurs de la plante-hôte. L'éclosion a lieu environ une quinzaine de jours après la ponte. Les cheniles s'observent en juin-juillet et en août-septembre. Elles se nymphosent sous terre, dans des sols sablonneux. Le stade nymphal dure environ deux mois s'il s'agit de la première génération, mais il se prolonge tout un hiver s'il s'agit de chrysalides formées en automne.

HYLES VESPERTILIO (Esper), *le Sphinx-chauve-souris* **Pl. 23**

Répartition géographique. Europe méditerranéenne et certaines régions d'Europe moyenne. Sud-Est de la France.
Description. Longueur maximale : 80 mm. Corps brun grisâtre, tacheté de blanc ocre. Deux rangées latérales de grandes taches blanc jaunâtre ou rougeâtres (ces taches sont entourées de noir). Contrairement à la plupart des Sphingidae, cette chenille n'a pas de scolus médio-dorsal sur le huitième segment abdominal. Capsule céphalique brun grisâtre. Les jeunes chenilles sont vertes.
Biotopes. Coteaux, collines et prairies alpines.
Plantes nourricières. Épilobes (*Epilobium*), Gaillets (*Galium*) et Salicaire (*Lythrum*).
Cycle biologique. Habituellement deux générations par an. Les œufs sont généralement pondus par deux sous les feuilles de la plante nourricière (juin ; août). On peut trouver les chenilles de juin à octobre. Principalement nocturnes, elles se cachent, pendant la journée, au pied de leur plante-hote. Elles se nymphosent dans un léger cocon tissé dans la litière, à la surface du sol. Les papillons volent en mai-juin et de juillet à septembre, sauf dans les zones de haute altitude où il n'y a qu'une seule génération (l'émergence s'effectuant en juin, à partir de chrysalides ayant hiverné).

DEILEPHILA ELPENOR (Linné), **Pl. 23**
le Grand Sphinx de la Vigne

Répartition géographique. Toute l'Europe, à l'exception des régions les plus septentrionales. Toute la France.
Description. Longueur maximale : 80 mm. Corps robuste, fortement rétréci à proximité de la tête. Tégument ocre clair, parfois vert, avec de nombreux dessins et taches d'un brun noirâtre (moins nets vers l'avant). Segments abdominaux 1 et 2 ornés chacun d'une paire de grandes taches réniformes, lilas clair et bordées de blanc et de noir. Scolus postéro-abdominal relativement petit. Tête d'un brun grisâtre foncé. Les jeunes chenilles sont vertes.
Biotopes. Prés, clairières, friches, jardins, bords des cours d'eau, etc.
Plantes nourricières. Épilobes (*Epilobium*), Gaillets (*Galium*), Vigne (*Vitis vinifera*), Trèfle d'eau (*Menyanthes trifoliata*), Onagres (*Oenothera*), *Fuchsia*...
Cycle biologique. Une ou deux générations par an. Les œufs sont déposés, isolément ou en petits groupes, sur la face inférieure des feuilles (juin). Éclosion au bout d'une quinzaine de jours. Chenilles de juillet à septembre. Lorsqu'on dérange celles-ci, elles rentrent leur tête dans le thorax et gonflent leurs premiers segments abdominaux (mettent ainsi en relief leurs grands ocelles). Ce comportement leur donne l'aspect de petits serpents et il peut provoquer la fuite de certains prédateurs. Loge nymphale enterrée à faible profondeur, voire dans la litière, à la surface du sol. Nymphose vers la fin de l'été ou au début de l'automne ; émergence en juin, après hivernage. Il y a également émergence en septembre dans le cas de la seconde génération (partielle).

DEILEPHILA PORCELLUS (Linné), **Pl. 23**
le Petit Sphinx de la Vigne

Répartition géographique. Espèce largement répandue, en France comme dans le reste de l'Europe.
Description. Longueur maximale : 60 mm. Corps gris clair, quelquefois vert, parsemé de taches et de dessins noirs. Dorsalement, sur chacun des deux premiers segments abdominaux, une paire d'ocelles lilas clair, bordés de blanc et de noir. Huitième segment abdominal avec une petite protubérance dorsale, mais sans scolus. Tête gris noir. Les jeunes chenilles sont vertes.
Biotopes. Prairies, bruyères, collines calcaires et dunes sablonneuses.
Plantes nourricières. Gaillets (*Galium*), Épilobes (*Epilobium*), Salicaire (*Lythrum salicaria*), Vigne (*Vitis vinifera*)...
Cycle biologique. Une à deux générations annuelles selon les régions. Les œufs sont pondus isolément. Lorsqu'il n'y a qu'une seule génération : ponte en juin, éclosion une ou deux semaines après, chenilles de juillet à septembre, nymphose en septembre, émergence en mai de l'année suivante. Principalement nocturnes, les chenilles se comportent comme celles de l'espèce précédente lorsqu'on les dérange. Loge nymphale dans la litière ou peu profondément enterrée.

BRAHMAEIDAE

Essentiellement exotique, cette famille ne comprend qu'un représentant en Europe. Celui-ci a une chenille munie de longs scoli dorsaux (qui disparaissent au dernier stade larvaire). Sa plante nourricière présumée est le Frêne (*Fraxinus*).

ACANTHOBRAHMAEA EUROPAEA (Hartig), **Pl. 8**
la Brahméide d'Hartig

Répartition géographique. Ne se trouve que dans une seule localité d'Italie (en Lucanie). Cette espèce est protégée par la loi.
Description. Longueur maximale : 80 mm. Corps noir, luisant, dorsalement et latéralement marqué de lignes et de points blancs, sauf dans la région thoracique qui porte des macules jaunes. Les parties latéro-ventrales et terminales de l'abdomen sont également ornées d'importantes zones jaunes. Méso- et métathorax munis chacun d'une paire de longs appendices noirs ; huitième segment abdominal avec un scolus pointu, lui aussi de couleur noire (ces cinq scoli disparaissent au dernier stade larvaire). Tête d'un noir brillant.
Biotope. Bois situé autour d'un lac volcanique, à une altitude comprise entre 250 et 350 m.
Plantes nourricières. Frêne (*Fraxinus*). En captivité, accepte le Troène (*Ligustrum*).
Cycle biologique. Une génération par an. En élevage, l'éclosion des œufs s'effectue environ deux semaines après la ponte et le stade larvaire dure de trois à cinq semaines. On trouve les imagos fin-mars et début-avril.

SATURNIIDAE

Souvent de grande taille, les papillons de cette famille ont des ailes relativement larges. Leurs chenilles sont robustes, avec des soies qui s'insèrent fréquemment sur des scoli ou sur des « verrues » plus ou moins saillantes. Parmi les plantes nourricières des Saturniidae, on trouve aussi bien des plantes basses que des arbres ou des arbustes.

AGLIA TAU (Linné), *la Hachette* **Pl. 7**

Répartition géographique. Espèce largement répandue en Europe mais absente des régions les plus septentrionales, ainsi que de diverses régions du bassin méditerranéen. En France : presque partout, exception faite des zones méridionales de basse altitude.
Description. Longueur maximale : 50 mm. Corps trapu, rétréci antérieurement, avec la région dorsale crénelée (en vue de profil). Tégument vert jaunâtre au-dessus des stigmates, vert bleuté en dessous. Flancs obliquement striés de blanc ou de jaune clair et marqués, sous les stigmates, d'une ligne longitudinale blanchâtre. Premier segment abdominal avec une paire de taches latérales rougeâtres, pourvues d'un point noir en leur centre. Les jeunes chenilles ont des scoli dorsaux proéminents ; ceux-ci disparaissent ensuite complètement.

Biotope. Zones forestières.
Plantes nourricières. Principalement le Hêtre (*Fagus sylvatica*), mais aussi d'autres arbres à feuilles caduques : Chênes (*Quercus*), Bouleaux (*Betula*), Tilleuls (*Tilia*)...
Cycle biologique. Une génération par an. Les chenilles s'alimentent de mai à août. Lorsqu'elles ont achevé leur croissance, elles se nymphosent dans de grands cocons rugueux, formés de soie et de feuilles. Les imagos volent de fin-mars à mai (ou début-juin).

SATURNIA PAVONIA (Linné), *Le Petit Paon de nuit* — **P. 131 et Pl. 24**

Répartition géographique. Toute la France et presque toute l'Europe.

Description. Longueur maximale : 60 mm. Corps vert foncé ou vert jaunâtre. Des « verrues » jaunes ou rosées, entourées de noir et ornées de courtes soies noires. Stigmates orange vif, cerclés de noir. Tête verte, relativement petite. Les zones noires qui entourent les verrues sétigères sont très variables quant à leur extension : elles peuvent se rejoindre pour former des bandes transversales. Les jeunes chenilles sont essentiellement noirâtres.
Biotopes. Landes, bruyères, collines et bois clairs.
Plantes nourricières. Bruyères (*Erica* et *Calluna*), Ronce (*Rubus fruticosus*), Airelle-myrtille (*Vaccinium myrtillus*), Prunellier (*Prunus spinosa*), Aubépine (*Crataegus monogyna*), Saules (*Salix*), Bouleaux (*Betula*), Salicaire (*Lythrum salicaria*), Reine des prés (*Filipendula ulmaria*), etc.
Cycle biologique. Une génération par an. La ponte forme un manchon entourant une tige ou une petite branche (en mai, en Europe septentrionale). Les chenilles s'observent de mai à août. Leur coloration les dissimule de façon efficace, notamment lorsqu'elles sont sur les bruyères. La nymphose s'effectue au début de l'automne, dans un grand cocon piriforme tissé dans le feuillage de la plante-hôte. L'émergence de l'imago a lieu au printemps suivant.

SATURNIA PYRI (Denis & Schiffermüller), *le Grand Paon* — **Pl. 33**

Répartition géographique. Espèce répandue en Europe méridionale et dans le Sud de l'Europe moyenne. Assez commune en France, mais absente du Nord.
Description. Longueur maximale : 120 mm. Corps d'un vert jaunâtre vif. Dorsalement et latéralement, des tubercules saillants, en grande partie bleus et munis de grandes soies noires. De chaque côté de l'abdomen, sous les stigmates, une ligne longitudinale de couleur blanchâtre. Pattes brunes. Écusson anal brun, ainsi qu'une partie des fausses pattes anales. Tête verte avec un dessin noir en forme de « V ». Les jeunes chenilles sont noires avec des tubercules rouges.
Biotopes. Bois clairs, broussailles et vergers.
Plantes nourricières. Pommiers (*Malus*), Poiriers (*Pyrus*), Saules (*Salix*), Peupliers (*Populus*) et divers autres arbres à feuilles caduques.
Cycle biologique. Une génération par an. Ponte en mai-juin ; éclosion une quinzaine de jours après. Les chenilles se nourrissent jusqu'en août. Les cocons, grands, bruns et piriformes, sont souvent tissés à l'intersection de deux branches. Le stade nymphal dure fréquemment deux ou trois ans. Les papillons volent de mars à juin.

GRAELLSIA ISABELLAE (Graëlls), *l'Isabelle* **Pl. 1**

Répartition géographique. Régions montagneuses du centre de l'Espagne, Pyrénées et Sud des Alpes françaises.
Description. Longueur maximale : 80 mm. Corps vert jaunâtre parsemé de points blancs et portant de longues soies éparses, fines et de couleur brun clair. Une large bande médio-dorsale rousse, latéralement bordée de blanc. En outre, chaque segment abdominal possède une bande transversale rousse, interrompue par des traits blancs au-dessus et en dessous des stigmates. Thorax marqué de noir, notamment dans la zone pronotale. Tête brune avec du noir.
Biotopes. Pinèdes.
Plantes nourricières. Pins (*Pinus laricio* et *Pinus sylvestris*).
Cycle biologique. Une génération par an. Les œufs sont pondus au printemps et ils éclosent au bout d'une quinzaine de jours. La phase larvaire dure environ deux mois. Nymphose à terre, dans un cocon lâche qui comprend de la soie mêlée d'aiguilles de pins. La chrysalide hiverne et les premiers imagos apparaissent en mars. En France, cette espèce est protégée par la Loi.

GEOMETRIDAE

Généralement très caractéristiques, les chenilles de cette famille sont connues sous le nom « d'arpenteuses ». En effet, leur mode de déplacement suggère qu'elles mesurent les distances qu'elles parcourent (d'où, également, le nom de « Géomètres » attribué aux espèces en question). Dans la plupart des cas, il n'y a plus de fausses pattes sous les segments abdominaux 3 à 5. La chenille ne peut donc se mouvoir qu'en rapprochant sa région postéro-abdominale de ses pattes thoraciques (le corps formant une boucle), puis en déplaçant sa région antérieure vers l'avant (le corps prenant alors un aspect linéaire). Au repos, ces chenilles imitent souvent des brindilles ; elles sont d'ailleurs habituellement longues et minces, avec parfois des « nodosités » pouvant accentuer leur mimétisme. Très variées, les plantes nourricières des Geometridae comprennent des arbres, des arbustes et des plantes basses. Dans certains groupes, notamment chez plusieurs *Eupithecia*, les chenilles s'attaquent aux fleurs et aux graines de diverses plantes.

ARCHIEARIS NOTHA (Hübner), *le Bréphos bâtard* **Pl. 3**

Répartition géographique. Espèce plutôt répandue en Europe moyenne, mais présente en Grande-Bretagne. En France : principalement dans les zones centrale et septentrionale.
Description. Longueur maximale : 28 mm. Corps habituellement vert, longitudinalement strié de noir et pourvu, de chaque côté, d'une bande blanc jaunâtre située au niveau des stigmates. Tête et prothorax abondamment tachetés de noir. Il existe une forme brune, terne, avec des stries longitudinales gris rosé. Contrairement à la plupart des autres Geometridae, cette chenille a cinq paires de fausses pattes, les deux premières étant toutefois moins développées. En dépit de cette morphologie, elle se déplace comme les arpenteuses typiques.
Biotopes. Bois clairs et endroits où croissent des trembles.

Plantes nourricières. Principalement le Tremble (*Populus tremula*). Saules (*Salix*) et Bouleaux (*Betula*), également.
Cycle biologique. Une génération par an. Ponte en avril ; éclosion en mai. Les chenilles consomment le feuillage et se dissimulent entre des feuilles réunies par de la soie, Si on les dérange, elles se laissent tomber en produisant un fil de soie auquel elles se suspendent jusqu'à ce que le danger soit écarté. Ayant achevé leur développement, elles creusent leur loge nymphale sous des écorces ou dans du bois en décomposition. Nymphose en juillet, émergence en mars-avril après un hiver ou (parfois) une période de deux ou trois ans.

PSEUDOTERPNA PRUINATA (Hufnagel), **Pl. 19**
l'Hémithée du Genêt

Répartition géographique. Espèce largement répandue en Europe, notamment dans le centre et le Sud-Est. En France, présente partout.
Description. Longueur maximale : 26 mm. Corps vert, avec une ligne médio-dorsale vert foncé et, de chaque côté, une ligne longitudinale blanchâtre. En outre, une ligne latérale blanc rosé sous les stigmates. Capsule céphalique produisant dorsalement une paire de saillies coniques. Prothorax également orné d'une paire de grandes formations coniques (à apex généralement rouge).
Biotopes. Landes, bruyères et bois clairs.
Plantes nourricières. Ajonc d'Europe (*Ulex europaeus*), Genêt à balais (*Cytisus scoparius*), Genêts (*Genista*), Coronilles (*Coronilla*)...
Cycle biologique. Une génération par an. Ponte en juillet, éclosion une quinzaine de jours après. Les chenilles entrent en hibernation lorsqu'elles sont encore très jeunes, tout en restant cependant sur leur plante-hôte ; elles se réalimentent en mai-juin et se nymphosent vers la fin-juin, l'émergence ayant lieu le mois suivant. Les chenilles sont nocturnes. Pendant la journée, elles se tiennent immobiles, le corps tendu et oblique par rapport à la branche sur laquelle elles prennent appui ; elles ressemblent ainsi à des brindilles vertes, ce qui les rend difficilement repérables. Formés d'une mince enveloppe de soie, les cocons sont tissés parmi les feuilles mortes qui jonchent le sol.

GEOMETRA PAPILIONARIA (Linné), **Pl. 4**
la Géomètre papillonaire

Répartition géographique. Principalement en Europe moyenne et septentrionale. En France : presque partout.
Description : Longueur maximale : 29 mm. Corps vert jaunâtre, rugueux, avec une série de grandes protubérances dorsales de couleur rousse. Tête échancrée, mêlée de vert et de roux. Les jeunes chenilles sont brunes, mais elles deviennent vertes après hibernation.
Biotopes. Bois, bruyères, landes et marais.
Plantes nourricières. Bouleau (*Betula pendula*), Saule-marsault (*Salix caprea*), Hêtre (*Fagus sylvatica*), Aulne (*Alnus glutinosa*), Noisetier (*Corylus avellana*) et Genêt à balais (*Cytisus scoparius*).
Cycle biologique. Une génération par an. Les œufs sont habituellement pondus isolément sur la plante-hôte (juillet). Ils éclosent au bout d'une à deux semaines. Les chenilles s'alimentent jusqu'à ce que les feuilles tombent, puis elles entrent en hibernation, fixées à un coussinet de soie tissé près d'un bourgeon. Elles reprennent leur

activité au printemps et achèvent leur développement en juin (voire avant). La nymphose s'effectue dans un léger cocon de soie tissé parmi les feuilles mortes ou dans la mousse recouvrant les troncs. Les imagos volent de mai à juillet.

THETIDIA SMARAGDARIA (Fabricius), *l'Emeraudine* **Pl. 28**

Répartition géographique. Espèce largement répandue dans le centre, le Sud et l'Est de l'Europe. En France, surtout dans la partie méridionale. Souvent assez localisée.
Description. Longueur maximale : 23 mm. Corps grisâtre avec des lignes longitudinales plus sombres. Capsule céphalique échancrée, brune. La coloration de cette chenille n'est guère visible, car son tégument, très rugueux, est recouvert de fragments végétaux.
Biotopes. Friches, broussailles et bois clairs. En Grande-Bretagne, l'espèce est inféodée aux marais salants.
Plantes nourricières. Armoises (*Artemisia*), Achillée-millefeuille (*Achillea millefolium*), Séneçons (*Senecio*), Scabieuses (*Scabiosa*), Tanaisie vulgaire (*Tanacetum vulgare*)...
Cycle biologique. Une génération dans le Nord de l'Europe, deux dans le Sud. Les œufs sont pondus sur les tiges et les feuilles, plutôt au niveau de la partie supérieure des plantes. Lorsqu'il n'y a qu'une génération : ponte en juillet, éclosion environ quinze jours après, chenilles entièrement développées vers la fin-mai (après hibernation), émergence en juin. Dès le premier stade, les chenilles se recouvrent de fragments de leur plante-hôte. A marée haute, dans les marais salants, elles sont fréquemment submergées, phénomène auquel elles résistent fort bien. Fixés aux tiges des plantes nourricières, les cocons sont ajourés et couverts de fragments de feuilles.

HEMITHEA AESTIVARIA (Hübner), *la Phalène sillonnée* **Pl. 14**

Répartition géographique. Toute la France et presque toute l'Europe.
Description. Longueur maximale : 23 mm. Corps grêle, rugueux, vert jaunâtre avec des parties rousses. Une rangée médio-dorsale de dessins en forme de « V ». Tête et prothorax pourvus chacun d'une paire de protubérances dorsales de forme conique. Il existe une forme brune, dorsalement ornée de dessins blanchâtres.
Biotopes. Haies, buissons et lisières des bois.
Plantes nourricières. Avant hibernation : Armoise (*Artemisia vulgaris*), Patiences (*Rumex*), Potentilles (*Potentilla*) et autres plantes basses. Après hibernation : Chênes (*Quercus*), Bouleaux (*Betula*), Rosiers (*Rosa*), Aubépine (*Crataegus monogyna*), Prunellier (*Prunus spinosa*), ainsi que d'autres arbres et arbustes à feuilles caduques.
Cycle biologique. Une génération par an. Ponte en juillet ; éclosion en août. De mœurs nocturnes, les chenilles se tiennent immobiles pendant la journée et leur corps — tendu et rectiligne — forme un angle aigu avec la branche-support (les pattes thoraciques étant étroitement appliquées contre la tête). Après hibernation, elles se réalimentent pour achever leur développement en mai-juin. Nymphose dans un cocon de soie, assez lâche et tissé dans le feuillage. Selon les régions, les imagos peuvent s'observer de mai à août.

HEMISTOLA BILIOSATA (Villers), *la Phalène printanière* **Pl. 12**

Répartition géographique. Espèce principalement répandue en Europe moyenne et méridionale (exception faite de la Péninsule ibérique). En France : surtout dans les régions du Centre et du Midi.

Description. Longueur maximale : 25 mm. Tégument vert, granuleux, moucheté de points blancs. Corps avec, de chaque côté, un repli longitudinal formant une sorte de carène. Prothorax portant dorsalement une paire de grandes protubérances coniques de couleur brune. Tête brun purpurin, avec des formations coniques similaires, mais moins développées. Brunes en hiver, les chenilles deviennent vertes au printemps, lorsque les feuilles apparaissent.
Biotope. Terrains calcaires où croissent les plantes-hôtes.
Plantes nourricières. Vigne blanche (*Clematis vitalba*), Prunellier (*Prunus spinosa*)...
Cycle biologique. Une ou deux générations par an selon les régions. Les œufs sont déposés sur les branches, par groupes de douze ou plus. Lorsqu'il n'y a qu'une génération : ponte en juillet, éclosion quelques jours après, première prise de nourriture en été, fin de développement larvaire en juin (après hibernation), émergence en juillet. La nymphose a lieu entre des feuilles assemblées par de la soie.

JODIS LACTEARIA (Linné), *l'Hémithée décolorée* **Pl. 4**

Répartition géographique. Espèce largement répandue en Europe, sauf dans les régions les plus septentrionales. En France : pratiquement partout.
Description. Longueur maximale : 21 mm. Corps grêle, vert vif, un peu plus clair dans les zones intersegmentaires. Une série médio-dorsale de taches rougeâtres. Une paire de protubérances coniques sur la tête, ainsi que sur le prothorax.
Biotopes. Lisières des bois, clairières et haies.
Plantes nourricières. Chênes (*Quercus*), Bouleaux (*Betula*), Aulne (*Alnus glutinosa*), Prunellier (*Prunus spinosa*), Aubépine (*Crataegus monogyna*), Airelle-myrtille (*Vaccinium myrtillus*)...
Cycle biologique. Une ou deux générations par an, selon les régions. Dans le premier cas : ponte en juillet, éclosion en août, chenilles s'alimentant jusqu'en septembre, nymphose en octobre, émergence en juin de l'année suivante. Faits de soie, mais peu solides, les cocons se trouvent dans le feuillage des plantes-hôtes. Quand il y a deux générations, les imagos peuvent s'observer d'avril à août.

ABRAXAS GROSSULARIATA (Linné), *la Zérène du Groseillier* **Pl. 17**

Répartition géographique. Toute la France et pratiquement toute l'Europe.
Description. Longueur maximale : 32 mm. Corps d'un blanc jaunâtre clair, avec de nombreuses taches noires (qui se réunissent parfois, donnant ainsi des formes presque entièrement noires). Flancs ornés, dans la région des stigmates, d'une bande longitudinale orangée. Thorax avec des zones orangées prenant, dans certains cas, une nuance rougeâtre. Tête d'un noir luisant.
Biotopes. Jardins, buissons et lisières des forêts.
Plantes nourricières. Groseilliers (*Ribes*), Aubépine (*Crataegus monogyna*), Fusain (*Euonymus japonicus*), Prunellier (*Prunus spinosa*), Orpin reprise (*Sedum telephium*), Callune (*Calluna vulgaris*), etc.
Cycle biologique. Une génération annuelle. Les œufs sont pondus en groupes, sous les feuilles (juillet-août). Les chenilles s'observent du mois d'août au mois de mai. Quelques-unes, toutefois, n'hivernent pas et se nymphosent pour donner des imagos en automne. Habituellement, la nymphose s'effectue en mai, dans un cocon lâche tissé sur la plante nourricière. L'émergence a lieu généralement en juillet. Les chenilles de cette espèce peuvent se révéler nuisibles dans les vergers.

CALOSPILOS SYLVATA (Scopoli), *la Zérène de l'Orme* **Pl. 7**

Répartition géographique. Espèce assez largement répandue en Europe, notamment dans le centre. En France : plutôt dans la partie septentrionale.
Description. Longueur maximale : 29 mm. Corps blanc crème avec des stries longitudinales noires. Une bande médio-dorsale jaune clair, discontinue, et une paire de bandes latérales continues, également jaune clair, au niveau des stigmates abdominaux. Tête et pattes d'un noir brillant.
Biotope. Bois humides.
Plantes nourricières. Ormes (notamment *Ulmus glabra*), Hêtre (*Fagus sylvatica*) et quelques autres arbres à feuilles caduques.
Cycle biologique. Une génération par an. Les œufs sont pondus en juin-juillet et les chenilles s'alimentent de juillet à septembre-octobre. La nymphose s'effectue dans le sol, en automne. L'émergence des imagos a lieu en mai-juin.

LOMASPILIS MARGINATA (Linné), *la Marginée* **Pl. 2**

Répartition géographique. Toute la France et pratiquement toute l'Europe.
Description. Longueur maximale : 21 mm. Corps vert bleuté, avec les limites intersegmentaires plutôt vert jaunâtre. Région dorsale marquée de quatre lignes longitudinales vert foncé. Écusson anal largement brun. Des points noirs là où s'insèrent les soies. Stigmates noirs avec du blanc en leur centre. Tête verte avec deux larges bandes d'un brun purpurin.
Biotopes. Bois, marais et autres endroits humides.
Plantes nourricières. Divers Saules (*Salix*), Tremble (*Populus tremula*), Peuplier noir (*Populus nigra*) et Noisetier (*Corylus avellana*).
Cycle biologique. Deux générations par an, sauf en Europe septentrionale où il semble n'y en avoir qu'une. Ponte en juin-juillet. Chenilles de juin à septembre. Nocturnes, celles-ci se cachent sous les feuilles pendant la journée. Nymphose dans le sol, principalement en automne. Imagos d'avril à juillet. Le stade nymphal dure parfois deux ou trois ans.

SEMIOTHISA NOTATA (Linné), *la Philobie marquée* **Pl. 4**

Répartition géographique. Espèce répandue surtout en Europe moyenne et septentrionale. En France : partout.
Description. Longueur maximale : 24 mm. Corps vert olive, marqué de brun dorsalement et latéralement, ou brun avec des dessins sombres dans sa moitié dorsale et vert latéro-ventralement, sous les stigmates. Tête habituellement brun sombre, parfois verte.
Biotope. Régions forestières ayant un sous-bois formé de bruyères.
Plantes nourricières. Bouleau (*Betula pendula*), Saules (*Salix caprea, Salix cinerea*), Aulnes (*Alnus*)...
Cycle biologique. Deux générations par an. Ponte en juin. Les chenilles se développent rapidement en été et il y a apparition d'imagos en juillet-août. D'autres œufs sont pondus en août, donnant des chenilles en septembre. Celles-ci se nymphosent sous terre, en octobre et les papillons de cette génération volent en mai-juin.

SEMIOTHISA ALTERNARIA (Hübner), **Pl. 18**
la Philobie alternée

Répartition géographique. Partout, en France comme dans le reste de l'Europe.
Description. Longueur maximale : 24 mm. Coloration très variable, allant du vert jaunâtre au brun ou au gris. Les formes brunes ou grises ont les régions dorsale et latérales ornées de fines lignes sombres au trajet irrégulier. Les formes vertes ont les mêmes zones pourvues de taches rousses plus ou moins étendues. Tête brune.
Biotope. Bois clairs.
Plantes nourricières. Prunellier (*Prunus spinosa*), Aulne (*Alnus glutinosa*), Saule-marsault (*Salix caprea*), etc.
Cycle biologique. Deux générations par an. Les œufs pondus en mai donnent des chenilles qui se développent rapidement (juin), ce qui permet une émergence d'imagos en juillet-août. Les chenilles de la seconde génération s'alimentent en août-septembre et se nymphosent en octobre (dans le sol) ; les papillons apparaissent en mai, l'année suivante.

SEMIOTHISA CLATHRATA (Linné), *la Phalène réticulée* **Pl. 21**

Répartition géographique. Espèce commune en France, ainsi que dans toute l'Europe.
Description. Longueur maximale : 22 mm. Corps vert avec des lignes dorsales blanches et une paire de bandes latérales également blanches, au niveau des stigmates. Ces derniers petits et noirs. Région ventrale longitudinalement marquée de fines lignes sombres. Tête légèrement échancrée, verte avec les pièces buccales brunes.
Biotopes. Champs, dunes et bruyères.
Plantes nourricières. Trèfles (*Trifolium*), Luzerne (*Medicago lupulina*) et plantes voisines.
Cycle biologique. Deux générations par an. Des œufs pondus en mai sont issues des chenilles à la croissance rapide (juin), ce qui donne des émergences en juillet. Les œufs de la seconde génération permettent l'apparition de chenilles en août. Ces dernières se nymphosent dans le sol en automne et, l'année suivante, des imagos émergent en avril-mai.

SEMIOTHISA CARBONARIA (Clerck), **Pl. 25**
la Philobie charbonnée

Répartition géographique. Europe septentrionale et moyenne, France comprise.
Description. Longueur maximale : 22 mm. Corps crème ou d'un brun ocre terne. Des lignes longitudinales sinueuses, de couleur sombre. Stigmates noirs avec le centre blanc. Tête brune.
Biotope. Régions montagneuses.
Plantes nourricières. Raisin d'ours (*Arctostaphylos uva-ursi*), Bouleau (*Betula pendula*) et Saules (*Salix*).
Cycle biologique. Une génération par an. Ponte en mai. Chenilles de juin à août. Celles-ci ont des mœurs nocturnes et elles se cachent sous les feuilles pendant la journée. La nymphose a lieu sur le sol, parmi des feuilles mortes (août-septembre). Les imagos apparaissent l'année suivante, en avril.

ITAME WAUARIA (Linné), *le Damas cendré* **Pl. 22**

Répartition géographique. Pratiquement partout, en France comme dans le reste de l'Europe.
Description. Longueur maximale : 25 mm. Corps vert ou brun avec des points noirs très apparents. Dorsalement, quatre lignes longitudinales, ondulées, blanches ou blanc jaunâtre. De chaque côté, une large bande jaune au niveau des stigmates. Ces derniers de couleur noire. Tête verte ou brune avec des points noirs.
Biotopes. Jardins et vergers.
Plantes nourricières. Groseillier rouge (*Ribes rubrum*), Cassis (*Ribes nigrum*), Groseillier à maquereau (*Ribes uva-crispa*) et Prunellier (*Prunus spinosa*).
Cycle biologique. Une génération par an. Pondus en août, les œufs hivernent et éclosent en avril. Les chenilles s'observent d'avril à juin. La nuit, elles attaquent les jeunes pousses, tandis qu'elles se cachent sous les feuilles pendant la journée. Achevant leur croissance vers la fin-juin, elles se nymphosent dans des cocons ajourés tissés dans le feuillage de la plante-hôte. Les imagos émergent en juillet.

ISTURGIA LIMBARIA (Fabricius), *la Phalène bordée* **Pl. 19**

Répartition géographique. Principalement en Europe moyenne. En France : presque partout.
Description. Longueur maximale : 24 mm. Corps vert ou brun, avec une ligne médiodorsale plus foncée, encadrée par des lignes claires. Flancs ornés, au niveau des stigmates, d'une ligne longitudinale jaune, bordée de noir. Tête verte ou brune.
Plantes nourricières. Genêts (*Genista*) et Genêt à balais (*Cytisus scoparius*).
Cycle biologique. Deux générations par an. Premières pontes en mai-juin, donnant des chenilles à croissance rapide (juin-juillet). Celles-ci se nymphosent et il y a apparition des imagos en juillet-août. Les chenilles de la seconde génération s'alimentent en septembre et se nymphosent en octobre, ce qui permet une émergence d'imagos en avril-mai. Le stade nymphal dure parfois jusqu'à quatre ans. Les chrysalides se trouvent en terre.

PLAGODIS DOLABRARIA (Linné), *la Phalène linéolée* **Pl. 2**

Répartition géographique. Espèce largement répandue en Europe. En France : presque partout.
Description. Longueur maximale : 40 mm. Corps d'un brun grisâtre sombre, avec des traces de roux sur le dos et des dessins roux, plus ou moins triangulaires, en position latéro-ventrale. Thorax renflé. Cinquième segment abdominal pourvu d'une forte gibbosité. Tête brun clair avec des dessins brun sombre.
Biotopes. Bois et lisières de forêts.
Plantes nourricières. Chênes (*Quercus*), Bouleau (*Betula pendula*), Saules (*Salix*), Tilleuls (*Tilia*)...
Cycle biologique. Une ou deux générations par an, selon les régions. Dans le premier cas : ponte en juin, chenilles de juillet à octobre, nymphose en octobre et émergence en juin, l'année suivante. Au repos, les chenilles sont difficiles à voir, car elles ressemblent à des brindilles. Les chrysalides se forment au pied des arbres, sous de la mousse.

OPISTHOGRAPTIS LUTEOLATA (Linné), **Pl. 17**
la Citronnelle rouillée

Répartition géographique. Pratiquement toute l'Europe. Toute la France.
Description. Longueur maximale : 33 mm. Corps brun grisâtre ou brun rougeâtre, voire verdâtre, avec diverses plages vertes ou brunes. Troisième segment abdominal dorsalement orné d'une gibbosité bifide. Capsule céphalique brune. Contrairement à la majorité des Geometridae, cette chenille a des fausses pattes — il est vrai, peu développées — sous les segments abdominaux 4 et 5.
Biotopes. Bois, haies, parcs et jardins.
Plantes nourricières. Aubépine (*Crataegus monogyna*), Prunellier (*Prunus spinosa*), Sorbiers (*Sorbus*), Pommiers (*Malus*) et Poiriers (*Pyrus*).
Cycle biologique. Deux générations par an. Les papillons s'observant d'avril à août, les œufs sont pondus aussi bien en été qu'au printemps. Les premières chenilles s'alimentent au printemps et se nymphosent en juin-juillet, ce qui conduit à des émergences vers le milieu de l'été. Les chenilles de la deuxième génération se nymphosent en automne. Faits de soie et résistants, les cocons se trouvent sur le sol ou à proximité.

EPIONE REPANDARIA (Hufnagel), *l'Épione marginée* **Pl. 2**

Répartition géographique. Espèce largement répandue en Europe, sauf dans les régions les plus septentrionales. En France : presque partout.
Description. Longueur maximale : 28 mm. Corps brun ou gris, dorsalement marqué de taches triangulaires ocre clair et de points blanchâtres (pairs). Sous les stigmates, de chaque côté, une large bande longitudinale de couleur ocre clair. Partie dorsale du deuxième segment abdominal avec une double gibbosité, relativement petite. Région supérieure et inférieure de la tête respectivement brun grisâtre et ocre.
Biotopes. Bois et lisières des forêts.
Plantes nourricières. Saules (*Salix*), Peuplier noir (*Populus nigra*) et Aulne (*Alnus glutinosa*).
Cycle biologique. Deux générations par an, sauf dans le Nord de l'Europe où l'on observe la chronologie suivante : ponte en juillet-août, éclosion au printemps (après hivernage), chenilles d'avril à juin, imagos en juillet. En général, les imagos volent de juin à septembre.

ENNOMOS AUTUMNARIA (Werneburg), **Pl.4**
l'Ennomos de l'Aulne

Répartition géographique. Espèce largement répandue en Europe et présente dans presque toute la France.
Description. Longueur maximale : 55 mm. Corps mince, se rétrécissant vers la tête. Tégument luisant, brun ou brun verdâtre, mêlé de brun ocre. Des gibbosités sur certains segments abdominaux, ce qui permet à la chenille de mimer une brindille. Tête anguleuse, brun grisâtre avec des dessins ocre.
Biotope. Régions forestières.
Plantes nourricières. Chênes (*Quercus*), Bouleau (*Betula pendula*), Aulne (*Alnus glutinosa*), Prunellier (*Prunus spinosa*), Aubépine (*Crataegus monogyna*), ainsi que d'autres arbres et arbustes à feuilles caduques.
Cycle biologique. Une seule génération annuelle. Ponte en automne ; éclosion au printemps, l'année suivante. Les chenilles s'observent de mai à août. Elles vont sur

les feuilles, la nuit, pour s'alimenter, tandis qu'elles restent sur les branches — le corps tendu et immobile — pendant la journée. La nymphose s'effectue entre des feuilles, en août. L'émergence a lieu en septembre.

ENNOMOS QUERCINARIA (Hufnagel), *l'Ennomos du Chêne* Pl. 6

Répartition géographique. Espèce largement répandue en Europe, notamment dans le centre. En France : presque partout.
Description. Longueur maximale : 47 mm. Coloration variable, allant du brun au vert. Flancs et région dorsale avec des dessins ocre et noirâtres. Segments abdominaux 2, 3, 5 et 8 pourvus de gibbosités qui donnent à la chenille l'aspect d'une brindille. Tête verdâtre ou brun grisâtre, parfois avec des taches ocre.
Biotope. Régions forestières.
Plantes nourricières. Chênes (*Quercus*), Hêtre (*Fagus sylvatica*), Tilleul (*Tilia vulgaris*), Bouleau (*Betula pendula*), Aubépine (*Crataegus monogyna*)...
Cycle biologique. Une génération par an. Disposés en rangées, sous les feuilles, les œufs sont pondus en automne, mais ils n'éclosent que l'année suivante, au printemps. Les chenilles s'observent en été : elles se nourrissent la nuit et se tiennent immobiles sur les branches pendant la journée. Les cocons sont tissés entre des feuilles (juillet). On peut touver les imagos de juillet à septembre.

ENNOMOS ALNIARIA (Linné), *l'Ennomos du Tilleul* Pl. 5

Répartition géographique. Presque partout, en France comme dans le reste de l'Europe.
Description. Longueur maximale : 50 mm. Corps assez grêle, s'amincissant vers la tête. Tégument brun rougeâtre, marqué dorsalement de brun pourpré et parfois teinté ventralement de vert. Une gibbosité bien indiquée sur la région dorsale du deuxième segment de l'abdomen. Tête brune.
Biotope. Endroits marécageux et lisières des forêts humides.
Plantes nourricières. Bouleau (*Betula pendula*), Aulne (*Alnus glutinosa*), Saules (*Salix*), Orme (*Ulmus procera*), Tilleuls (*Tilia*), Chênes (*Quercus*), ainsi que d'autres arbres à feuilles caduques.
Cycle biologique. Une génération par an. Ponte en automne ; éclosion le plus souvent en mai de l'année suivante. Chenilles habituellement de mai à juillet. Celles-ci ont des mœurs nocturnes et elles restent immobiles pendant la journée, mimant les brindilles de la plante-hôte. Nymphose vers la fin-juillet ; émergence en automne, au pied des arbres.

ENNOMOS FUSCANTARIA (Haworth), *l'Ennomos du Troène* Pl. 8

Répartition géographique. Europe moyenne et Sud de l'Europe septentrionale. En France : partout, sauf dans diverses régions méridionales.
Description. Longueur maximale : 40 mm. Corps grêle, vert jaunâtre avec les limites intersegmentaires jaunâtres. Quelquefois avec des taches dorsales et latérales de couleur rousse. De légères protubérances dorsales sur les segments abdominaux 2, 3, 5 et 8. Les jeunes chenilles sont d'un vert nettement plus foncé.

Biotopes. Bois, haies, buissons...
Plantes nourricières. Frêne (*Fraxinus excelsior*), mais aussi : Troène (*Ligustrum*), Bouleaux (*Betula*) et Aulnes (*Alnus*).
Cycle biologique. Une génération par an. Disposés en groupes vers l'extrémité des petites branches, les œufs sont pondus en automne, mais ils n'éclosent que l'année suivante, au printemps. Les chenilles se développent de mai à juillet. Nocturnes, elles font souvent des trous circulaires dans les feuilles. Le jour, elles se tiennent immobiles, le corps tendu et rectiligne. Nymphose vers la fin de l'été, entre des feuilles repliées et réunies par de la soie. Émergence des imagos en août-septembre.

ENNOMOS EROSARIA (Denis & Schiffermüller), *l'Ennomos rongée* **Pl. 8**

Répartition géographique. Espèce largement répandue en Europe. En France : presque partout.
Description. Longueur maximale : 40 mm. Corps gris ou brun grisâtre, tirant parfois sur le rose purpurin ou le vert bleuté. Mésothorax et segments abdominaux 2, 3, 5 et 8 avec des tubercules évoquant les nodosités d'une brindille. Tête grise ou brune.
Biotopes. Bois et haies.
Plantes nourricières. Chênes (*Quercus*), Bouleau (*Betula pendula*), Tilleul (*Tilia vulgaris*), Hêtre (*Fagus sylvatica*), Poiriers (*Pyrus*), etc.
Cycle biologique. Une génération par an, du moins en Europe septentrionale où l'on observe la chronologie suivante : ponte en automne ; éclosion en mai ; chenilles de mai à juillet ; nymphose début-août ; émergence fin-août. Les chenilles sont nocturnes. De jour, elles restent immobiles parmi les branches qu'elles miment. Les cocons — lâches — sont tissés dans le feuillage de la plante-hôte.

SELENIA DENTARIA (Fabricius), *l'Ennomos illunaire* **Pl. 4**

Répartition géographique. Toute la France et pratiquement toute l'Europe.
Description. Longueur maximale : 38 mm. Corps brun, brun jaunâtre ou grisâtre, souvent avec du roux et du brun pourpré sombre. Métathorax renflé au niveau des pattes, celles-ci pouvant ainsi mimer des bourgeons. Segments abdominaux 4 et 5 renflés et pourvus, dorsalement, de protubérances coniques (paires). Tête brune ou brun grisâtre, avec des zones blanches.
Biotopes. Haies et lisières des bois.
Plantes nourricières. Bouleau (*Betula pendula*), Aulne (*Alnus glutinosa*), Chênes (*Quercus*), Prunellier (*Prunus spinosa*), Aubépine (*Crataegus monogyna*), Saules (*Salix*), ainsi que d'autres arbres et arbustes à feuilles caduques.
Cycle biologique. Deux générations par an (sauf dans certaines régions froides). Pontes en avril et en juillet. Chenilles en mai-juin et en août-septembre. Nymphose en juin et en octobre. Imagos de fin-février à avril et de juillet à septembre. Les chenilles, nocturnes, miment des brindilles pendant la journée, en se tenant immobiles sur les branches de la plante-hôte. Les chrysalides formées en juin se trouvent entre des feuilles rassemblées par de la soie ; celles qui hivernent sont dans la litière, à la surface du sol.

SELENIA LUNULARIA (Hübner), *l'Ennomos lunaire* **Pl. 18**

Répartition géographique. Pratiquement toute l'Europe. En France : partout.
Description. Longueur maximale : 38 mm. Coloration variant du brun grisâtre foncé au brun verdâtre ou au roux clair. Pattes métathoraciques renflées à la base et évoquant des bourgeons. Segments abdominaux 2 et 5 pourvus chacun d'une paire de fortes protubérances dorsales. Tête noire ou brune, assez anguleuse.
Biotopes. Lisières des forêts, haies...
Plantes nourricières. Prunellier (*Prunus spinosa*), Prunier (*Prunus domestica*), Chêne (*Quercus*), Bouleau (*Betula pendula*), Frêne (*Fraxinus excelsior*), Églantier (*Rosa canina*), Érables (*Acer*), etc.
Cycle biologique. Une ou deux générations par an selon les régions. Dans le premier cas : ponte en juin, chenilles de juillet à septembre, nymphose en octobre, émergence l'année suivante, en mai. Les chenilles se nourrissent la nuit et miment des brindilles pendant la journée. Faits de soie et peu résistants, les cocons sont tissés parmi les feuilles mortes ou sous les mousses.

SELENIA TETRALUNARIA (Hulnagel), *l'Ennomos illustre* **Pl. 5**

Répartition géographique. Espèce largement répandue en Europe. En France : presque partout.
Description. Longueur maximale : 38 mm. Coloration allant du brun grisâtre sombre au roux clair. Base des pattes métathoraciques renflée, celles-ci ressemblant de ce fait à des bourgeons. Des protubérances dorsales sur les segments abdominaux 1, 2, 4 et 5. Capsule céphalique brune ou brun noirâtre.
Biotopes. Forêts et landes boisées.
Plantes nourricières. Bouleau (*Betula pendula*), Aulne (*Alnus glutinosa*) Chênes (*Quercus*), Saules (*Salix*), Aubépine (*Crataegus monogyna*), ainsi que de nombreux autres arbres et arbustes à feuilles caduques.
Cycle biologique. Deux générations par an. Pontes en mai et en août ; chenilles en juin et en août-septembre. Celles-ci sont nocturnes ; pendant la journée, elles restent immobiles parmi les branches et les brindilles dont elles sont mimétiques. La nymphose s'effectue dans les feuilles repliées ou sous des mousses tapissant le sol (juillet ; fin-septembre). L'émergence des imagos a lieu soit en juillet, soit au printemps, après hivernage des chrysalides dans la litière.

APEIRA SYRINGARIA (Linné), *l'Ennomos du Lilas* **Pl. 26**

Répartition géographique. Toute la France et presque toute l'Europe.
Description. Longueur maximale : 30 mm. Corps relativement trapu, aminci toutefois vers la tête et à l'extrémité postérieure. Une paire de grands processus caractéristiques sur la face dorsale du quatrième segment abdominal. De petites gibbosités dorsales, également paires, sur les segments 2 et 3 de l'abdomen. Tégument roux ou ocre clair, marqué de brun purpurin ou de brun verdâtre foncé. Tête d'un brun grisâtre.
Biotopes. Haies, lisières des bois...
Plantes nourricières. Troène (*Ligustrum vulgare*), Lilas (*Syringa vulgaris*), Chèvrefeuilles (*Lonicera*)...

Cycle biologique. Une ou deux générations par an. Pontes en juillet et en août-septembre. Chenilles de mai à juillet et en septembre-octobre. Nocturnes, les chenilles restent sur leur plante-hôte pendant la journée : elles se tiennent immobiles et miment les parties mortes des feuilles. Les cocons, peu résistants, sont fixés sur les branches et les brindilles. Les imagos volent de mai à juillet, ainsi qu'en août-septembre.

ODONTOPERA BIDENTATA (Clerck), **Pl. 18**
l'Ennomos dentelée

Répartition géographique. Partout, en France comme dans le reste de l'Europe.
Description. Longueur maximale : 48 mm. Coloration variable, allant du brun grisâtre clair au brun pourpré ou au vert grisâtre. Zone dorsale du corps longitudinalement marquée d'une série de losanges sombres et de deux rangées de points noirs. Huitième segment abdominal avec une gibbosité dorsale faiblement indiquée et bordée de noir. Tête légèrement échancrée, brun clair ou verte avec des taches brun noir.
Biotopes. Haies, régions boisées...
Plantes nourricières. Chênes (*Quercus*), Bouleau (*Betula pendula*), Saules (*Salix*), Prunier (*Prunus domestica*), Prunellier (*Prunus spinosa*), Aubépine (*Crataegus monogyna*), Pins (*Pinus*), etc.
Cycle biologique. Une génération par an. Les œufs sont regroupés, le plus souvent, autour d'une petite branche (juin-juillet). Les chenilles ont une croissance très lente ; on les trouve de juillet à octobre. Elles sont nocturnes, mais restent sur leur plante-hôte pendant la journée. En automne, elles descendent à terre pour se nymphoser sous des mousses ou dans la litière, au pied des arbres. L'émergence a lieu l'année suivante, en mai-juin.

CROCALLIS ELINGUARIA (Linné), **Pl. 18**
la Phalène de la Mancienne

Répartition géographique. Toute la France et toute l'Europe.
Description. Longueur maximale : 43 mm. Coloration du corps variable, allant du brun grisâtre clair au roux ou au brun pourpré foncé. Région dorsale parfois ornée d'une rangée médiane de losanges sombres. Sur le huitième segment abdominal, une légère protubérance dorsale, bordée de noir. Tête brun clair ou brun foncé.
Biotopes. Haies, landes et bruyères.
Plantes nourricières. Prunellier (*Prunus spinosa*), Prunier (*Prunus domestica*), Pommier sauvage (*Malus sylvestris*), Chèvrefeuille (*Lonicera periclymenum*), Chênes (*Quercus*), ainsi que de nombreux autres arbres et arbustes à feuilles caduques.
Cycle biologique. Une génération par an. Les œufs sont pondus en août, mais n'éclosent que l'année suivante, au début du printemps. Les chenilles s'observent de mars à mai. Elles s'alimentent la nuit, mais restent sur leur plante nourricière pendant la journée. Les formes vert grisâtre se trouvent plutôt sur les arbres couverts de lichens (elles y sont particulièrement difficiles à voir). La nymphose a lieu en juin, entre des feuilles ou sous les mousses qui tapissent le sol. Les papillons émergent habituellement en juillet.

OURAPTERYX SAMBUCARIA (Linné), **Pl. 23**
la Phalène du Sureau

Répartition géographique. Pratiquement partout, en France comme dans le reste de l'Europe.
Description. Longueur maximale : 50 mm. Corps particulièrement long et mince, se rétrécissant dans sa région supérieure. Couleur variable, allant du brun jaunâtre au brun rougeâtre, voire au vert olive. Sur les flancs, des stries longitudinales mal indiquées. Tête brune et anguleuse.
Biotopes. Boies, haies...
Plantes nourricières. Aubépine (*Crataegus monogyna*), Prunellier (*Prunus spinosa*), Sureau noir (*Sambucus nigra*), Troène (*Ligustrum*), Tilleuls (*Tilia*), Chèvrefeuilles (*Lonicera*), ainsi que de nombreux autres arbres et arbustes.
Cycle biologique. Une seule génération annuelle. Les œufs sont pondus en groupes, sous les feuilles (juillet). Éclosion en août. Les chenilles commencent à s'alimenter en été, puis hibernent sur leur plante-hôte, souvent en se cachant dans des anfractuosités de l'écorce. Elles reprennent leur activité au printemps. Pendant la journée, elles se tiennent immobiles, le corps tendu, rectiligne et oblique par rapport à la branche qui leur sert de support ; elles miment ainsi des brindilles et il est fort difficile de les repérer. Ayant achevé leur développement début-juin, elles se nymphosent dans des cocons où des fragments de feuilles se mêlent à la soie (ces cocons sont fixés sous les branches). Émergence en juillet.

COLOTOIS PENNARIA (Linné), *l'Himère-plume* **Pl. 2**

Répartition géographique. Toute la France et pratiquement toute l'Europe.
Description. Longueur maximale : 50 mm. Corps gris, parfois teinté de pourpre, avec du jaune ou de l'ocre dans les zones dorsale et latérales. Segment 8 de l'abdomen dorsalement pourvu d'une paire de protubérances coniques. Tête rousse avec des dessins plus clairs.
Biotope. Régions boisées.
Plantes nourricières. Chênes (*Quercus*), Bouleau (*Betula pendula*), Saules (*Salix*), Peupliers (*Populus*), Prunellier (*Prunus spinosa*), Aubépine (*Crataegus monogyna*), etc.
Cycle biologique. Une génération par an. Pondus sur les branches en novembre, les œufs n'éclosent que l'année suivante, au printemps. Les chenilles s'observent d'avril à juillet. Elles ont une activité principalement nocturne, mais restent sur leur plante-hôte pendant la journée. En juin, elles descendent à terre pour se nymphoser dans le sol. L'émergence des imagos a lieu en octobre.

ANGERONA PRUNARIA (Linné), *la Phalène du Prunier* **Pl. 18**

Répartition géographique. Europe, à l'exception des zones les plus septentrionales et de certaines régions méridionales. En France : partout.
Description. Longueur maximale : 50 mm. Coloration variable, allant du brun jaunâtre clair au brun grisâtre ou au roux. Flancs et région dorsale parfois ornés de points et de lignes longitudinales noirâtres. Premier segment abdominal avec une paire de petites protubérances dorsales. Cinquième segment de l'abdomen dorsalement muni d'une paire de longues protubérances coniques. Capsule céphalique brune.

Biotopes. Régions boisées, haies, buissons...
Plantes nourricières. Prunellier (*Prunus spinosa*), Prunier (*Prunus domestica*), Aubépine (*Crataegus monogyna*), Bouleau (*Betula pendula*), Vigne blanche (*Clematis vitalba*), Genêt à balais (*Cytisus scoparius*), Chèvrefeuilles (*Lonicera*), etc.
Cycle biologique. Une génération par an. Ponte en juillet ; éclosion en août. Les chenilles s'alimentent jusqu'en septembre-octobre, puis entrent en hibernation. Elles achèvent leur croissance en mai-juin et se nymphosent entre des feuilles réunies par de la soie. Émergence en juin-juillet (voire en mai).

PHIGALIA PILOSARIA (Denis & Schiffermüller), *la Phalène velue* **Pl. 18**

Répartition géographique. Espèce répandue dans une grande partie de l'Europe, mais faisant défaut dans certaines régions méridionales. En France : presque partout.
Description. Longueur maximale : 38 mm. Région antérieure du thorax plus étroite que l'abdomen. Corps brun grisâtre ou brun verdâtre, avec des taches rousses et, parfois, des macules noirâtres. Soies issues de petites protubérances coniques. Celles-ci sont plus importantes sur les segments abdominaux 2, 3 et 8. Tête grisâtre ou brun verdâtre.
Biotopes. Haies, régions boisées...
Plantes nourricières. Prunellier (*Prunus spinosa*), Prunier (*Prunus domestica*), Aubépine (*Crataegus monogyna*), Bouleau (*Betula pendula*), Chênes (*Quercus*), Tilleul (*Tilia vulgaris*), Orme (*Ulmus procera*), Saules (*Salix*), Peupliers (*Populus*), ainsi que divers autres arbres et arbustes à feuilles caduques.
Cycle biologique. Une génération par an. Ponte en mars-avril. Chenilles d'avril à juin. Celles-ci attaquent d'abord les jeunes bourgeons foliaires, ensuite les feuilles elles-mêmes. Principalement nocturnes, les chenilles se tiennent au repos sur les branches pendant la journée. Ayant achevé leur croissance vers la fin-juin, elles descendent pour se nymphoser en terre, au pied de leur plante-hôte. L'émergence s'effectue habituellement en janvier-février. Les imagos femelles sont aptères.

LYCIA ALPINA (Sulzer), *la Nyssie alpine* **Pl. 28**

Répartition géographique. Alpes uniquement.
Description. Longueur maximale : 40 mm. Corps blanc jaunâtre, avec de nombreux traits et points noirs. Une large bande médio-dorsale jaune et, de chaque côté du corps, une strie longitudinale jaune clair située sous les stigmates. Tête jaune, tachetée de noir.
Biotopes. Zones montagneuses.
Plantes nourricières. Trèfles (*Trifolium*), Pâquerette (*Bellis perennis*), Achillée-millefeuille (*Achillea millefolium*), Jacée (*Centaurea jacea*), Aubépine (*Crataegus monogyna*)...
Cycle biologique. Une génération par an. Chenilles de mai à juillet. Les chrysalides passent un ou deux hivers avant l'émergence des imagos. Ceux-ci s'observent de mars à juin.

LYCIA HIRTARIA (Clerk), *la Phalène hérissée* **Pl. 7**

Répartition géographique. Europe, à l'exception de certaines régions méridionales et septentrionales. En France : presque partout.
Description. Longueur maximale : 55 mm. Corps brun rougeâtre, gris clair, gris purpurin ou gris verdâtre. De fines lignes noires, quelques taches de la même couleur et diverses marques jaunes. Parfois, une importante bande jaune dans la région pronotale. Tête grise ou roux clair, avec de petites taches noires.
Biotopes. Bois, haies, parcs et rangées d'arbres bordant les routes.
Plantes nourricières. Tilleul (*Tilia vulgaris*), Orme (*Ulmus procera*), Saules (*Salix*), Peupliers (*Populus*), Bouleaux (*Betula*), Chênes (*Quercus*), Pommier (*Malus domestica*), Prunier (*Prunus domestica*), Poirier (*Pyrus communis*), ainsi que de nombreux autres arbres et arbustes à feuilles caduques.
Cycle biologique. Une génération par an. Ponte en avril. Chenilles de mai à août. Ces dernières s'alimentent la nuit ; pendant la journée, elles se tiennent au repos sur les branches de la plante-hôte. Nymphose en terre, généralement en août-septembre. Émergence au printemps, après un hiver.

BISTON STRATARIA (Hufnagel), *la Marbrée* **Pl. 6**

Répartition géographique. Espèce largement répandue en Europe moyenne et méridionale, ainsi que dans certaines régions septentrionales. En France : pratiquement partout.
Description. Longueur maximale : 55 mm. Coloration variable, allant du brun grisâtre au brun pourpré. Deux gibbosités dorsales rousses et trois gibbosités ventrales de taille inférieure. Parfois, une rangée médio-dorsale de losanges sombres. Tête fortement échancrée, d'un brun rougeâtre.
Biotopes. Régions forestières.
Plantes nourricières. Chênes (*Quercus*), Bouleau (*Betula pendula*), Peupliers (*Populus*), Orme (*Ulmus procera*), Tilleuls (*Tilia*), Prunellier (*Prunus spinosa*), Rosiers (*Rosa*), etc.
Cycle biologique. Une génération par an. Ponte en avril. Les chenilles s'observent de mai à août (voire septembre). Elles sont nocturnes et se reposent, le jour, sur les branches et les brindilles qu'elles miment. Nymphose dans le sol, habituellement en août. Émergence en février-mars, après hivernage de la chrysalide.

BISTON BETULARIA (Linné), *la Phalène du Bouleau* **Pl. 6**

Répartition géographique. Presque partout, en France comme dans le reste de l'Europe.
Description. Longueur maximale : 60 mm. Corps brun pourpré, vert brunâtre ou vert, avec une ligne médio-dorsale de couleur pourpre. Cinquième segment abdominal pourvu d'une paire de protubérances dorsales. Tête brune, relativement grande et anguleuse.
Biotopes. Bois, haies...
Plantes nourricières. Chênes (*Quercus*), Bouleau (*Betula pendula*), Orme (*Ulmus procera*), Hêtre (*Fagus sylvatica*), Saules (*Salix*), Prunier (*Prunus domestica*), ainsi qu'un grand nombre d'autres arbres ou arbustes à feuilles caduques.

Cycle biologique. Une génération par an. Ponte en juin-juillet. Chenilles de juillet à octobre. Celles-ci ont une activité nocturne, mais elles restent sur leur plante-hôte pendant la journée : il est particulièrement difficile de les repérer en raison de leur mimétisme. Ayant achevé leur développement en automne, elles descendent pour se nymphoser dans le sol, au pied des arbres. Les imagos émergent l'année suivante, habituellement en avril-mai.

AGRIOPIS AURANTIARIA (Hübner), *l'Hibernie orangée* **Pl. 4**

Répartition géographique. Espèce largement répandue en Europe. En France : principalement dans les parties centrale et septentrionale.
Description. Longueur maximale : 30 mm. Corps brun jaunâtre ou brun rougeâtre avec de nombreux traits fins d'un brun pourpré. Flancs souvent ornés d'une large bande longitudinale brun foncé. Région ventrale brun pourpré avec des stries jaunes. Tête rousse.
Biotopes. Zones forestières.
Plantes nourricières. Bouleau (*Betula pendula*), Charme (*Carpinus betulus*), Chênes (*Quercus*), Aubépine (*Crataegus monogyna*), Prunellier (*Prunus spinosa*), Saules (*Salix*), Érables (*Acer*), etc.
Cycle biologique. Une génération par an. Ponte généralement en novembre ; éclosion l'année suivante, au printemps. Les chenilles s'observent d'avril à juin. Nocturnes, elles restent sur leur plante nourricière pendant la journée. Elles achèvent leur croissance fin-juin et se nymphosent à terre, dans de légers cocons de soie tissés dans la litière. Émergence en octobre-novembre.

AGRIOPIS MARGINARIA (Fabricius), *l'Hibernie hâtive* **Pl. 5**

Répartition géographique. La majeure partie de l'Europe et presque toute la France.
Description. Longueur maximale : 29 mm. Coloration très variable, allant du jaune terne au vert olive, voire au brun rougeâtre ou au brun purpurin. Des dessins dorsaux, noirâtres, disposés longitudinalement et pouvant évoquer des « X ». Parfois une paire de bandes latérales sombres, juste au-dessus des stigmates. Ces derniers de couleur blanche. Tête brune.
Biotopes. Régions boisées, haies...
Plantes nourricières. Prunellier (*Prunus spinosa*), Aubépine (*Crataegus monogyna*), Chênes (*Quercus*), Bouleau (*Betula pendula*), Charme (*Carpinus betulus*), Saules (*Salix*), Peupliers (*Populus*), et d'autres arbres et arbustes à feuilles caduques.
Cycle biologique. Une génération par an. Ponte en mars-avril. Chenilles d'avril à juin. Nymphose en terre, au pied des arbres (juin). Imagos d'octobre à avril.

ERANNIS DEFOLIARIA (Clerck), *l'Hibernie défeuillante* **Pl. 5**

Répartition géographique. A peu près partout, en France comme dans le reste de l'Europe.
Description. Longueur maximale : 32 mm. Corps roux ou brun jaunâtre avec, de chaque côté, une ligne longitudinale noirâtre placée au-dessus des stigmates. Sous cette ligne, les flancs sont jaunes ou ocre avec parfois des zones rousses autour des stigmates. Tête échancrée, de couleur brun rougeâtre.

Biotopes. Bois, haies, buissons...
Plantes nourricières. Chênes (*Quercus*), Bouleau (*Betula pendula*), Noisetier (*Corylus avellana*), Prunellier (*Prunus spinosa*), Aubépine (*Crataegus monogyna*), Rosiers (*Rosa*), Chèvrefeuille (*Lonicera periclymenum*), etc.
Cycle biologique. Une génération annuelle. Les œufs sont pondus en hiver et les chenilles peuvent s'observer de mars à juin (on les trouve le plus souvent en avril-mai). Lorsqu'on inquiète une chenille, elle se laisse tomber, suspendue au bout d'un fil de soie (et ce jusqu'à ce que le danger soit écarté). Le développement larvaire s'achève en juin. Nymphose au sol. Émergence à la fin de l'automne ou au début de l'hiver.

MENOPHRA ABRUPTARIA (Thunberg), **Pl. 26**
la Boarmie pétrifiée

Répartition géographique. Espèce largement répandue en Europe, surtout dans le centre et le Sud. En France : plutôt dans la moitié méridionale.
Description. Longueur maximale : 40 mm. Corps brun grisâtre, quelquefois teinté de vert, ou pratiquement noir. Région dorsale ornée de taches rosées ou brun pourpré, ainsi que de lignes et de bandes longitudinales sombres. Trois petites gibbosités dorsales bordées de noir. Capsule céphalique brun grisâtre, nettement échancrée.
Biotopes. Haies, jardins, parcs et arbres bordant les routes.
Plantes nourricières. Troène (*Ligustrum*), Lilas (*Syringa vulgaris*) et Groseillier rouge (*Ribes rubrum*).
Cycle biologique. Une génération par an, parfois deux. Dans le premier cas : ponte en mai, chenilles de mai à août, nymphose en août, émergence l'année suivante, en avril. Faits de soie, les cocons se trouvent parmi les branches de la plante-hôte.

PERIBATODES RHOMBOIDARIA (Denis & Schiffermüller), **Pl. 17**
la Boarmie rhomboïdale

Répartition géographique. Toute la France, pratiquement toute l'Europe.
Description. Longueur maximale : 40 mm. Coloration variable, allant du brun grisâtre au brun rougeâtre. Corps parfois tacheté de brun jaunâtre. Région dorsale avec des dessins sombres, susceptibles de former une série de losanges. Tête brune.
Biotopes. Haies et endroits boisés.
Plantes nourricières. Aubépine (*Crataegus monogyna*), Bouleau (*Betula pendula*), Lierre (*Hedera helix*), Troène (*Ligustrum*), Lilas (*Syringa vulgaris*), Chèvrefeuilles (*Lonicera*), Chênes (*Quercus*), Frêne (*Fraxinus excelsior*), etc.
Cycle biologique. Une ou deux générations par an, selon les régions. Pontes plutôt en août. Elles éclosent au début de l'automne, donnant des chenilles qui se nourrissent quelque temps avant d'entrer en hibernation. Au printemps, ces chenilles se réalimentent pour achever leur développement en mai. Les cocons sont tissés sur les branches de la plante nourricière. Les imagos peuvent s'observer de mai à septembre.

ALCIS REPANDATA (Linné), *la Boarmie recourbée* **Pl. 7**

Répartition géographique. Toute l'Europe, à l'exception de l'extrême Sud. En France : presque partout.

Description. Longueur maximale : 40 mm. Coloration très variable, brun grisâtre clair ou brun jaunâtre, voire brun rougeâtre ou brun noir. Les formes claire ont une ligne dorsale brun foncé, ainsi que des points noirs et une série de dessins rhomboïdaux. Tête brune.
Biotopes. Bois, haies, landes et bruyères.
Plantes nourricières. Bouleau (*Betula pendula*), Orme (*Ulmus procera*), Noisetier (*Corylus avellana*), Charme (*Carpinus betulus*), Chênes (*Quercus*), Aubépine (*Crataegus monogyna*), Airelle-myrtille (*Vaccinium myrtillus), Framboisier (Rubus idaeus*), Callune (*Calluna vulgaris*), etc.
Cycle biologique. Une génération par an, quelquefois deux. Ponte et éclosion en juillet. Les chenilles commencent à se nourrir en été, puis elles entrent en hibernation. Elles se réalimentent au printemps et achèvent leur croissance en mai. La nymphose s'effectue dans le sol. Les imagos émergent en juin, parfois aussi en septembre.

HYPOMECIS ROBORARIA (Denis & Schiffermüller), *la Boarmie du Chêne* **Pl. 6**

Répartition géographique. Toute l'Europe, à l'exception de quelques régions méridionales ou septentrionales. En France : partout.
Description. Longueur maximale : 50 mm. Corps brun rougeâtre, parfois marqué de brun ocre. Segments abdominaux 2 et 8 pourvus de protubérances dorsales grisâtres. Troisième segment abdominal avec une gibbosité ventrale. Tête anguleuse, de couleur brune.
Biotopes. Endroits boisés.
Plantes nourricières. Chênes (*Quercus*), Hêtre (*Fagus sylvatica*), Bouleau (*Betula pendula*)...
Cycle biologique. Une génération par an. Ponte en juillet. Les chenilles naissent vers la fin de l'été et commencent à se nourrir en automne, avant d'entrer en hibernation. Elles se réalimentent au printemps, parvenant au terme de leur croissance vers la fin-mai. Quand elles sont au repos sur les branches, elles ressemblent fortement à de petites brindilles. La nymphose s'effectue, au pied d'un arbre, dans un léger cocon de soie se trouvant en terre. L'émergence a lieu habituellement en juin (voire plus tôt).

HYPOMECIS PUNCTINALIS (Scopoli), *la Boarmie parente* **Pl. 6**

Répartition géographique. Espèce largement répandue en Europe, absente toutefois de certaines régions septentrionales. En France, presque partout.
Description. Longueur maximale : 45 mm. Coloration variable, allant du brun au gris verdâtre, avec parfois des taches rousses. Deuxième segment abdominal avec une paire de protubérances dorsales. Capsule céphalique légèrement échancrée, de couleur brune ou gris verdâtre.
Biotope. Zones boisées.
Plantes nourricières. Chênes (*Quercus*), Bouleaux (*Betula*), Peupliers (*Populus*), Saules (*Salix*), Prunellier (*Prunus spinosa*), Pommiers (*Malus*), Chèvrefeuilles (*Lonicera*), Tilleuls (*Tilia*), Genêts (*Genista*), etc.
Cycle biologique. Une génération par an, voire deux dans certains cas (quelques imagos s'observant parfois en septembre). Ponte habituellement en juin. Chenilles de

juillet à septembre. Nymphose en terre, à faible profondeur (fin-août, septembre). La chrysalide hiverne et l'émergence a lieu en mai-juin.

CLEORODES LICHENARIA (Hufnagel), **Pl. 32**
la Boarmie du lichen

Répartition géographique. Espèce présente dans une grande partie de l'Europe, mais souvent assez localisée. En France : pratiquement partout.
Description. Longueur maximale : 25 mm. Corps vert ou vert grisâtre, plus rarement jaunâtre, avec diverses taches noires. De petits tubercules pairs le long de la région dorsale. Tête rousse.
Biotope. Bois humides, haies, arbres au bord des routes...
Plantes nourricières. Lichens se développant sur les troncs, les branches et les constructions en bois.
Cycle biologique. Une ou deux générations par an selon les régions. Dans le premier cas : ponte en juillet, éclosion en août, hibernation des chenilles (après un début de croissance), nymphose en juin, émergence en juillet. Les chenilles s'observent le plus souvent en mai-juin ; elles se remarquent toutefois difficilement en raison de leur homochromie. Les cocons sont dissimulés parmi les mousses et les lichens.

EMATURGA ATOMARIA (Linné), *la Phalène picotée* **Pl. 24**

Répartition géographique. Toute la France et pratiquement toute l'Europe.
Description. Longueur maximale : 30 mm. Corps de couleur très variable : tantôt vert, tantôt brun grisâtre, ou encore ocre ou brun pourpré. Souvent, la région dorsale porte des points blancs et des losanges clairs, tandis que les parties latérales sont ornées de lignes noirâtres discontinues. Tête brune ou verdâtre, tachetée de roux.
Biotope. Landes et bruyères.
Plantes nourricières. Callune (*Calluna vulgaris*), Bruyères (*Erica cinerea, Erica tetralix*), Galé odorant (*Myrica gale*), Genêts (*Genista*), Genêt à balais (*Cytisus scoparius*), Lotiers (*Lotus*) et quelques autres plantes des biotopes considérés.
Cycle biologique. Une ou deux générations par an. En Europe septentrionale : ponte en juin, chenilles de juillet à septembre, nymphose en automne, émergence l'année suivante, en mai. Les chrysalides se trouvent en terre.

BUPALUS PINIARIA (Linné), *la Fidonie du Pin* **Pl. 1**

Répartition géographique. Toute l'Europe, à l'exception des régions les plus septentrionales. En France : presque partout.
Description. Longueur maximale : 30 mm. Corps vert avec des lignes longitudinales claires. Une ligne médio-dorsale blanche bordée de noir. Flancs ornés chacun d'une bande longitudinale jaune, plus ou moins soulignée de vert foncé. Tête verte avec deux stries claires.
Biotope. Forêts de conifères.
Plantes nourricières. Pins (*Pinus sylvestris, Pinus pinaster*), Épicéa (*Picea abies*), Sapin (*Abies alba*), Mélèze (*Larix decidua*) et quelques autres conifères.
Cycle biologique. Une génération par an. Disposés en rangées sur les aiguilles, les œufs sont pondus en mai-juin. Les chenilles s'observent de juillet à octobre. Elles commettent parfois d'importants dégâts dans les pinèdes. Elles s'enfoncent dans le sol, en automne, pour se nymphoser. Les chrysalides passent l'hiver et les imagos émergent en mai-juin (voire en avril).

LOMOGRAPHA TEMERATA (Denis & Schiffermüller), **Pl. 18**
la Phalène satinée

Répartition géographique. Toute la France et presque toute l'Europe.
Description. Longueur maximale : 26 mm. Région dorsale vert bleuté, région ventrale vert blanchâtre. Habituellement, il y a une rangée médio-dorsale de petites taches rougeâtres, latéralement soulignées de brun ; parfois, ce dessin est remplacé par une ligne rousse discontinue qui s'orne de points blancs sur les côtés. Tête verte avec deux petites taches rousses.
Biotope. Haies, buissons...
Plantes nourricières. Prunellier (*Prunus spinosa*), Prunier (*Prunus domestica*), Prunier puant (*Prunus padus*), Pommiers (*Malus*), Saules (*Salix*), Chênes (*Quercus*), ainsi que d'autres arbres et arbustes à feuilles caduques.
Cycle biologique. Une génération par an, voire deux dans certaines régions. Les œufs sont pondus dans les anfractuosités de l'écorce ou sur les branches, près du pétiole des feuilles. Ponte habituellement en mai-juin ; éclosion une quinzaine de jours après. Chenilles en août-septembre, éventuellement aussi en juin-juillet. Chrysalides dans de légers cocons se trouvant dans le sol. Les imagos volent de mai à août.

LOMOGRAPHA DISTINCTATA (Herrich-Schäffer), **Pl. 18**
la Cabère distincte

Répartition géographique. Espèce répandue en Europe occidentale. Présente en France essentiellement dans les parties centrale et septentrionale.
Description. Longueur maximale : 25 mm. Corps vert ou d'un brun grisâtre sombre. Des dessins noirâtres en forme de « V » le long de la région dorsale. Segments abdominaux 4 et 5 pourvus chacun d'une grande plage blanche ou verte. Tête verte ou brune.
Biotope. Collines, bruyères, haies...
Plantes nourricières. Prunellier (*Prunus spinosa*) et Prunier puant (*Prunus padus*).
Cycle biologique. Une génération par an. Ponte en avril. Chenilles de mai à juillet. Celles-ci sont nocturnes, mais restent sur leur plante nourricière pendant la journée. Ayant achevé leur croissance vers la fin-juillet, elles descendent à terre pour se nymphoser dans le sol. Émergence au printemps de l'année suivante.

THERIA PRIMARIA (Haworth), *la Phalène-isard* **Pl. 17**

Répartition géographique. Espèce présente dans une grande partie de l'Europe, y compris en France et en Grande-Bretagne.
Description. Longueur maximale : 24 mm. Corps vert blanchâtre à vert grisâtre foncé, avec des lignes longitudinales blanches. Région dorsale parfois ornée de points et de bandes noirâtres. Tête d'un vert grisâtre.
Biotope. Buissons et bruyères.
Plantes nourricières. Aubépine (*Crataegus monogyna*), Prunellier (*Prunus spinosa*), Prunier (*Prunus domestica*) et Airelle-myrtille (*Vaccinium myrtillus*).
Cycle biologique. Une génération par an. Les pontes comprennent de nombreux œufs, groupés et plus ou moins recouverts par des fragments d'écorce et divers débris. On les trouve en février sur les troncs et les branches. Les chenilles naissent au début du printemps et se nourrissent jusqu'en mai. Vers la fin-mai, elles se nymphosent à terre, dans de légers cocons de soie. L'émergence des imagos a lieu l'année suivante, en janvier-février.

CAMPAEA MARGARITATA (Linné), *le Céladon* **Pl. 7**

Répartition géographique. Presque partout, en France comme dans le reste de l'Europe.
Description. Longueur maximale : 37 mm. Corps moins grêle que chez diverses autres arpenteuses. Partie ventrale assez plane. Coloration variable, allant du brun verdâtre ou du brun jaunâtre au brun purpurin. Partie inférieure des flancs avec une frange de poils. Trois paires de fausses pattes, la première se trouvant sous le cinquième segment abdominal. Tête brun grisâtre avec des taches plus sombres.
Biotope. Bois, haies...
Plantes nourricières. Chênes (*Quercus*), Hêtre (*Fagus sylvatica*), Bouleau (*Betula pendula*), Orme (*Ulmus procera*), Aubépine (*Crataegus monogyna*), Prunellier (*Prunus spinosa*), ainsi que d'autres arbres et arbustes à feuilles caduques.
Cycle biologique. Une ou deux générations par an, selon les régions. Dans le premier cas : ponte en juillet ; éclosion en août ; développement larvaire de la fin de l'été jusqu'au début de l'automne, puis au printemps, après hibernation ; nymphose vers la fin-mai, à la surface du sol ; émergence en juin. Quand il y a deux générations, les adultes s'observent de mai à septembre.

GNOPHOS OBFUSCATA (Denis & Schiffermüller), **Pl. 19**
la Gnophode trompée

Répartition géographique. Espèce largement répandue en Europe.
Description. Longueur maximale : 24 mm. Corps gris ou brun grisâtre. Région dorsale parfois ornée de lignes sombres et dessins en forme de « V ». Région ventrale de couleur pâle. Flancs avec une strie longitudinale gris foncé au niveau des stigmates. Tête d'un brun grisâtre.
Biotope. Landes, bruyères et zones montagneuses.
Plantes nourricières. Callune (*Calluna vulgaris*), Bruyères (*Erica cinerea, Erica tetralix*), Genêts (*Genista tinctoria, Genista anglica*) et Genêt à balais (*Cytisus scoparius*).
Cycle biologique. Une génération par an. Les œufs sont pondus dans le feuillage, par petits groupes (juillet) ; ils éclosent en août. Les chenilles commencent à se nourrir, puis entrent en hibernation. Elles achèvent leur développement au printemps. Nymphose dans le sol, en juin. Émergence en juillet.

GNOPHOS OBSCURATA (Denis & Schiffermüller), **Pl. 14**
la Gnophode obscure

Répartition géographique. Toute l'Europe à l'exception de quelques régions septentrionales. En France : presque partout.
Description. Longueur maximale : 20 mm. Tégument rugueux. Corps d'un brun grisâtre tirant sur le pourpre ou le vert. Région dorsale parfois avec des points blancs et une série de taches triangulaires claires. Huitième segment abdominal pourvu d'une paire de protubérances dorsales, blanchâtres et rayées de noir.
Biotope. Falaises et collines calcaires, bruyères et prairies alpines.
Plantes nourricières. Hélianthème commun (*Helianthemum nummularium*), Potentille rampante (*Potentilla reptans*), Pimprenelle (*Sanguisorba minor*), Serpolet (*Thymus serpyllum*), Arméria (*Armeria maritima*), Géranium luisant (*Geranium lucidum*), Fraisier (*Fragaria vesca*), Callune (*Calluna vulgaris*), Orpin blanc (*Sedum album*), ainsi que d'autres plantes basses.

Cycle biologique. En principe, une génération par an. Ponte en août, éclosion en septembre. Les chenilles entrent en hibernation lorsqu'elles sont encore peu développées et elles achèvent leur croissance au printemps. Nocturnes, elles se cachent, le jour, sous les pierres ou parmi les racines. Nymphose dans la litière, à la surface du sol (fin-mai). Émergence habituellement en juillet.

GNOPHOS GLAUCINARIA (Hübner), **Pl. 13**
la Gnophode glauque

Répartition géographique. Régions montagneuses d'Europe moyenne et méridionale. Espèce présente, en France, dans tous les massifs montagneux importants.
Description. Longueur maximale : 25 mm. Corps gris à gris jaunâtre. Des dessins bruns, anguleux, sur la partie dorsale. Une ligne longitudinale blanc jaunâtre de chaque côté du corps, sous les stigmates. Tête blanchâtre, tachetée de gris foncé.
Biotope. Montagnes.
Plantes nourricières. Orpins (*Sedum*), Renouée bistorte (*Polygonum bistorta*), Germandrées (*Teucrium*), Pissenlit (*Taraxacum*) et quelques autres plantes basses.
Cycle biologique. Deux générations par an dans les régions relativement chaudes ; une seule génération en Europe du Nord et dans les zones de haute altitude. Chenilles de septembre à mai et en juillet-août (quand il y a deux générations). Imagos en mai et en juillet-août.

ASPITATES GILVARIA (Denis & Schiffermüller), **Pl. 16**
la Phalène du Millefeuille

Répartition géographique. Europe moyenne et méridionale, essentiellement. En France : partout.
Description. Longueur maximale : 32 mm. Coloration brun grisâtre à ocre, avec parfois une nuance rosée sur les flancs. Une bande médio-dorsale claire, marquée d'une ligne médiane sombre. Des lignes longitudinales, sombres ou claires, de chaque côté du corps ; celles-ci tendent à se prolonger sur la capsule céphalique qui a la même couleur que le thorax et l'abdomen. Région anale avec deux grandes pointes coniques dirigées vers l'arrière.
Biotope. Dunes calcaires, friches et coteaux secs.
Plantes nourricières. Serpolet (*Thymus serpyllum*), Potentille rampante (*Potentilla reptans*), Achillée-millefeuille (*Achillea millefolium*), Luzerne (*Medicago lupulina*), Pied de poule (*Lotus corniculatus*), Véronique à feuilles de Serpolet (*Veronica serpyllifolia*), Renouée des oiseaux (*Polygonum aviculare*), etc.
Cycle biologique. Une ou deux générations par an, selon les régions. Les œufs sont pondus en rangées sur les feuilles (mai, juillet-août). L'éclosion s'effectue environ un mois après la ponte. Les chenilles s'observent en mai-juin et en septembre-octobre. Certaines d'entre elles hibernent. Assez légers, les cocons sont fixés sur la plante-hôte. Les imagos volent en avril-mai et de juillet à septembre.

PERCONIA STRIGILLARIA (Hübner), **Pl. 19**
la Phalène strigillée

Répartition géographique. Toute la France et presque toute l'Europe.
Description. Longueur maximale : 38 mm. Coloration variable, allant du gris pourpré foncé à l'ocre ou au brun jaunâtre. Une paire de lignes sombres sur la partie dorsale et d'autres lignes longitudinales sombres sur les flancs. Segments abdominaux 1,

4 et 5 munis chacun d'une paire de petites protubérances dorsales. Tête brun jaunâtre ou brun grisâtre.
Biotope. Landes et bruyères.
Plantes nourricières. Callune (*Calluna vulgaris*), Bruyère cendrée (*Erica cinerea*), Ajonc (*Ulex europaeus*), Genêts (*Genista*), Genêts à balais (*Cytisus scoparius*), Vesces (*Vicia*)...
Cycle biologique. Une ou deux générations annuelles selon les régions. Ponte en juin et en juillet-août. Les chenilles qui naissent en août-septembre hibernent peu de temps après avoir commencé à s'alimenter. Celles qui se trouvent sur les Ajoncs consomment les fleurs. Les cocons sont tissés parmi les ramilles de la plante-hôte. Les imagos peuvent s'observer de mai à septembre.

ALSOPHILA AESCULARIA (Denis & Schiffermüller), *la Phalène du Marronnier d'Inde* — Pl. 16

Répartition géographique. Presque partout, en France comme dans le reste de l'Europe.
Description. Longueur maximale : 26 mm. Corps vert vif avec une ligne médio-dorsale vert foncé. Flancs avec des lignes longitudinales d'un blanc jaunâtre. Contrairement à la plupart des arpenteuses, cette chenille possède une paire de fausses pattes sous le cinquième segment abdominal.
Biotope. Haies, bois, jardins et vergers.
Plantes nourricières. Pommiers (*Malus*), Prunier et Prunellier (*Prunus*), Aubépine (*Crataegus monogyna*), Rosiers (*Rosa*), Troène (*Ligustrum*), ainsi que divers autres arbres et arbustes à feuilles caduques.
Cycle biologique. Une génération par an. Les œufs sont pondus en avril : serrés les uns contre les autres, ils forment un manchon disposé autour d'une brindille et ils sont recouverts par des écailles provenant de l'abdomen de la femelle. Principalement nocturnes, les chenilles s'observent d'avril à juin. Elles se nymphosent dans le sol, au pied de la plante-hôte, dans un cocon fait de soie et de terre. Les imagos émergent l'année suivante, en février-mars. Les femelles sont aptères.

CYCLOPHORA ANNULATA (Schulze), *la Phalène mariée* — Pl. 8

Répartiton géographique. Espèce plutôt répandue en Europe moyenne et méridionale. Présente en Angleterre et dans presque toute la France.
Description. Longueur maximale : 23 mm. Corps d'un vert velouté foncé ; zones intersegmentaires d'un vert jaunâtre clair. Une ligne médio-dorsale jaune et des lignes latérales ondulées, de la même couleur. Tête brune avec des dessins clairs. Il existe également une forme brun clair.
Biotope. Bois (notamment hêtraies avec érables), haies et coteaux calcaires.
Plantes nourricières. Érables (*Acer campestre, Acer pseudoplatanus*), Bouleaux (*Betula*), Charme (*Carpinus betulus*)...
Cycle biologique. Une ou deux générations par an. Les œufs de la première génération s'observent en mai et ils éclosent en juin. Ils donnent des chenilles qui se nymphosent en juillet, soit sous les feuilles, soit dans les mousses. Deux imagos émergent en juillet et pondent en août. Les chenilles de la deuxième génération achèvent leur développement vers la fin-septembre. Elles se nymphosent en octobre et il y a émergence d'imagos l'année suivante, en avril-mai.

CYCLOPHORA ALBIPUNCTATA (Hufnagel), **Pl. 4**
la Phalène suspendue

Répartition géographique. Presque toute la France et pratiquement toute l'Europe.
Description. Longueur maximale : 23 mm. Corps brun rougeâtre à pourpre grisâtre, avec des lignes longitudinales gris clair ; parfois vert vif, avec des lignes jaunâtres. Tête brune.
Biotope. Bois clairs et bruyères arborées avec buissons comprenant des bouleaux.
Plantes nourricières. Bouleau (*Betula pendula*) et, occasionnellement, Aulne (*Alnus glutinosa*), Hêtre (*Fagus sylvatica*) et Chênes (*Quercus*).
Cycle biologique. Une ou deux générations par an selon les régions. Ponte d'abord en mai ; éclosion en juin. Au repos, les jeunes chenilles se suspendent au bord des feuilles, le corps enroulé en spirale. Ces chenilles achèvent leur croissance début-juillet et elles se nymphosent sous les feuilles. En août, il y a émergence d'imagos qui pondent pour engendrer une deuxième génération de chenilles. Celles-ci se nymphosent en octobre, ce qui permet l'émergence d'imagos l'année suivante, en mai.

TIMANDRA GRISEATA Petersen, *la Timandre aimée* **Pl. 10**

Répartition géographique. Toute la France et presque toute l'Europe.
Description. Longueur maximale : 23 mm. Corps gris à brun rougeâtre, avec la région dorsale marquée de dessins sombres en forme de « V ». Thorax renflé latéralement, notamment en position de repos (la chenille a alors un peu, de ce fait, l'allure d'un serpent). Tête brune.
Biotope. Prairies touffues, friches humides, haies...
Plantes nourricières. Patiences (*Rumex*), Renouées (*Polygonum*), Arroche étalée (*Atriplex patula*) et Mouron blanc (*Stellaria media*).
Cycle biologique. Une ou deux générations par an. Les œufs sont pondus en juin, en juillet ou en août. L'éclosion s'effectue une dizaine de jours après la ponte. Les chenilles s'observent principalement en juin-juillet et en septembre-octobre. Celles qui hivernent achèvent leur développement en avril-mai. La nymphose s'effectue à terre, dans un léger cocon de soie. Les imagos peuvent s'observer d'avril à septembre lorsqu'il y a deux générations annuelles.

SCOPULA NIGROPUNCTATA (Hufnagel), **Pl. 12**
l'Acidalie-étrille

Répartition géographique. Espèce répandue dans une grande partie de l'Europe, mais absente des régions les plus septentrionales. En France : partout.
Description. Longueur maximale : 30 mm. Corps grêle, légèrement plus étroit à proximité de la tête. Tégument ridé transversalement, gris verdâtre avec de petites taches dorsales noires. Région ventrale gris clair, avec une strie médiane encore plus claire. Tête grise, mouchetée de brun.
Biotope. Haies, buissons...
Plantes nourricières. Vigne blanche (*Clematis vitalba*), Origan (*Origanum vulgare*), Épiaires (*Stachys*), Plantains (*Plantago*), Vesces (*Vicia*), etc. En élevage, consomme également les feuilles fanées de Pissenlit (*Taraxacum*) et de Renouée des oiseaux (*Polygonum aviculare*).
Cycle biologique. Une génération par an. Ponte en juillet-août ; éclosion au bout d'environ onze jours. Les chenilles se nourrissent jusqu'à l'automne, puis entrent en hibernation. Elles se réalimentent au printemps et achèvent leur développement

en mai-juin. Les cocons se trouvent au pied des plantes-hôtes. Les imagos volent de mai à août.

SCOPULA RUBIGINATA (Hufnagel), *la Phalène rougeâtre* **Pl. 21**

Répartition géographique. Presque partout, en France comme dans le reste de l'Europe (exception faite des zones les plus septentrionales).
Description. Longueur maximale : 24 mm. Corps assez grêle. Tégument ridé transversalement, gris ou brun clair, parfois teinté de vert. Partie dorsale avec trois lignes longitudinales sombres. Cette région s'orne quelquefois d'une série de cinq taches sombres en forme de losanges.
Biotope. Friches et coteaux secs, bruyères...
Plantes nourricières. Trèfles (*Trifolium*), Lotiers (*Lotus*), Vesces (*Vicia*), Serpolet (*Thymus serpyllum*), Renouée des oiseaux (*Polygonum aviculare*), ainsi que diverses autres plantes basses (notamment des Leguminosae).
Cycle biologique. Selon les régions : une ou deux générations par an (voire trois). En Europe septentrionale : ponte en juillet, éclosion environ une semaine après, début du développement larvaire en été, fin de cette croissance au printemps (après hibernation), nymphose et émergence en juin. Quand on inquiète les chenilles, elles s'enroulent sur elles-mêmes en formant une double boucle caractéristique. Les cocons sont tissés à la surface du sol, souvent sous des mousses. Lorsqu'il y a plusieurs générations annuelles, on peut trouver les chenilles d'avril à septembre.

IDAEA BISELATA (Hufnagel), *la Truie* **Pl. 15**

Répartition géographique. Toute la France et presque toute l'Europe (à l'exception de certaines régions septentrionales).
Description. Longueur maximale : 22 mm. Corps grêle, encore un peu plus étroit au voisinage de la tête. Tégument ridé transversalement, gris ou brun grisâtre, avec des taches dorsales sombres en forme de « V ». Capsule céphalique échancrée. Il existe également une forme d'un brun jaunâtre clair (qui conserve les dessins caractéristiques en « V »).
Biotope. Lisières des forêts, haies...
Plantes nourricières. Ronce (*Rubus fructicosus*), Renouée des oiseaux (*Polygonum aviculare*), Pissenlit (*Taraxacum*), etc.
Cycle biologique. Une génération par an. Ponte en juillet ; éclosion en août. Les chenilles peuvent s'alimenter en hiver lorsqu'il fait suffisamment chaud. Elles semblent préférer les feuilles fanées, voire en décomposition. Quand on les dérange, elles se laissent tomber et prennent la forme d'un crochet. La croissance larvaire s'achève vers la fin-avril et la nymphose a lieu en mai, dans le sol. Émergence le plus souvent en juin.

IDAEA DIMIDIATA (Hufnagel), *la Phalène écussonnée* **Pl. 24**

Répartition géographique. Presque toute la France et pratiquement toute l'Europe.
Description. Longueur maximale : 20 mm. Corps mince, ridé transversalement et de couleur brun clair. Une double ligne médio-dorsale, noirâtre, qui devient une large strie impaire vers l'arrière. Une paire de rangées latéro-dorsales de dessins obliques, parfois sagittés. Stigmates situés sur un repli blanchâtre sous lequel s'observe une série de dessins noirs. Capsule céphalique grise, légèrement échancrée.
Biotope. Lisières des bois, haies, bordures des champs, jardins... Plutôt dans des endroits humides.

Plantes nourricières. Anthrisques (*Anthriscus sylvestris, Anthriscus caucalis*), petit Boucage (*Pimpinella saxifraga*), Caille-lait blanc (*Galium mollugo*)... En élevage, accepte aussi les feuilles fanées de Pissenlit (*Taraxacum*) et de Renouée des Oiseaux (*Polygonum aviculare*).
Cycle biologique. Une ou deux générations par an. En Europe septentrionale : ponte et éclosion en juillet, chenilles d'août à mai, nymphose et émergence en juin. Les chenilles consomment fleurs et feuilles. Au repos, elles infléchissent vers le bas la région antérieure de leur corps, tout en rejetant leur tête vers l'arrière. La nymphose s'effectue à terre, dans un léger cocon.

IDAEA CONTIGUARIA (Hübner), *la Dosithée contiguë* Pl. 25

Répartition géographique. Espèce répandue principalement en Europe moyenne et méridionale. En France, plutôt dans les régions montagneuses.
Description. Longueur maximale : 23 mm. Corps brun clair, avec des lignes dorsales, irrégulières, brun foncé, et susceptibles de former des losanges. Flancs marqués, sous les stigmates, d'une large bande brun foncé.
Biotope. Bruyères des zones montagneuses.
Plantes nourricières. Camarine noire (*Empetrum nigrum*), Callune (*Calluna vulgaris*), Ombilic (*Umbilicus rupestris*) et Orpins (*Sedum*). En captivité, accepte la Renouée des oiseaux (*Polygonum aviculare*), le Mouron blanc (*Stellaria media*) et diverses espèces de Bruyères (*Erica*).
Cycle biologique. Une ou deux générations par an. Dans le premier cas : ponte en juillet, chenilles de septembre à mai, nymphose en juin, émergence environ une quinzaine de jours après celle-ci. Relativement lâches, les cocons se trouvent dans le sol.

IDAEA AVERSATA (Linné), *l'Impolie* Pl. 16

Répartition géographique. Espèce largement répandue en Europe, sauf dans la partie la plus septentrionale. En France : partout.
Description. Longueur maximale : 25 mm. Tégument fortement ridé. Corps brun grisâtre, devenant ocre vers son extrémité postérieure. Une série médio-dorsale de dessins brun foncé en forme de « V ». De chaque côté du corps, une ligne longitudinale assez basse, ondulée et de couleur ocre clair. Région dorsale du cinquième segment abdominal parfois ornée d'un point blanc bien net. Tête grisâtre, marquée de noir.
Biotope. Haies, lisières des bois, jardins et endroits marécageux.
Plantes nourricières. Pissenlit (*Taraxacum*), Primevère acaule (*Primula vulgaris*), Renouée des oiseaux (*Polygonum aviculare*), Caille-lait jaune (*Galium verum*), Benoîtes (*Geum urbanum, Geum rivale*), Mouron blanc (*Stellaria media*), Patiences (*Rumex*), Genêt à balais (*Cytisus scoparius*), etc.
Cycle biologique. Une ou deux générations par an, selon les régions. En Europe septentrionale : ponte en juillet, éclosion en août, début du développement larvaire en automne, chenilles en fin de croissance au printemps (après hibernation), nymphose et émergence en mai. Les chenilles sont particulièrement lentes et elles font le mort lorsqu'on les inquiète. En France, elles s'observent de septembre à mai, ainsi qu'en juin-juillet. La nymphose s'effectue à la surface du sol.

IDAEA STRAMINATA (Borkhausen), *l'Acidalie paillée* **Pl. 15**

Répartition géographique. Toute la France et presque toute l'Europe.
Description. Longueur maximale : 22 mm. Tégument avec des rides fines et nombreuses. Corps d'un brun rosé clair tirant dorsalement sur le gris. Flancs gris verdâtre au-dessous de la ligne des stigmates. Une rangée médio-dorsale de dessins gris foncé évoquant des « X » ; à l'arrière de celle-ci, une courte bande qui atteint l'extrémité postérieure de l'abdomen. Tête brun rosé avec des taches grises.
Biotope. Bruyères, zones sablonneuses à proximité de bois...
Plantes nourricières. Patiences (*Rumex*), Pissenlit (*Taraxacum*), Mouron blanc (*Stellaria media*), Violettes (*Viola*), Gaillets (*Galium*), Lysimaques (*Lysimacha*), Ronce (*Rubus*), Airelle-myrtille (*Vaccinium myrtillus*), ainsi que de nombreuses autres plantes basses.
Cycle biologique. Une ou deux générations par an. Dans le premier cas : ponte en juillet, chenilles d'août à juin (avec une période d'hibernation), nymphose en juin, émergence en juillet. Les pontes évoquent des chapelets et elles comprennent chacune de 6 à 20 œufs. Formés d'une légère toile, les cocons se trouvent parmi les feuilles de la plante nourricière.

RHODOMETRA SACRARIA (Linné), *l'Aspilate sacrée* **Pl. 9**

Répartition géographique. Espèce commune en Europe méridionale et qui atteint le centre et le nord de l'Europe par migrations. En France, plutôt dans le midi.
Description. Longueur maximale : 25 mm. Corps assez grêle, vert ou brun clair, avec la région ventrale blanchâtre. Jonctions intersegmentaires parfois soulignées de brun jaunâtre. Les formes vertes ont généralement une large bande médio-dorsale de couleur brun clair. Bien indiquée vers l'arrière, une ligne médio-dorsale brune est traversée par un filet blanc. Tête rousse.
Biotope. Champs, friches et collines rocailleuses.
Plantes nourricières. Renouée des oiseaux (*Polygonum aviculare*) et Camomille (*Anthemis*). En élevage, accepte aussi les Patiences (*Rumex*).
Cycle biologique. Plusieurs générations annuelles. La croissance larvaire est rapide lorsqu'il fait chaud et un cycle complet peut se dérouler en un seul mois. Fixé sur la tige de la plante-hôte, le cocon est constitué d'une soie jaune formant un voile finement ajouré.

SCOTOPTERYX BIPUNCTARIA (Denis & Schiffermüller) **Pl. 21**
la Phalène biponctuée

Répartition géographique. Espèce largement répandue en Europe, à l'exception toutefois de certaines régions septentrionales. En France : partout.
Description. Longueur maximale : 25 mm. Corps d'un gris jaunâtre clair, avec parfois une nuance rose ou verte. Coloration légèrement plus sombre au-dessus de la ligne des stigmates. Flancs et région dorsale ornés de lignes longitudinales gris foncé. Tête d'un brun jaunâtre clair, avec des dessins brun foncé.
Biotopes. Dunes et collines calcaires.
Plantes nourricières. Trèfles (*Trifolium*), Luzernes (*Medicago*), Pied de poule (*Lotus corniculatus*), etc.
Cycle biologique. Une génération par an. Ponte en août, éclosion en septembre. Les chenilles entrent en hibernation alors qu'elles sont encore assez petites et elles se réalimentent au printemps, achevant leur développement en juin. Elles ont une activité

nocturne et se cachent, le jour, parmi les racines. Nymphose au pied de la plante-hôte. Émergence en juillet.

SCOTOPTERYX CHENOPODIATA (Linné), *la Chénopodie* **Pl. 20**

Répartition géographique. Toute la France et presque toute l'Europe.
Description. Longueur maximale : 25 mm. Corps gris rosé, parfois gris bleuté. Une ligne médio-dorsale gris foncé, longée de chaque côté par une ligne claire, jaunâtre, bordée de brun. Face ventrale gris clair. Stigmates noirs, ainsi que les points où s'insèrent les soies. Capsule céphalique légèrement échancrée, d'un gris rosé.
Biotope. Dunes et terrains sablonneux, friches, coteaux herbeux...
Plantes nourricières. Trèfles (*Trifolium*), Vesces (*Vicia*), Bromes (*Bromus*), Pied de poule (*Lotus corniculatus*), etc.
Cycle biologique. Une génération par an. Ponte en août, éclosion en septembre. Après hibernation, les chenilles achèvent leur développement au printemps et elles se nymphosent habituellement en juin. Leurs mœurs sont nocturnes. Les imagos émergent en juin-juillet.

SCOTOPTERYX MUCRONATA (Scopoli), *la Phalène mucronée* **Pl. 19**

Répartition géographique. Toute la France et pratiquement toute l'Europe.
Description. Longueur maximale : 25 mm. Corps ridé, ocre clair et pourvu, au-dessus des stigmates, de bandes brun grisâtre variables. Coloration tirant parfois sur le vert. Face ventrale avec deux bandes longitudinales sombres. Tête légèrement échancrée, ocre clair, avec de petites taches gris foncé. Les dessins sombres sont souvent plus étendus chez les formes septentrionales (telles que celle figurée sur la planche 19).
Biotope. Bruyères, landes et bois clairs.
Plantes nourricières. Ajonc d'Europe (*Ulex europaeus*), Genêts (*Genista*), Genêt à balais (*Cytisus scoparius*), Bruyères (*Erica*)...
Cycle biologique. Une seule génération annuelle. Ponte en juillet ; éclosion en août. Les chenilles semblent achever leur croissance avant d'entrer en hibernation. Elles attendent toutefois le mois de mai pour se nymphoser (au sol, parmi des débris végétaux). Émergence en juin.

LARENTIA CLAVARIA (Haworth), *la Larentie cloutée* **Pl. 22**

Répartition géographique. Espèce largement répandue en Europe, mais faisant défaut dans certaines régions méridionales, ainsi que dans les contrées les plus septentrionales. En France, presque partout.
Description. Longueur maximale : 32 mm. Corps vert, parfois jaunâtre dans les zones intersegmentaires, et orné de points blanchâtres. Stigmates noirs. Une ligne médio-dorsale brune ou rosée et une paire de lignes latérales sombres. Tête blanchâtre avec des dessins vert grisâtre.
Biotope. Haies, friches, dunes, falaises côtières...
Plantes nourricières. Mauve sylvestre (*Malva sylvestris*), Rose trémière (*Althaea rosea*) et quelques autres Malvaceae.
Cycle biologique. Une génération par an. Pondus en octobre, les œufs hivernent et éclosent en mars-avril. Les chenilles achèvent leur croissance en juin et elles se nymphosent dans le sol, près de la plante-hôte. Lorsqu'on inquiète les chenilles, elles

se laissent tomber à terre et s'enroulent en mimant des graines de Malvacées. Les imagos apparaissent en septembre.

ORTHONAMA OBSTIPATA (Fabricius), **Pl. 9**
la Larentie inclinée

Répartition géographique. Europe, à l'exception de certaines régions septentrionales. En France, presque partout.
Description. Longueur maximale : 23 mm. Chenille très variable. Coloration allant du brun grisâtre au vert clair. Corps orné de points blancs ; parfois fortement marqué de brun rougeâtre ou de brun noirâtre sur la partie dorsale, ou alors pourvu de bandes intersegmentaires brun rougeâtre. Les formes sombres ont souvent, sur la région postéro-dorsale de l'abdomen, une zone claire qui porte des dessins sombres en forme de « X ». Les autres dessins varient beaucoup, mais il y a généralement une strie longitudinale — brune ou noirâtre — sur les fausses pattes du sixième segment abdominal. Tête brun clair ou verte, avec des taches brun foncé.
Biotope. Haies, buissons, broussailles et terrains marécageux.
Plantes nourricières. Renouées (*Polygonum aviculare, Polygonum persicaria*), Séneçons (*Senecio vulgaris, Senecio jacobaea*), Chanvrine (*Eupatorium cannabinum*), Patiences (*Rumex*), Liseron des champs (*Convolvulus arvensis*), Alyssons (*Alyssum*), ainsi que diverses autres plantes basses.
Cycle biologique. Plusieurs générations annuelles. Le développement larvaire dure habituellement un mois et parfois, une quinzaine de jours seulement. Les œufs sont pondus au printemps, en été ou en automne et ils mettent de cinq jours à trois semaines pour éclore. Nocturnes, les chenilles se tiennent au repos sur les tiges et sous les feuilles pendant la journée. La nymphose a lieu au sol, dans un cocon fait de soie et de terre. Le stade nymphal dure environ quinze jours.

XANTHORHOE MUNITATA (Hübner), **Pl. 14**
la Larentie décolorée

Répartition géographique. Espèce principalement répandue en Europe moyenne et septentrionale. Présente, en France, dans les régions montagneuses.
Description. Longueur maximale : 25 mm. Corps ridé, vert clair, avec des bandes intersegmentaires orangées. Une bande médio-dorsale vert foncé, ainsi qu'une paire de bandes latérales qui se prolongent jusqu'aux fausses pattes anales. Tête vert clair, marquée de vert foncé. Il existe également une forme entièrement envahie de brun purpurin clair.
Biotope. Montagnes, collines rocailleuses, landes et endroits marécageux.
Plantes nourricières. Alchémilles (*Alchemilla vulgaris, Alchemilla alpina*), Saxifrage jaune (*Saxifraga aizoides*), Mouron blanc (*Stellaria media*), Séneçon commun (*Senecio vulgaris*) et Pâquerette (*Bellis perennis*).
Cycle biologique. Une génération par an. Ponte en juillet-août, éclosion en août-septembre. Lorsque l'hiver n'est pas trop rude, les chenilles semblent s'alimenter sans interruption jusqu'en mai. La nymphose s'effectue en mai-juin, à la surface du sol. Les imagos émergent en juin-juillet.

XANTHORHOE FLUCTUATA (Linné), *la Phalène ondée* **Pl. 13**

Répartition géographique. Toute la France et pratiquement toute l'Europe.
Description. Longueur maximale : 25 mm. Coloration très variable, allant du vert

au gris et au brun, avec parfois une nuance rosée. Flancs plus pâles au-dessous de la ligne des stigmates. Une série médio-dorsale de taches claires, parfois teintées de rose ou d'orange. Tête claire, tachetée de noir.
Biotope. Jardins, friches, haies et bois.
Plantes nourricières. Chou (*Brassica oleracea*), Navet (*Brassica napus*), Raifort (*Armoracia rusticana*), Giroflée-violier (*Cheiranthus cheiri*), Sisymbre officinal (*Sisymbrium officinale*), ainsi que d'autres Crucifères.
Cycle biologique. Deux générations par an, voire davantage. Ponte d'avril à septembre. Les chenilles peuvent s'observer de mai à octobre. Eles ont des mœurs nocturnes. Les chrysalides sont dans des cocons de soie se trouvant sous terre ; celles de la seconde génération hivernent pour donner des imagos au printemps suivant. Les papillons volent d'avril à octobre.

EPIRRHOE GALIATA (Denis & Schiffermüller), **Pl. 26**
la Mélanthie du Caille-lait

Répartition géographique. Partout, en France comme dans les autres pays européens.
Description. Longueur maximale : 25 mm. Corps grêle, brun clair avec des points noirs. Une ligne médio-dorsale sombre et une paire de bandes latérales brun foncé. Région dorsale de l'abdomen parfois ornée sur les derniers segments de dessins foncés en forme de « V ». Région ventrale avec une série de stries sombres. Tête brun clair, avec un dessin foncé en forme de « V ».
Biotope. Endroits calcaires, essentiellement.
Plantes nourricières. Gaillets (*Galium verum, Galium saxatile, Galium mollugo*).
Cycle biologique. Deux générations par an, une dans les régions les plus septentrionales. Les œufs sont pondus en juin et en août ; ils éclosent sept ou dix jours après la ponte. Les chenilles de la première génération croissent rapidement et se nymphosent en juillet. Il y a ainsi émergence d'imagos en août. Les chenilles de la seconde génération se nymphosent en octobre et il y a apparition d'imagos l'année suivante, en juin. Faits de terre, les cocons se trouvent dans le sol.

CAMPTOGRAMMA BILINEATA (Linné), **Pl. 10**
la Brocatelle d'or

Répartition géographique. Toute la France et toute l'Europe.
Description. Longueur maximale : 24 mm. Coloration très variable, allant du vert au roux et au gris. Zones intersegmentaires marquées de bandes jaunes ou roses. Région dorsale avec une ligne sombre et deux lignes claires. Flancs pourvus d'une large bande claire au-dessous des stigmates. Tête vert clair, brune ou grise, avec des dessins plus sombres.
Biotopes. Pratiquement partout. Espèce particulièrement commune dans les haies, les prés et les jardins.
Plantes nourricières. Mouron blanc (*Stellaria media*), Patiences (*Rumex*), Pissenlit (*Taraxacum*), Plantains (*Plantago*), Bugrane rampante (*Ononis repens*), Fraisier (*Fragaria vesca*), ainsi que de nombreuses autres plantes basses.
Cycle biologique. Deux générations par an, sauf dans les régions septentrionales où il n'y en a qu'une. Les œufs sont pondus sur les feuilles, sans disposition particulière (printemps et août-septembre). Les chenilles se nourrissent la nuit et se cachent, le jour, sous des pierres ou au pied des plantes-hôtes. Au repos, leur corps est souvent replié en forme de point d'interrogation. On les observe principalement de mars

à mai d'une part, en août d'autre part. Faits de terre, les cocons sont situés dans le sol, à faible profondeur. On trouve les imagos de mai à septembre.

ENTEPHRIA FLAVICINCTATA (Hübner), **Pl. 14**
la Ceinture jaune

Répartition géographique. Europe moyenne et septentrionale ; régions montagneuses de France et d'Europe méridionale.
Description. Longueur maximale : 23 mm. Coloration variable : verte, vert olive, gris pourpré ou brune. Région médio-dorsale avec une série de grands triangles rosés ou blanchâtres, triangles soulignés par des chevrons d'un brun rougeâtre. Tête brun clair, avec des dessins plus sombres.
Biotope. Rocailles des collines et des montagnes.
Plantes nourricières. Saxifrages (*Saxifraga aizoides, Saxifraga hypnoides, Saxifraga granulata, Saxifraga oppositifolia*), Poivre de muraille (*Sedum acre*)...
Cycle biologique. Une génération par an. Ponte habituellement en juillet ; éclosion en août. Après hibernation, les chenilles achèvent leur croissance au printemps, vers la fin-mai. Elles apprécient particulièrement les fleurs de leurs plantes nourricières. Nymphose en juin, dans des cocons faits de terre. Émergence en juillet.

ANTICLEA BADIATA (Denis & Schiffermüller), **Pl. 14**
la Cidarie baie

Répartition géographique. Toute la France et presque toute l'Europe.
Description. Longueur maximale : 26 mm. Coloration allant du vert jaunâtre au rose. Une large bande médio-dorsale vert foncé ou noir pourpré. Corps avec des points blancs. Flancs ornés, sous les stigmates, d'une rangée de petites taches noires. Les formes vertes ont les jonctions intersegmentaires de couleur jaunâtre. Tête non anguleuse, rousse et souvent pourvue d'une tache noire de chaque côté.
Biotope. Haies, lisières des bois...
Plantes nourricières. Églantier (*Rosa canina*), Rosier pimprenelle (*Rosa pimpinellifolia*) et Aubépine (*Crataegus monogyna*).
Cycle biologique. Une génération par an, du moins en Europe septentrionale où l'on a la chronologie suivante : ponte en avril-mai, éclosion au bout d'une dizaine de jours, achèvement de la croissance larvaire vers la fin-juin, nymphose début-juillet, émergence en mars-avril, après un hiver. Les œufs sont pondus sur les tiges et les bourgeons. Les chenilles ont une activité nocturne. La soie des cocons est recouverte de terre, ceux-ci se trouvant dans le sol, à faible profondeur.

ANTICLEA DERIVATA (Denis & Schiffermüller), **Pl. 14**
la Cidarie dérivée

Répartition géographique. Toute la France et pratiquement toute l'Europe.
Description. Longueur maximale : 26 mm. Corps vert vif avec les limites intersegmentaires finement soulignées de jaune. Une bande médio-dorsale discontinue — brune ou rouge purpurin — reliée à une bande transversale de même couleur, ce qui forme un dessin en « T ». Tête rouge purpurin, marquée de vert.
Biotope. Haies, lisières des bois...
Plantes nourricières. Églantier (*Rosa canina*) et Chèvrefeuille (*Lonicera periclymenum*).

Cycle biologique. Une génération par an. Les œufs sont habituellement pondus en avril, sur les tiges et les bourgeons. Ils éclosent en mai. Les chenilles se nourrissent principalement de fleurs. Parvenues à leur taille maximale vers la fin-juin, elles se nymphosent dans le sol, à faible profondeur. Les cocons sont constitués de soie et de terre. Les imagos émergent l'année suivante, en mars-avril.

MESOLEUCA ALBICILLATA (Linné), *la Phalène de la Ronce* **Pl. 15**

Répartition géographique. Presque partout, en France comme dans le reste de l'Europe.
Description. Longueur maximale : 25 mm. Corps vert, avec une ligne latérale rousse (bordée de blanc) de chaque côté du thorax et des derniers segments abdominaux. Une rangée de trapèzes dorsaux rougeâtres, marqués de blanc ou de rose dans leur partie centrale. Tête mêlée de vert et de brun.
Biotope. Bois clairs et lisières des forêts.
Plantes nourricières. Ronces (*Rubus fruticosus, Rubus caesius*), Framboisier (*Rubus idaeus*), Fraisier (*Fragaria vesca*)...
Cycle biologique. Une génération par an. Ponte et éclosion en juillet. Nocturnes, les chenilles se tiennent au repos, le jour, sous la nervure centrale d'une feuille. Lorsqu'on les inquiète, la région antérieure de leur corps prend une forme spiralée. Achèvement de la croissance larvaire vers la fin-septembre. Nymphose dans un cocon enterré. Émergence l'année suivante, en mai-juin.

PELURGA COMITATA (Linné), *la Cidarie accompagnée* **Pl. 11**

Répartition géographique. Espèce plutôt répandue en Europe centrale et septentrionale. Commune en France, sauf dans le Midi.
Description. Longueur maximale : 23 mm. Tégument rugueux, ocre clair, tirant parfois sur le rose et largement marqué de noir grisâtre dans les zones dorsale et latéro-dorsales. Une série de chevrons dorsaux sombres et une ligne zigzagante claire sur chacun des flancs. Tête mêlée de blanchâtre et de brun foncé.
Biotope. Haies, jardins, friches, côtes sablonneuses...
Plantes nourricières. Essentiellement : Chénopodes (*Chenopodium vulvaria, Chenopodium album, Chenopodium bonus-henricus*) et Arroche étalée (*Atriplex patula*).
Cycle biologique. Une génération par an. Ponte en juillet-août ; éclosion en août. La nuit, les chenilles consomment fleurs et graines, tandis que, pendant la journée, elles restent au repos, le corps plus ou moins replié en «   ». Achevant leur développement vers la fin septembre, elles descendent pour se nymphoser dans un léger cocon. Ce dernier est construit dans un sol sec et aéré. La chrysalide hiverne et l'émergence a lieu en juin-juillet.

EULITHIS POPULATA (Linné), *la Cidarie du Peuplier* **Pl. 25**

Répartition géographique. Pratiquement partout, en France comme dans les autres pays européens.
Description. Longueur maximale : 26 mm. Coloration très variable : brun clair, grise, brun rougeâtre ou vert jaunâtre. Limites intersegmentaires parfois soulignées de brun rougeâtre. Une rangée dorsale de dessins brun foncé ou brun rougeâtre (clairs en leur centre). Ces dessins sont triangulaires ou en forme de « X ». Capsule céphalique rousse ou brun foncé.

Biotope. Marais, bruyères... Le plus souvent en zone montagneuse.
Plantes nourricières. Airelle-myrtille (*Vaccinium myrtillus*), Airelle rouge (*Vaccinium vitis-idaea*), Saules (*Salix cinerea, Salix caprea*), Bouleaux (*Betula*)...
Cycle biologique. Une génération par an. Ponte en août, éclosion l'année suivante, en avril. Les chenilles ont une activité nocturne. Le jour, elles sont au repos sur leur plante-hôte, le corps tendu et rectiligne. Elles achèvent habituellement leur croissance vers la fin-mai. Nymphose entre des feuilles réunies par de la soie. Émergence en juin-juillet.

ECLIPTOPERA SILACEATA (Denis & Schiffermüller), Pl. 23
la Cidarie ochracée

Répartition géographique. Toute la France et presque toute l'Europe.
Description. Longueur maximale : 29 mm. Corps grêle, vert vif, avec de minces filets intersegmentaires jaunes. Une ligne médio-dorsale discontinue, brun rougeâtre, mieux indiquée sur le thorax et vers l'arrière. Quelques points latéraux brun rougeâtre. Pattes et fausses pattes de la même couleur. Une strie blanche sur chacune des fausses pattes anales. Capsule céphalique échancrée, verte et dorsalement marquée de brun rougeâtre foncé.
Biotope. Haies, bois humides, lisières de forêts, friches, collines...
Plantes nourricières. Épilobes (*Epilobium angustifolium, Epilobium montanum*), Herbe aux sorcières (*Circaea lutetiana*), Hêtre (*Fagus*)...
Cycle biologique. Une ou deux générations par an, selon les régions. Dans le second cas, les premiers œufs sont pondus en mai. Ils donnent des chenilles qui se développent rapidement et il y a apparition d'imagos en juillet. D'autres chenilles naissent alors en juillet ; atteignant leur taille maximale vers la fin-septembre, elles se transforment en chrysalides qui hivernent pour produire des imagos en mai. Principalement nocturnes, les chenilles miment des graines pendant la journée, en restant immobiles, le corps tendu. Petits et lâches, les cocons se trouvent dans la litière, à la surface du sol.

CHLOROCLYSTA CITRATA (Linné), Pl. 25
la Phalène citronnée

Répartition géographique. Espèce largement répandue en Europe moyenne et septentrionale. Assez commune dans diverses régions de France et de Grande-Bretagne.
Description. Longueur maximale : 27 mm. Corps vert, avec les segments séparés par de minces filets vert jaunâtre. Une ligne médio-dorsale vert foncé. Flancs parfois ornés d'une ligne longitudinale blanche située au niveau des stigmates. Tête vert brunâtre.
Biotope. Bois, landes, collines et montagnes.
Plantes nourricières. Fraisier (*Fragaria vesca*), Airelle-myrtille (*Vaccinium myrtillus*), Alchémille des Alpes (*Alchemilla alpina*), Callune (*Calluna vulgaris*), Bouleau (*Betula pendula*), Saules (*Salix*)...
Cycle biologique. Une ou deux générations par an, selon les régions. En Europe septentrionale : ponte en août ; éclosion l'année suivante, en mars ; chenilles de mars à juin ; émergence des imagos en juillet. Nymphose entre des feuilles rassemblées par de la soie.

CHLOROCLYSTA TRUNCATA (Hufnagel), *la Cidarie roussâtre* **Pl. 25**

Répartition géographique. Presque toute l'Europe. En France : partout.

Description. Longueur maximale : 24 mm. Corps vert, avec les limites intersegmentaires soulignées de jaune. Flancs parfois ornés, sous les stigmates, d'une bande ou de traits de couleur rougeâtre. Les chenilles n'ayant pas ces dessins ressemblent fortement à celles de l'espèce précéente ; elles en diffèrent toutefois par deux caractères : corps plus mince et présence d'une paire de protubérances pointues à l'arrière de l'abdomen.

Biotope. Haies, forêts et collines boisées.

Plantes nourricières. Bouleau (*Betula pendula*), Saules (*Salix*), Airelle-myrtille (*Vaccinium myrtillus*), Aubépine (*Crataegus monogyna*), Rosiers (*Rosa*), Ronces (*Rubus*), Fraisier (*Fragaria vesca*), Callune (*Calluna vulgaris*), etc.

Cycle biologique. Deux générations par an. Les œufs pondus en juin donnent des chenilles qui se développent rapidement, ce qui permet l'apparition d'imagos en juillet-août. Les œufs pondus en août éclosent en septembre ; les chenilles de cette génération hibernent après avoir commencé à s'alimenter. Elles achèvent leur croissance au printemps et se nymphosent en mai, entre des feuilles réunies par de la soie. Il y a ainsi émergence d'imagos en mai.

CIDARIA FULVATA (Forster), *la Cidarie fauve* **Pl. 14**

Répartition géographique. Toute la France et une grande partie de l'Europe.

Description. Longueur maximale : 19 mm. Corps vert bleuté ou vert jaunâtre, avec des bandes intersegmentaires de couleur jaune. Une ligne médio-dorsale vert foncé, située entre deux lignes blanchâtres. Parfois, une paire de rangées latérales de taches brun rougeâtre. Tête verte, légèrement échancrée dorsalement.

Biotope. Haies, champs et jardins.

Plantes nourricières. Églantier (*Rosa canina*), Rosiers (notamment *Rosa pimpinellifolia*) et Ronces (*Rubus*).

Cycle biologique. Une génération par an. Ponte en août ; éclosion l'année suivante, en mai. Les chenilles ont des mœurs nocturnes. Elles achèvent leur croissance en juin. Les chrysalides se trouvent sur la plante nourricière, dans des feuilles repliées. Émergence en juin-juillet.

THERA FIRMATA (Hübner), *la Cidarie des Conifères* **Pl. 1**

Répartition géographique. Espèce plutôt répandue en Europe moyenne et septentrionale. En France, presque partout.

Description. Longueur maximale : 24 mm. Corps vert, avec de minces filets intersegmentaires blancs ou jaunâtres. Une bande médio-dorsale vert foncé, bordée, de chaque côté, par une ligne jaunâtre ou blanc verdâtre. Flancs avec une bande blanche au-dessous des stigmates. Thorax avec des plages latérales rousses ; pattes rousses. Tête rougeâtre, marquée de brun.

Biotope. Pinèdes.

Plantes nourricières. Pin sylvestre (*Pinus sylvestris*), Mélèze (*Larix decidua*) et quelques autres Conifères.

Cycle biologique. Une génération par an. Ponte en juillet, éclosion au printemps suivant. Le développement larvaire a une durée variable, de sorte que l'apparition des imagos s'étale de mai à octobre. Mimétiques, les chenilles sont difficiles à repérer parmi les aiguilles des pins. Les cocons se trouvent à la surface du sol, parmi les aiguilles tombées à terre.

THERA JUNIPERATA (Linné), *la Phalène du Genévrier* **Pl. 1**

Répartition géographique. Semblable à celle de l'espèce précédente.
Description. Longueur maximale : 21 mm. Corps vert. Région dorsale d'un vert bleuté, avec deux bandes longitudinales blanc jaunâtre. Une paire de larges bandes latérales bicolores (blanc jaunâtre ventralement, rouges dorsalement). Pattes rosâtres. Tête verte, non anguleuse.
Biotope. Coteaux calcaires, landes et prairies alpines.
Plantes nourricières. Genévrier commun (*Juniperus communis*).
Cycle biologique. Une génération par an. Ponte en octobre, éclosion l'année suivante, en avril. La croissance larvaire s'achève vers la fin-août. La nymphose s'effectue dans un cocon lâche se trouvant à terre, parmi les feuilles mortes. Émergence en septembre-octobre.

EUSTROMA RETICULATA (Denis & Schiffermüller), *la Cidarie réticulée* **Pl. 22**

Répartition géographique. Europe moyenne et septentrionale. En France, dans les régions montagneuses.
Description. Longueur maximale : 25 mm. Corps vert clair. Une ligne médio-dorsale rousse, discontinue, située entre deux bandes blanchâtres. Quelques dessins latéraux roux au niveau des stigmates. Tête brun clair.
Biotopes. Vallées humides, bords des cours d'eau et endroits similaires.
Plantes nourricières. Impatiente (*Impatiens noli-tangere*).
Cycle biologique. Une seule génération annuelle. Déposés isolément sous les feuilles, les œufs sont pondus en août et éclosent approximativement au bout d'une semaine. Les chenilles consomment les feuilles dans un premier temps, puis elles vont dans les têtes florales dont elles consomment les graines en formation. Achevant leur croissance en octobre, elles se nymphosent dans de solides cocons tissés dans la litière. Émergence l'année suivante, en juillet-août.

HYDRIOMENA FURCATA (Thunberg), *la Larentie lavée* **Pl. 5**

Répartition géographique. Espèce principalement répandue en Europe moyenne et septentrionale. En France : presque partout.
Description. Longueur maximale : 20 mm. Coloration foncée, brun rougeâtre, brun purpurin ou noirâtre. De chaque côté du corps, des bandes longitudinales blanches : une au-dessous des stigmates, et deux, irrégulières, au-dessus. Face ventrale verdâtre, tachée de rose. Tête brune.
Biotopes. Haies, bois, champs, collines et prairies alpines.
Plantes nourricières. Noisetier (*Corylus avellana*), Bouleaux (*Betula*), Saules (*Salix*), Peupliers (*Populus*), Chênes (*Quercus*), Airelle-myrtille (*Vaccinium myrtillus*), Callune (*Calluna*)...
Cycle biologique. Une seule génération annuelle. Ponte en août, éclosion l'année suivante, en mai. Les chenilles sont nocturnes ; le jour, elles se cachent dans des chatons ou parmi des pousses enlacées de quelques fils de soie. Fin de la croissance larvaire en juin. Nymphose à terre, parmi des débris végétaux. Imagos en juillet-août.

HORISME VITALBATA (Denis & Schiffermüller), **Pl. 12**
la Larentie de la Clématite

Répartition géographique. Toute la France et presque toute l'Europe.
Description. Longueur maximale : 30 mm. Corps gris, tirant plus ou moins sur le brun. Une ligne médio-dorsale noire, irrégulière, avec des liserés blancs. Celle-ci se prolonge sur la capsule céphalique qui est d'un blanc grisâtre. Ventralement, une ligne longitudinale ocre clair.
Biotopes. Buissons où croît la plante-hôte, principalement sur terrains calcaires.
Plante nourricière. Vigne blanche (*Clematis vitalba*).
Cycle biologique. Deux générations par an. Ponte en juin et en août-septembre. Les chenilles se nourrissent essentiellement pendant la nuit. Celles de la première génération achèvent leur croissance en juillet, ce qui permet une émergence d'imagos en août. Les chenilles de la seconde génération se nymphosent en octobre ; les chrysalides formées hivernent et donnent des imagos en avril-mai. Nymphose en terre, dans un léger cocon de soie.

HORISME TERSATA (Denis & Schiffermüller), **Pl. 12**
la Larentie essuyée

Répartition géographique. Europe, à l'exception de certaines régions septentrionales. En France : partout.
Description. Longueur maximale : 30 mm. Corps brun clair. Une ligne médio-dorsale brun foncé ou noirâtre. Bordée de jaune clair, cette ligne se prolonge sur la tête. Région ventrale avec deux lignes longitudinales sombres.
Biotope. Buissons, notamment sur terrains calcaires.
Plantes nourricières. Vigne blanche (*Clematis vitalba*) et Bassin d'or (*Ranunculus acris*).
Cycle biologique. Une ou deux générations par an, selon les régions. Dans le premier cas : ponte en juillet, éclosion en août, chenilles d'août à septembre, émergence l'année suivante, en juin. En France, les chenilles s'observent en juin-juillet et en septembre-octobre. Faits de soie, les cocons se trouvent dans le sol, à faible profondeur.

MELANTHIA PROCELLATA (Denis & Schiffermüller), **Pl. 12**
la Phalène pie

Répartition géographique. Espèce largement répandue en Europe, quoique faisant défaut dans les régions les plus septentrionales. En France, presque partout.
Description. Longueur maximale : 32 mm. Corps brun ocre clair. Région dorsale avec trois lignes longitudinales d'un brun grisâtre foncé. Flancs marqués d'une large ligne latérale brun foncé, sauf dans le tiers postérieur de l'abdomen qui paraît ainsi plus clair. Stigmates noirs. Région ventrale brun grisâtre, ornée d'une ligne médiane ocre clair. Tête essentiellement d'un brun rougeâtre sombre.
Biotopes. Sur terrains calcaires : buissons, bois humides, etc.
Plantes nourricières. Clématites (*Clematis vitalba, Clematis fammula*).
Cycle biologique. Une ou deux générations par an selon les régions. En Europe septentrionale : ponte fin-juillet, éclosion en août, chenilles en août-septembre, nymphose vers la fin-septembre, émergence en juin (après hivernage de la chrysalide). Quand il y a deux générations, on observe les chenilles en juin-juillet et en septembre-octobre. Au repos, elles tendent leur corps et l'appliquent contre le pétiole ou la nervure centrale d'une feuille. Les cocons sont faits de terre et de soie.

TRIPHOSA DUBITATA (Linné), *la Larentie douteuse* **Pl. 18**

Répartition géographique. Toute la France et presque toute l'Europe.
Description. Longueur maximale : 27 mm. Corps relativement trapu. Tégument lisse, vert, avec les limites intersegmentaires d'un vert jaunâtre clair. Région dorsale ornée de quatre lignes jaunes, fines et discontinues. De chaque côté du corps, une large ligne jaune au-dessus des stigmates. Tête verte, sans dessins. Il existe également une forme dorsalement marquée de quatre lignes vert foncé.
Biotope. Bois, haies...
Plantes nourricières. Nerpruns (*Rhamnus catharticus, Frangula alnus*), Prunellier (*Prunus spinosa*) et Merisier à grappes (*Prunus padus*).
Cycle biologique. Une génération par an. Ponte en mai-juin, chenilles principalement en juin-juillet. Ces dernières se dissimulent entre des feuilles réunies par de la soie. En juillet-août, les chenilles se nymphosent dans le sol, dans des cocons constitués de terre et de soie. Les imagos émergent habituellement en août ; actifs jusquà la fin de l'automne, ils hivernent et attendent le printemps pour pondre.

PHILEREME TRANSVERSATA (Hufnagel), **Pl. 22**
la Larentie du Nerprun

Répartition géographique. Toute la France ; pratiquement toute l'Europe.
Description. Longueur maximale : 24 mm. Corps vert, avec d'étroits filets intersegmentaires vert jaunâtre. Une ligne médio-dorsale vert foncé et une paires de lignes latérales blanchâtres. De chaque côté du corps, une zone brun purpurin qui s'étend des fausses pattes anales aux derniers stigmates de l'abdomen. Tête verte. Il existe une autre forme — blanc grisâtre — avec une large bande médio-dorsale brun purpurin. Elle a la tête noire, la région ventrale marquée de brun grisâtre et les flancs ornés de points sombres.
Biotope. Marais, bois et buissons sur terrains calcaires.
Plantes nourricières. Nerpruns (notamment *Rhamnus catharticus*) et Prunellier (*Prunus spinosa*).
Cycle biologique. Une génération par an. Les œufs sont pondus en juillet-août, mais ils n'éclosent que l'année suivante, généralement en avril. Les chenilles construisent des abris en réunissant quelques feuilles avec de la soie. Le développement larvaire s'achève en mai-juin. Faits de terre et de soie, allongés, les cocons se trouvent dans le sol. Émergence en juin-juillet (voire en mai).

EPIRRITA DILUTATA (Denis & Schiffermüller), **Pl. 7**
la Larentie effacée

Répartition géographique. Europe moyenne et septentrionale. Toute la France.
Description. Longueur maximale : 26 mm. Corps vert, souvent avec des dessins pourprés d'extension variable : ceux-ci peuvent ne former qu'une fine ligne médio-dorsale ou, au contraire, constituer de larges bandes transversales sur le thorax et l'abdomen. Limites intersegmentaires finement soulignées de vert jaunâtre. Région ventrale blanchâtre. Une paire de lignes latérales blanches. Tête entièrement verte.
Biotope. Endroits boisés, haies...
Plantes nourricières. Chênes (*Quercus*), Hêtre (*Fagus sylvatica*), Orme (*Ulmus campestris*), Bouleau (*Betula pendula*), Prunellier (*Prunus spinosa*), Aubépine (*Crataegus monogyna*), ainsi que d'autres arbres et arbustes à feuilles caduques.

Cycle biologique. Une seule génération annuelle. Ponte en novembre, éclosion l'année suivante, en avril. Les chenilles se nourrissent principalement la nuit et restent au repos sur la plante-hôte pendant la journée. La croissance larvaire s'achève vers la fin-juin. Faits de soie, les cocons se trouvent dans le sol, à faible profondeur. Les imagos émergent en octobre.

EPIRRITA FILIGRAMMARIA (Herrich-Schäffer), **Pl. 25**
la Larentie britannique

Répartition géographique. Endémique de Grande-Bretagne. Espèce présente du Nord de l'Angleterre jusqu'aux Hébrides et aux Orcades, ainsi que dans certaines régions d'Irlande du Nord.
Description. Longueur maximale : 24 mm. Corps d'un vert bleuté, avec la partie ventrale blanchâtre. Une ligne médio-dorsale vert foncé, bordée de deux lignes blanc jaunâtre. Des points blanc jaunâtre et, au-dessous des stigmates, une paire de larges lignes latérales de la même couleur. Tête verte, légèrement mouchetée de brun.
Biotope. Landes et collines.
Plantes nourricières. Airelle-myrtille (*Vaccinium myrtillus*) et Callune (*Calluna vulgaris*).
Cycle biologique. Une génération par an. Ponte en septembre, éclosion au début de l'année suivante. Les chenilles se nourrissent au printemps et achèvent leur développement en mai. Nymphose dans le sol. Émergence en août.

OPEROPHTERA BRUMATA (Linné), **Pl. 16**
la Phalène brumeuse

Répartition géographique. Espèce répandue principalement en Europe moyenne et septentrionale. En France : partout.
Description. Longueur maximale : 20 mm. Corps vert bleuté, vert jaunâtre ou gris verdâtre. Habituellement, une ligne médio-dorsale sombre, comprise entre deux lignes blanc jaunâtre, discontinues et assez irrégulières. Flancs avec une ligne longitudinale blanc jaunâtre, sensiblement au niveau des stigmates. Limites intersegmentaires souvent étroitement soulignées de jaunâtre. Tête d'un brun verdâtre clair, avec des dessins bruns.
Biotope. Vergers, bois, haies, landes...
Plantes nourricières. Pommiers (*Malus*), Poiriers (*Pyrus*), Chênes (*Quercus*), Bouleaux (*Betula*), Noisetier (*Corylus avellana*), Prunellier (*Prunus spinosa*), Aubépine (*Crataegus monogyna*), ainsi que de nombreux arbres et arbustes à feuilles caduques. Dans les landes, les chenilles vivent sur la Callune (*Calluna vulgaris*).
Cycle biologique. Une génération par an. Les œufs sont pondus dans des anfractuosités de l'écorce (novembre-décembre). Ils éclosent début-avril. Les chenilles construisent un abri en réunissant des feuilles avec de la soie. Elles attaquent les jeunes pousses et les feuilles, ainsi que les fleurs des arbres fruitiers pour lesquels elles se révèlent parfois très nuisibles. Elles achèvent leur développement en mai. Nymphose dans le sol. Émergence en hiver. Imagos femelles à ailes fortement réduites, impropres au vol.

OPEROPHTERA FAGATA (Scharfenberg), **Pl. 4**
la Phalène du Hêtre

Répartition géographique. Espèce répandue surtout en Europe moyenne et septentrionale. En France : plutôt dans le centre.

Description. Longueur maximale : 21 mm. Corps vert jaunâtre, avec une ligne médio-dorsale grisâtre. Flancs ornés, au niveau des stigmates, d'une ligne longitudinale grise, dorsalement bordée de jaune. Stigmates, tête et pattes de couleur noire.
Biotope. Endroits boisés, haies, vergers, etc.
Plantes nourricières. Bouleau (*Betula pendula*), Hêtre (*Fagus sylvatica*), Sycomore (*Acer pseudoplatanus*), Pommiers (*Malus*), Aubépine (*Crataegus monogyna*)...
Cycle biologique. Une génération par an. Ponte en novembre, éclosion l'année suivante, en avril. Les chenilles ont des mœurs alimentaires semblables à celles de l'espèce précédente. Elles achèvent leur croissance vers la fin-juin et se nymphosent dans le sol. Les imagos apparaissent en octobre-novembre. Les femelles ne peuvent voler, car elles ont des ailes réduites (un peu moins que chez la Phalène brumeuse).

PERIZOMA DIDYMATA (Linné), *l'Eubolie âpre* **Pl. 25**

Répartition géographique. Europe moyenne et septentrionale. En France : dans les massifs montagneux.
Description. Longueur maximale : 23 mm. Corps vert, avec les segments séparés par de minces filets jaunâtres. Une ligne médio-dorsale vert foncé, située entre deux lignes vert clair. De chaque côté du corps, une bande longitudinale blanche, juste au-dessous des stigmates. Tête vert clair, légèrement marquée de brun clair dans sa partie dorsale.
Biotope. Bruyères, landes, bois et friches.
Plantes nourricières. Airelle-myrtille (*Vaccinium myrtillus*), Primevère acaule (*Primula vulgaris*), Germandrée sauvage (*Teucrium scorodonia*), Cerfeuil bâtard (*Chaerophyllum temulentum*), Anémone des bois (*Anemone nemorosa*), Renoncule ficaire (*Ranunculus ficaria*), Mouron blanc (*Stellaria media*), Silène dioïque (*Silene dioica*, etc.
Cycle biologique. Une génération par an. Ponte en juillet-août, éclosion l'année suivante, en avril. Consommant feuilles et fleurs, les chenilles parviennent au terme de leur croissance vers la fin-mai. Nymphose à terre, dans un cocon de soie. Émergence en juin.

PERIZOMA SAGITTATA (Fabricius), *la Cidarie sagittée* **Pl. 12**

Répartition géographique. Europe moyenne, principalement. Espèce rare en France et localisée en Grande-Bretagne.
Description. Longueur maximale : 22 mm. Corps vert jaunâtre. Région dorsale transversalement marquée de larges bandes vert foncé. Flancs ornés d'une large bande irrégulière, rose et ventralement soulignée de noir ou de vert foncé. Tête verte, marquée de brun foncé.
Biotope. Endroits marécageux.
Plantes nourricières. Pigamons (*Thalictrum flavum, Thalictrum minus*).
Cycle biologique. Une génération par an. Déposés sur les tiges ou dans les fleurs, les œufs sont pondus en juillet. Les chenilles naissent début-août et elles consomment les fleurs et les graines en formation. Nymphose en septembre. Les cocons se trouvent parmi les fleurs ou au pied des plantes-hôtes. Émergence l'année suivante, en juillet.

EUPITHECIA HAWORTHIATA Doubleday, **Pl. 12**
l'Eupithécie d'Haworth

Répartition géographique. Espèce plutôt répandue en Europe moyenne. Présente en diverses régions de France et de Grande-Bretagne.
Description. Longueur maximale : 10 mm. Corps trapu, rose foncé ou vert jaunâtre. Habituellement, une bande médio-dorsale gris foncé et une paire de lignes latérales grises. Tête brun grisâtre, marquée de noir ou de brun foncé.
Biotopes. Terrains calcaires où croît la plante-hôte.
Plante nourricière. Vigne blanche (*Clematis vitalba*).
Cycle biologique. Une génération par an. Ponte et éclosion en juillet. Les chenilles vivent dans les boutons. Ceux-ci présentent un trou latéral lorsqu'ils sont attaqués. Ensuite, les chenilles consomment les étamines des fleurs épanouies. Vers la fin-août, elles descendent à terre pour se nymphoser dans le sol. Émergence l'année suivante, en juin.

EUPITHECIA ABIETARIA (Goeze), **Pl. 1**
l'Eupithécie du Sapin

Répartition géographique. Espèce largement répandue en Europe moyenne et septentrionale. En France et en Grande-Bretagne, assez localisée.
Description. Longueur maximale : 18 mm. Corps d'un brun rosé terne, avec des points noirs dans la région dorsale. Tête et plaque pronotale noires.
Biotopes. Pinèdes, forêts de Conifères.
Plantes nourricières. Épicéa (*Picea abies*) et Pins (*Pinus*).
Cycle biologique. Une génération par an. Ponte en juin. Chenilles dans les cônes, en juillet-août. Ceux-ci présentent, lorsqu'ils sont attaqués, des orifices remplis d'excréments. Nymphose dans des cocons tissés à terre (septembre). Émergence en juin, généralement l'année suivante, parfois cependant après un second hivernage de la chrysalide.

EUPITHECIA LINARIATA (Denis & Schiffermüller), **Pl. 27**
l'Eupithécie de la Linaire

Répartition géographique. Toute la France et presque toute l'Europe.
Description. Longueur maximale : 16 mm. Corps assez trapu, de couleur jaune verdâtre à vert bleuté. Région dorsale avec des bandes transversales le plus souvent très apparentes, brun noirâtre, mais parfois pâles ou entièrement absentes. Tête rousse.
Biotopes. Champs, friches et bords des routes.
Plantes nourricières. Linaire commune (*Linaria vulgaris*) et Digitale pourpre (*Digitalis purpurea*).
Cycle biologique. Une ou deux générations par an selon les régions. Dans le premier cas : ponte en juillet, chenilles en août-septembre, nymphose vers la fin-septembre, émergence en juin. Les chenilles consomment fleurs et graines. Les cocons sont faits avec de la terre.

EUPITHECIA PULCHELLATA Stephens, **Pl. 27**
la Belle Eupithécie

Répartition géographique. Europe centrale et occidentale. Espèce assez largement répandue en France.
Description. Longueur maximale : 21 mm. Coloration variable, allant du vert jaunâtre au vert grisâtre ou au gris foncé. Des lignes latérales et une ligne médio-dorsale foncées. Tête brune avec des dessins sombres.

Biotopes. Bois, friches.
Plantes nourricières. Digitale pourpre (*Digitalis purpurea*).
Cycle biologique. Une génération par an. Ponte en juin-juillet, chenilles de juillet à septembre. Celles-ci vivent dans les fleurs ; elles recouvrent les fleurs d'un voile de soie et elles consomment les étamines et les graines en formation. Nymphose dans le sol, en septembre. Émergence l'année suivante, en mai-juin. Les fleurs attaquées tombent moins vite que les autres.

EUPITHECIA PYGMAEATA (Hübner), **Pl. 11**
l'Eupithécie pygmée

Répartition géographique. Europe septentrionale. En France, espèce localisée, s'observant surtout dans la partie septentrionale.
Description. Longueur maximale : 14 mm. Tégument assez rugueux, d'un vert jaunâtre terne. Région dorsale avec une bande médiane vert olive, parfois discontinue. De chaque côté du corps, une ligne longitudinale de même couleur. Tête d'un brun verdâtre clair, avec des dessins brun foncé.
Biotopes. Endroits marécageux, dunes sablonneuses et friches.
Plantes nourricières. Céraistes (notamment *Cerastium arvense*), Stellaires (*Stellaria holostea, Stellaria media*) et Alsine (*Alsine verna*).
Cycle biologique. Une génération par an. Les œufs sont pondus sur les fleurs (juin), et les chenilles consomment fleurs et graines (juillet). Lorsqu'elles ont presque achevé leur développement, les chenilles attaquent les fruits en laissant dépasser l'arrière de leur abdomen. Cocons sur la plante-hôte (août). Émergence en mai, généralement après un hiver (quelquefois après deux hivers dans les contrées les plus septentrionales).

EUPITHECIA CENTAUREATA (Denis & Schiffermüller), **Pl. 28**
l'Eupithécie de la Centaurée

Répartition géographique. Toute la France et presque toute l'Europe.
Description. Longueur maximale : 19 mm. Tégument fortement ridé. Coloration très variable, jaune, verte, brune ou grise. Généralement, une ligne médio-dorsale foncée. Flancs et région dorsale souvent avec des dessins rougeâtres caractéristiques.
Biotopes. Prairies, bords des routes, lisières des forêts...
Plantes nourricières. Jacobée (*Senecio jacobaea*), Achillée-millefeuille (*Achillea millefolium*), Chanvrine (*Eupatorium cannabinum*), Verge d'or (*Solidago vigaurea*), Centaurée noire (*Centaurea nigra*), ainsi que de nombreuses autres plantes.
Cycle biologique. Deux générations par an ; celles-ci se superposent de sorte que les papillons peuvent s'observer d'avril à octobre. Premières pontes habituellement en juin. Les chenilles attaquent les fleurs. Alors que certaines se développent rapidement pour engendrer une deuxième génération, d'autres donnent des chrysalides qui hivernent et produisent des imagos l'année suivante, en juin.

EUPITHECIA ABSINTHIATA (Clerck), **Pl. 28**
l'Eupithécie menue

Répartition géographique. Espèce largement répandue en Europe moyenne et septentrionale. En France : presque partout.
Description. Longueur maximale : 21 mm. Coloration très variable, allant du vert au jaune et du brun au blanc ocreux. Habituellement, une rangée médio-dorsale de dessins lancéolés, bruns ou noirâtres. Tête brune.

Biotopes. Lisière des bois, haies, friches, etc.
Plantes nourricières. Armoises (notamment *Artemisia absinthium*), Chanvrine (*Eupatorium cannabinum*), Jacobée (*Senecio jacobaea*), Achillée-millefeuille (*Achillea millefolium*), Verge d'or (*Solidago vigaurea*), Origan commun (*Origanum vulgare*), Callune (*Calluna vulgaris*), etc.
Cycle biologique. Une génération par an. Ponte habituellement en juillet. Chenilles de juillet à septembre, sur les fleurs et les graines en formation. Nymphose dans le sol, en octobre. Imagos de juin à septembre.

EUPITHECIA GOOSSENSIATA Mabille, **Pl. 24**
l'Eupithécie de la Callune

Répartition géographique. Espèce s'observant principalement dans le centre et le Nord de l'Europe. En France, assez localisée.
Description. Longueur maximale : 19 mm. Corps rosé. Région dorsale avec des triangles ou des chevrons de couleur brune ou rose foncé. Flancs marqués d'une ligne blanchâtre au-dessous des stigmates. Tête ocre clair, avec des dessins brun foncé.
Biotope. Landes et bruyères.
Plantes nourricières. Callune (*Calluna vulgaris*), Bruyères (*Erica*), Chanvrine (*Eupatorium cannabinum*), Raiponces (*Phyteuma*)...
Cycle biologique. Une génération par an. Ponte en juillet-août. Chenilles sur les fleurs, d'août à octobre. Nymphose en terre (octobre). Émergence des imagos l'année suivante, au mois de juin.

EUPITHECIA ASSIMILATA (Doubleday), **Pl. 22**
l'Eupithécie semblable

Répartition géographique. Europe moyenne et septentrionale, essentiellement. Espèce moins largement répandue en France qu'en Grande-Bretagne.
Description. Longueur maximale : 22 mm. Corps soit vert jaunâtre, avec une ligne médio-dorsale foncée et des filets intersegmentaires jaunâtres, soit vert grisâtre avec une rangée dorsale de losanges noirâtres entre lesquels s'observent d'étroites zones intersegmentaires de couleur rousse. Tête verte, parfois marquée de noir.
Biotopes. Haies, jardin...
Plantes nourricières. Groseillier rouge (*Ribes ribrum*), Cassis (*Ribes nigrum*) et Houblon (*Humulus lupulus*).
Cycle biologique. Deux générations par an. Les œufs pondus en mai donnent des chenilles qui se développent rapidement (juin), ce qui permet l'apparition d'imagos en juillet-août. Les œufs de la seconde génération éclosent vers la fin-août, donnant des chenilles qui se nourrissent en septembre et se nymphosent en octobre. Les chrysalides formées hivernent et il y a émergence d'imagos en mai. Les chenilles se tiennent sous les feuilles (dans lesquelles elles font de petites perforations allongées). La nymphose a lieu dans le sol.

EUPITHECIA VULGATA (Haworth), *l'Eupithécie austère* **Pl. 15**

Répartition géographique. Toute la France ; pratiquement toute l'Europe.
Description. Longueur maximale : 20 mm. Corps assez grêle. Coloration variable, allant du brun clair au gris verdâtre. Région dorsale parfois ornée de losanges gris foncé ou gris verdâtre ; flancs alors marqués d'une bande longitudinale de même couleur (bande se situant au-dessous des stigmates). Tête ocre clair, avec des dessins bruns ou vert grisâtre.

Biotopes. Haies, friches, jardins, etc.
Plantes nourricières. Aubépine (*Crataegus monogyna*), Ronce (*Rubus fruticosus*), Jacobée (*Senecio jacobaea*), Verge d'or (*Solidago vigaurea*), Airelle-myrtille (*Vaccinium myrtillus*), Chèvrefeuilles (*Lonicera*), ainsi que de nombreuses autres espèces végétales, arborescentes ou non.
Cycle biologique. Deux générations par an. Les œufs pondus en juin donnent des chenilles à croissance rapide et il y a ainsi apparition d'imagos en août. Ceux-ci pondent des œufs d'où sortent des chenilles qui se nourrissent en septembre et se transforment en chrysalides en octobre. Ces derniers passent l'hiver pour engendrer des imagos en mai-juin. Les chenilles consomment le feuillage et se nymphosent dans le sol.

EUPITHECIA TRIPUNCTARIA (Herrich-Schäffer), **PL. 24**
l'Eupithécie à trois points

Répartition géographique. Europe moyenne et septentrionale. Espèce largement répandue en Grande-Bretagne et présente en divers endroits de France.
Description. Longueur maximale : 20 mm. Corps vert ou brun, avec des bandes intersegmentaires blanchâtres. Parfois aucun dessin, mais habituellement des triangles sombres dans la région dorsale et des dessins brunâtres sur les flancs. Région ventrale brune ou vert foncé. Tête verte ou brune, avec des taches sombres.
Biotopes. Haies, endroits humides et ombragés...
Plantes nourricières. Berce (*Heracleum sphondylium*), Angélique (*Angelica sylvestris*), Panais (*Pastinaca sativa*), Verge d'or (*Solidago vigaurea*), Sureau noir (*Sambucus nigra*), etc.
Cycle biologique. Une génération par an. Ponte en juin. Chenilles sur fleurs et fruits en formation (juillet-septembre). Nymphose en terre, vers la fin-septembre. Émergence l'année suivante, en mai-juin.

EUPITHECIA SIMPLICIATA (Haworth), **Pl. 11**
l'Eupithécie peu marquée

Répartition géographique. Europe moyenne, principalement. Espèce assez largement répandue en France et en Grande-Bretagne.
Description. Longueur maximale : 23 mm. Corps gris clair, vert ou brun. Région dorsale avec une série de dessins lancéolés sombres. Parfois, pratiquement aucun dessin.
Biotopes. Friches, bords des cours d'eau et marais salants.
Plantes nourricières. Chénopode blanc (*Chenopodium album*), Arroche étalée (*Atriplex patula*) et quelques plantes voisines.
Cycle biologique. Une génération par an. Ponte en juillet. Chenilles d'août à octobre. Nocturnes, celles-ci attaquent d'abord les boutons, puis les fleurs et les fruits en formation ; pendant la journée, elles restent au repos dans les parties basses de leurs plantes-hôtes. Nymphose dans le sol, en octobre ; émergence l'année suivante, en juin.

EUPITHECIA DISTINCTARIA (Herrich-Schäffer), **Pl. 26**
l'Eupithécie distincte

Répartition géographique. Espèce surtout répandue en Europe moyenne et méridionale. En France, presque partout.

Description. Longueur maximale : 16 mm. Corps soit vert avec une ligne médio-dorsale d'un rose purpurin foncé, soit entièrement de cette dernière couleur. Tête et pattes brun jaunâtre.
Biotopes. Côtes rocailleuses, falaises calcaires et carrières.
Plantes nourricières. Serpolet (*Thymus serpyllum*), Genêt (*Genista purgans*) et quelques autres plantes basses.
Cycle biologique. Une génération par an. Ponte en juillet. Les chenilles s'observent d'août à septembre. Elles sont nocturnes et attaquent les fleurs. Nymphose dans le sol, en octobre. Émergence l'année suivante, en juin.

EUPITHECIA PIMPINELLATA (Hübner), *l'Eupithécie du Boucage* **PL. 24**

Répartition géographique. Espèce largement répandue en Europe et s'observant dans diverses régions de France et de Grande-Bretagne.
Description. Longueur maximale : 25 mm. Corps vert, brun pourpré ou brun rosé. La forme verte a une ligne médio-dorsale brun pourpré. Chez toutes les formes, il y a une paire de bandes latérales claires (celles-ci sont toutefois moins nettes chez les formes vertes). Tête brune ou d'un vert brunâtre clair.
Biotopes. Haies et prairies sur terrains calcaires.
Plantes nourricières. Boucages (notamment *Pimpinella saxifraga*), Achillées (*Achillea*), Séneçons (*Senecio*)...
Cycle biologique. Une génération par an. Ponte en juillet-août. S'observant d'août à octobre, les chenilles ont des mœurs nocturnes et elles se nourrissent de fleurs et de fruits en formation. Nymphose en terre (novembre). Émergence l'année suivante, en juin.

EUPITHECIA FRAXINATA Crewe, *l'Eupithécie du Frêne* **Pl. 8**

Répartition géographique. Espèce largement répandue en Europe, quoique faisant défaut dans certaines régions septentrionales. En France, plus commune dans le Midi.
Description. Longueur maximale : 20 mm. Corps habituellement vert. Flancs ornés d'une large bande longitudinale blanche (entrecoupée de petites taches rousses). Région dorsale parfois avec des dessins bruns. Il existe également une forme brune.
Biotopes. Bois, haies, jardins et autres endroits où croissent les frênes.
Plantes nourricières. Frêne (*Fraxinus excelsior*), Argousier (*Hippophae rhamnoides*), Aubépine (*Crataegus monogyna*)...
Cycle biologique. En principe, une génération par an (il y a parfois une seconde génération partielle). Ponte en juillet. Chenilles en août-septembre. Nymphose dans des anfractuosités de l'écorce, sous des mousses ou dans le sol (septembre). Émergence l'année suivante, en mai-juin. On peut également observer une deuxième génération d'imagos en août-septembre.

EUPITHECIA VIRGAUREATA Doubleday, *l'Eupithécie de la Verge d'or* **Pl. 28**

Répartition géographique. Espèce assez largement répandue en France et en Europe.
Description. Longueur maximale : 19 mm. Coloration très variable, allant du jaune au gris et au brun clair. Région dorsale avec des dessins caractéristiques, sombres et lancéolés. Flancs avec des taches triangulaires brun foncé. Tête brune.
Biotopes. Lisière des bois, friches...

Plantes nourricières. Verge d'or (*Solidago virgaurea*), Jacobée (*Senecio jacobaea*), Bruyères (*Erica*), Chanvrine (*Eupatorium cannabinum*)...
Cycle biologique. Deux générations par an. Chenilles s'attaquant aux fleurs (juin à septembre). Nymphose en terre. Imagos de mai à août.

EUPITHECIA PUSILLATA (Denis & Schiffermüller), **Pl. 1**
l'Eupithécie-fillette

Répartition géographique. Europe, à l'exception de certaines régions méridionales. En France, presque partout.
Description. Longueur maximale : 18 mm. Coloration et dessins très variables. Corps vert à brun rougeâtre. Région dorsale soit avec une ligne centrale sombre (située entre deux fines lignes jaunâtres), soit avec des rectangles roux, soit encore avec des dessins lancéolés brun foncé et des lignes noires. Dans tous les cas, une large strie longitudinale blanc jaunâtre de chaque côté du corps.
Biotopes. Montagnes, collines, coteaux calcaires et jardins.
Plantes nourricières. Genévrier commun (*Juniperus communis*).
Cycle biologique. Une génération par an. Les œufs sont pondus sur les ramilles de la plante-hôte, vers la fin de l'été. Ils éclosent au début de l'année suivante. Les chenilles s'observent d'avril à début juin. Nymphose dans le sol (fin-juin). Émergence de juillet à septembre.

EUPITHECIA PHOENICEATA (Rambur), **Pl. 1**
l'Eupithécie des Cyprès

Répartition géographique. Europe méridionale. Sud de la France. Espèce introduite en Grande-Bretagne où son aire de répartition s'élargit progressivement.
Description. Longueur maximale : 17 mm. Corps vert ou brun grisâtre clair, dorsalement et latéralement orné de dessins complexes correspondant à différents tons de vert ou de brun. Tête brune ou vert clair, avec des taches brun foncé.
Biotopes. Parcs, jardins, etc.
Plantes nourricières. Cyprès (*Cupressus macrocarpa, Cupressus sempervirens*), Genévrier de Phénicie (*Juniperus phoenicea*), Cyprès de Lawson (*Chamaecyparis lawsoniana*)...
Cycle biologique. Une génération par an. Les chenilles attaquent les bourgeons en automne et en hiver. Nymphose en janvier-février. Imagos de mai à octobre, mais le plus souvent en août-septembre.

EUPITHECIA LARICIATA (Freyer), *l'Eupithécie du Mélèze* **Pl. 1**

Répartition géographique. Europe moyenne et septentrionale. En France, surtout dans les zones montagneuses.
Description. Longueur maximale : 21 mm. Corps vert ou roux clair. Une ligne médio-dorsale sombre, placée entre deux lignes jaunâtres. Flancs parcourus par une bande longitudinale blanc jaunâtre ou vert jaunâtre clair. Les formes brunes montrent parfois une large bande brun foncé sous chaque rangée de stigmates. Tête brune ou brun verdâtre.
Biotope. Endroits où croissent les mélèzes.
Plantes nourricières. Mélèze (*Larix decidua*).
Cycle biologique. Une génération par an. Les œufs sont pondus dans le feuillage, en juin. Les chenilles s'observent de juin à septembre. Nymphose dans le sol, au début de l'automne. Émergence l'année suivante, en mai.

GYMNOSCELIS RUFIFASCIATA (Haworth), **Pl. 17**
l'Eupithécie à bandes rousses

Répartition géographique. Europe, à l'exception de certaines régions septentrionales. En France et en Grande-Bretagne : presque partout.
Description. Longueur maximale : 17 mm. Coloration très variable : blanchâtre, vert jaunâtre, brune, rouge ou rose purpurin. Habituellement, une bande médio-dorsale claire, ornée d'une série de triangles ou de chevrons sombres. Tête brun jaunâtre.
Biotopes. Bruyères, landes, friches et jardins.
Plantes nourricières. Ajonc (*Ulex europaeus*), Genêts (*Genista*), Genêt à balais (*Cytisus scoparius*), Vigne blanche (*Clematis vitalba*), Aubépine (*Crataegus monogyna*), Houx (*Ilex aquifolium*), Callune (*Calluna vulgaris*)...
Cycle biologique. Habituellement deux générations par an, parfois trois. Première ponte (mai) donnant des chenilles à croissance rapide. Celles-ci se nymphosent en juin et il y a apparition d'imagos en juillet. En août sont pondus des œufs qui donnent des chenilles s'alimentant en septembre et se nymphosant en octobre. Les chrysalides formées hivernent et il en sort des imagos en mars-avril. Selon les saisons, les chenilles consomment diverses espèces de fleurs. La nymphose s'effectue en terre.

CHLOROCLYSTIS V-ATA (Haworth), **Pl. 12**
l'Eupithécie couronnée

Répartition géographique. Espèce répandue principalement en Europe moyenne et méridionale. Présente en Grande-Bretagne et dans presque toute la France.
Description. Longueur maximale : 16 mm. Coloration et dessins assez variables. Corps vert, roux ou gris, avec la région dorsale souvent marquée d'une ligne médiane noirâtre ou de taches triangulaires brun rougeâtre. Flancs ornés de dessins obliques, ternes et pourprés.
Biotopes. Haies, lisières des bois...
Plantes nourricières. Vigne blanche (*Clematis vitalba*), Verge d'or (*Solidago virgaurea*), Chanvrine (*Eupatorium cannabinum*), Salicaire (*Lythrum salicaria*), Ronces (*Rubus*), Millepertuis (*Hypericum*), Armoises (*Artemisia*), etc.
Cycle biologique. Une génération par an en Europe septentrionale, mais deux plus au Sud (elles se chevauchent en partie). Dans un premier temps : ponte en avril, chenilles en mai, nymphose en juin, émergence en juillet. Ensuite : ponte en juillet, chenilles en août-septembre, émergence l'année suivante, en avril. Cette chronologie peut varier et l'on observe les imagos d'avril à août, sans interruption (voire plus tard). Les chenilles s'attaquent aux fleurs et les chrysalides se trouvent dans le sol.

CHLOROCLYSTIS RECTANGULATA (Linné), **Pl. 16**
l'Eupithécie rectangulaire

Répartition géographique. Toute la France et presque toute l'Europe.
Description. Longueur maximale : 15 mm. Corps vert bleuté ou d'un jaunâtre clair. Parfois une ligne médio-dorsale caractéristique, effilée à l'avant et de couleur vert foncé ou rouge purpurin. Tête brune.
Biotopes. Haies, vergers et jardins.
Plantes nourricières. Pommiers (*Malus*), Poiriers (*Pyrus*), Prunellier (*Prunus spinosa*)...
Cycle biologique. Une génération par an. Les œufs sont pondus sur les boutons, en juin-juillet. Ils n'éclosent que l'année suivante, en avril, au moment de la floraison. Les chenilles attaquent les fleurs, réunissant leurs pétales par des fils de soie.

Elles achèvent leur croissance vers la fin-mai et se nymphosent sous des écorces ou en terre, au pied des troncs. L'émergence des imagos s'effectue en juin.

CHLOROCLYSTIS DEBILIATA (Hübner), **Pl. 25**
l'Eupithécie affaiblie

Répartition géographique. Espèce localisée, s'observant surtout en Europe moyenne et septentrionale. Présente en divers endroits de France.
Description. Longueur maximale : 15 mm. Corps vert avec une ligne médio-dorsale vert foncé. Tête brun foncé.
Biotopes. Bois clairs, collines, vallées...
Plante nourricière. Airelle-myrtille (*Vaccinium myrtillus*).
Cycle biologique. Une génération par an. Ponte en juillet ; éclosion l'année suivante, en avril. Les chenilles consomment les feuilles et les réunissent par quelques fils de soie de façon à pouvoir s'y dissimuler. Nymphose dans le sol, vers la fin-mai. Émergence en juin.

CHESIAS LEGATELLA (Denis & Schiffermüller), **Pl. 19**
la Phalène du Genêt

Répartition géographique. Europe, à l'exception des régions les plus septentrionales. En France, partout.
Description. Longueur maximale : 28 mm. Corps vert ou jaune verdâtre, parfois avec des bandes intersegmentaires vert jaunâtre. Région dorsale marquée de trois lignes longitudinales vert foncé. Une paire de bandes latérales, blanches ou jaunes, au niveau des stigmates. Certaines formes jaunes n'ont aucun dessin. Tête vert clair ou brun jaunâtre, avec des taches brunes.
Biotopes. Bruyères, pinèdes ensoleillées, collines...
Plantes nourricières. Genêts (*Genista*) et, surtout, Genêt à balais (*Cytisus scoparius*).
Cycle biologique. Une seule génération annuelle. Ponte en octobre ; éclosion l'année suivante, au printemps. Les chenilles consomment le feuillage et miment des ramilles quand elles se tiennent au repos sur les tiges (leur corps formant un angle aigü avec l'axe-support). Achèvement du développement larvaire vers la fin-juin. Nymphose en terre. Émergence en septembre-octobre.

CHESIAS RUFATA (Fabricius), *la Rousse* **Pl. 19**

Répartition géographique. Presque toute la France et une grande partie de l'Europe. L'espèce fait toutefois défaut dans diverses régions septentrionales.
Description. Longueur maximale : 27 mm. Corps vert bleuté, avec des lignes intersegmentaires d'un vert jaunâtre clair. Région dorsale longitudinalement marquée d'une ligne vert foncé et de deux lignes blanchâtres ou jaunâtres. Flancs avec une large strie blanche au niveau des stigmates. Tête d'un vert jaunâtre.
Biotopes. Bruyères, landes...
Plantes nourricières. Genêt à balais (*Cytisus scoparius*), Genêts (*Genista*), Ajonc (*Ulex europaeus*)...
Cycle biologique. Une génération par an. Ponte en juin-juillet, éclosion peu après. Chenilles de juin à septembre. Celles-ci ont une position de repos semblable à celle de l'espèce précédente. Nymphose dans le sol, généralement en octobre. Émergence en mai-juin. Les chrysalides passent parfois un second hiver avant de s'ouvrir.

LITHOSTEGE GRISEATA (Denis & Schiffermüller), *la Larentie-grisette* **Pl. 12**

Répartition géographique. Espèce principalement répandue en Europe moyenne et méridionale. En France : essentiellement dans le Midi.
Description. Longueur maximale : 22 mm. Corps vert ou vert olive. Région dorsale avec trois lignes longitudinales vert foncé, parfois ornées de dessins cunéiformes sombres. Flancs montrant, au niveau des stigmates, une ligne longitudinale jaune. Il y a quelquefois des taches brun pourpré de part et d'autre de celle-ci. Tête verte.
Biotope. Prés ensoleillés sur sols sablonneux.
Plantes nourricières. Sisymbre-sagesse (*Descurainia sophia*) et Vélar-fausse-giroflée (*Erysimum cheiranthoides*).
Cycle biologique. Une génération par an. Ponte en juin. Les chenilles s'observent en juillet-août. Elles ressemblent aux siliques qu'elles consomment. La nymphose s'effectue dans le sol, en septembre. L'émergence a lieu en juin, l'année suivante, voire celle d'après.

VENUSIA CAMBRICA (Curtis), *la Larentie galloise* **Pl. 16**

Répartition géographique. Massifs montagneux et Europe septentrionale. En France : Alpes et Pyrénées.
Description. Longueur maximale : 21 mm. Corps vert jaunâtre. Une ligne dorsale, mal indiquée, de couleur jaunâtre. Des zones brun rougeâtre d'extension variable et principalement développées au milieu du corps et vers ses extrémités. Tête verte.
Biotope. Collines et montagnes.
Plante nourricière. Sorbier des oiseleurs (*Sorbus aucuparia*).
Cycle biologique. Une génération par an. Ponte en juillet. Chenilles en juillet-août. Nymphose dans le sol, vers la fin-août. Émergence l'année suivante, en juin.

MINOA MURINATA (Scopoli), *la Souris* **Pl. 22**

Répartition géographique. Europe, à l'exception des régions les plus septentrionales. En France : partout.
Description. Longueur maximale : 13 mm. Corps rose grisâtre, avec des verrues rose clair et noires, plus ou moins importantes. Région ventrale grise. Flancs pourvus, sous les stigmates, d'une ligne irrégulière de couleur orange ou rose jaunâtre. Tête brune, marquée de noir.
Biotope. Bois clairs.
Plantes nourricières. Euphorbes (notamment *Euphorbia amygdaloides*).
Cycle biologique. Une ou deux générations par an selon les régions. Dans le premier cas : ponte en juin, chenilles de juillet à septembre, émergence l'année suivante, en mai-juin. La nymphose s'effectue en terre.

LOBOPHORA HALTERATA (Hufnagel), *l'Amathie hexaptère* **Pl. 3**

Répartition géographique. Espèce répandue principalement en Europe moyenne et septentrionale. En France : presque partout.
Description. Longueur maximale : 18 mm. Corps vert, avec les limites intersegmentaires légèrement plus foncées. Une ligne médio-dorsale vert foncé, assez mal indiquée. Parfois, une paire de lignes latérales jaunâtres. Région anale de l'abdomen munie de deux pointes caractéristiques. Tête verte.

Biotope. Endroits boisés.
Plantes nourricières. Peupliers (*Populus*), Tremble (*Populus tremula*) et Saules (*Salix*).
Cycle biologique. Une génération par an. Ponte en mai-juin. Les chenilles s'observent en juin-juillet. Elles se nourrissent la nuit. Pendant la journée, elles restent au repos, le corps plaqué contre la surface des feuilles. La nymphose a lieu dans le sol, en août, et les imagos émergent l'année suivante, en avril-mai.

TRICHOPTERYX CARPINATA (Borkhausen), **Pl. 5**
l'Amathie lobée

Répartition géographique. Europe moyenne et septentrionale. En France : partout, sauf dans la zone méridionale.
Description. Longueur maximale : 23 mm. Corps vert bleuté, avec d'étroits filets blanchâtres entre les segments. De chaque côté du corps, au-dessous des stigmates, une large strie de couleur crème. Région anale avec des pointes saillantes, également crème. Tête d'un vert grisâtre.
Biotopes. Bois clairs et bruyères arborées.
Plantes nourricières. Bouleau (*Betula pendula*), Aulne (*Alnus glutinosa*), Saules (notamment *Salix caprea*), Peupliers (*Populus*) et Chèvrefeuille (*Lonicera periclymenum*).
Cycle biologique. Une génération par an. Déposés isolément sur les branches, les œufs sont pondus en avril-mai. Les chenilles s'observent d'avril à juillet-août et la nymphose a lieu en automne. Faits de soie et assez lâches, les cocons se trouvent dans ou sur le sol, habituellement au contact de pierres ou de racines. Les imagos émergent en avril.

ACASIS VIRETATA (Hübner), *la Larentie verdâtre* **Pl. 23**

Répartition géographique. Europe, à l'exception de diverses régions méridionales ou septentrionales. En France, plutôt dans le Centre.
Description. Longueur maximale : 17 mm. Corps vert clair, parfois teinté de rose. Région dorsale avec trois lignes roses discontinues qui sont remplacées, dans certains cas, par une série de dessins cunéiformes d'un rose pourpré. Tête brune, parfois marquée de rose pourpré.
Biotopes. Bois clairs, haies, landes et bruyères arborées.
Plantes nourricières. Houx (*Ilex aquifolium*), Lierre (*Hedera helix*), Troène (*Ligustrum vulgare*), Frêne (*Fraxinus excelsior*), Cornouiller sanguin (*Cornus sanguinea*), Obier (*Viburnum opulus*), Sorbier des oiseleurs (*Sorbus aucuparia*), etc.
Cycle biologique. Une ou deux générations par an selon les régions. Les œufs pondus en juin donnent des chenilles observables en juin-juillet. Celles-ci attaquent d'abord les fleurs, ensuite les feuilles ; elles recouvrent ces éléments végétaux de fils de soie. La nymphose s'opère dans le sol, vers la fin-juillet. Les imagos émergent soit en août-septembre (il y a alors des chenilles en automne), soit en mai, après un hiver (cas des régions froides).

HESPERIIDAE

En Europe, les imagos de cette famille sont toujours diurnes et ils ont un vol relativement vif. Plutôt petites, leurs chenilles présentent un étranglement plus ou moins net derrière la tête (celle-ci étant assez volumineuse). Le tégument larvaire est recouvert d'une pilosité dense et habituellement rase. Contrairement à celles de la plupart des autres Rhopalocères, ces chenilles se dissimulent entre des feuilles maintenues repliées par des fils de soie. La nymphose s'effectue dans un cocon lâche.

ERYNNIS TAGES (Linné), *le Point de Hongrie* **Pl. 21**

Répartition géographique. Espèce largement répandue en Europe, mais faisant défaut dans les régions les plus septentrionales. En France : partout.
Description. Longueur maximale : 18 mm. Corps trapu et quasi fusiforme. Tégument vert, parfois teinté de brun clair. Une ligne médio-dorsale vert foncé. Tête d'un noir pourpré.
Biotopes. Dunes, bruyères, prairies, lisières des bois...
Plantes nourricières. Pied de poule (*Lotus corniculatus*), Coronilles (*Coronilla*), Panicauts (*Eryngium*)...
Cycle biologique. Une ou deux générations par an selon les régions. En Europe septentrionale : ponte en mai, éclosion au bout d'une quinzaine de jours, fin de la croissance larvaire début-août, hibernation des chenilles dans une grande poche faite de feuilles et de soie, nymphose au printemps, émergence en mai. Les œufs sont déposés isolément sur la face supérieure des feuilles. Les chenilles vivent dissimulées entre des feuilles réunies par de la soie.

CARCHARODUS ALCEAE (Esper), *la Grisette* **Pl. 22**

Répartition géographique. Espèce largement répandue en France, ainsi que dans le centre et le Sud de l'Europe. Absente de Grande-Bretagne.
Description. Longueur maximale : 23 mm. Corps trapu, mais aminci à l'avant et à l'arrière. Coloration vert grisâtre, tirant sur le bleu. Prothorax marqué de noir et de jaune. Stigmates jaunes, cerclés de noir. Tête relativement grande, de couleur noire.
Biotopes. Collines et endroits où croissent des Malvacées.
Plantes nourricières. Mauves (*Malva*), Guimauves (*Althaea*), *Hibiscus* et plantes voisines.
Cycle biologique. Une à trois générations par an selon les régions. Les chenilles vivent dans des feuilles maintenues repliées à l'aide de fils de soie. Celles de la dernière génération entrent en hibernation. Les imagos peuvent s'observer d'avril à septembre.

PYRGUS MALVAE (Linné), *le Tacheté* **Pl. 15**

Répartition géographique. Toute l'Europe, à l'exception des régions les plus septentrionales. En France : partout.
Description. Longueur maximale : 19 mm. Tégument rugueux. Corps vert, avec la région dorsale parfois teintée de brun clair. Des lignes longitudinales brunes ou vert foncé. Tête assez grande, de couleur noire.

Biotopes. Dunes, lisières des bois, friches...
Plantes nourricières. Potentilles (*Potentilla*), Fraisier (*Fragaria vesca*), Ronce (*Rubus fruticosus*), Framboisier (*Rubus idaeus*), Aigremoine (*Agrimonia eupatoria*), etc.
Cycle biologique. Une ou deux générations par an selon les régions. Dans le premier cas : ponte en mai, œufs isolés, éclosion au bout d'une dizaine de jours, fin de la croissance larvaire et nymphose en juillet, émergence l'année suivante, en avril-mai. Lorsqu'il y a deux générations annuelles, les chenilles s'observent également en automne. Au début de son développement, la chenille vit sous un voile de soie tissé à la surface d'une feuille ; ensuite, elle se cache dans une feuille repliée. La nymphose s'effectue dans un cocon lâche qui se trouve sur la tige de la plante-hôte, non loin du sol.

CARTEROCEPHALUS PALAEMON (Pallas), *l'Échiquier* **Pl. 32**

Répartition géographique. Europe moyenne et une partie de l'Europe septentrionale. Espèce assez localisée, présente dans une grande partie de la France, mais faisant défaut dans certaines régions méridionales.
Description. Longueur maximale : 23 mm. Corps d'abord vert, avec des lignes blanches et vert foncé. Avant l'hibernation, il devient jaune clair ; après celle-ci, il est d'un blanc brunâtre pâle, avec des lignes longitudinales blanches et brun rosé. Tête assez volumineuse, verte, puis brun clair.
Biotopes. Bois clairs et prairies embroussaillées.
Plantes nourricières. Graminées : *Brachypodium sylvaticum, Molinia caerulea, Bromus...*
Cycle biologique. Une génération par an. Pondus isolément sur les brins d'herbe, les œufs éclosent au bout d'une dizaine de jours. La chenille vit dans un abri tubulaire formé par enroulement d'un brin d'herbe. Parvenue à sa taille maximale à la fin du mois de septembre, elle entre en hibernation, cachée dans un grand étui constitué de brins d'herbe réunis par de la soie. Elle quitte cet abri en mars, reste quelque temps sans s'alimenter, puis se nymphose dans un cocon formé de parties mortes de la plante-hôte. Émergence vers la fin-mai.

THYMELICUS SYLVESTRIS (Poda), *la Bande noire* **Pl. 31**

Répartition géographique. Espèce légèrement répandue en Europe, sauf dans les régions les plus septentrionales. En France, commune partout.
Description. Longueur maximale : 21 mm. Corps trapu, aminci à l'avant et à l'arrière. Tégument de couleur verte. Une ligne médio-dorsale vert foncé, bordée de jaune clair et située entre deux bandes blanc jaunâtre. Flancs avec une bande longitudinale blanc jaunâtre, placée au-dessous des stigmates. Capsule céphalique verte, assez grande et arrondie.
Biotopes. Prairies et autres endroits herbeux.
Plantes nourricières. Graminées : *Holcus lanatus, Phleum pratense*, etc.
Cycle biologique. Une génération par an. Les œufs sont pondus en rangées, dans les gaines foliaires (juillet) ; ils éclosent environ trois semaines après. La jeune chenille mange le chorion de son œuf, puis elle se construit, dans une gaine foliaire, un étui de soie lui permettant d'hiberner. Elle redevient active en avril et, pour se dissimuler, elle enroule le limbe de la graminée qu'elle attaque. Nymphose en juin, dans un cocon rudimentaire, fixé à un brin d'herbe. Durée du stade nymphal : environ trois semaines.

THYMELICUS ACTEON (Rottemburg), *l'Actéon* **PL. 32**

Répartition géographique. Europe moyenne et méridionale, essentiellement. En France, pratiquement partout.
Description. Longueur maximale : 24 mm. Corps quasi fusiforme, de couleur verte. Une ligne médio-dorsale vert foncé, aux bords assez clairs. De part et d'autre de celle-ci, une ligne d'une jaune verdâtre clair. Flancs avec une ligne longitudinale de même couleur, placée au niveau des stigmates et une bande blanc jaunâtre, en position latéro-ventrale. Tête d'un brun verdâtre clair.
Biotopes. Prairies, berges et falaises herbeuses...
Plantes nourricières. Graminées, notamment *Brachypodium pinnatum.*
Cycle biologique. Une génération par an. Les œufs sont déposés en rangées dans les gaines foliaires ; ponte en juillet-août, éclosion au bout d'environ trois semaines. Dès leur naissance, les chenilles se construisent une loge de soie dans une gaine foliaire et elles y restent à l'abri pour l'hibernation. Elles quittent leur refuge en avril et consomment les limbes tendres. Nocturnes, elles enroulent ces derniers pour se cacher pendant la journée. La nymphose a lieu en juillet. Les cocons, lâches, sont tissés parmi les plantes-hôtes, non loin du sol. Le stade nymphal dure environ deux semaines.

HESPERIA COMMA (Linné), *la Virgule* **Pl. 31**

Répartition géographique. Espèce assez largement répandue en Europe, mais absente de certaines régions septentrionales. En France : partout.
Description. Longueur maximale : 26 mm. Corps modérément épais. Tégument rugueux, d'un vert olive terne. Zone pronotale noire. Tête volumineuse, noire, marquée de brun.
Biotopes. Dunes et prés sur terrains calcaires.
Plantes nourricières. Fétuques (notamment *Festuca ovina*) et Pâturins (*Poa*).
Cycle biologique. Une génération par an. Les œufs sont pondus isolément sur les brins d'herbe, à faible hauteur (août). L'éclosion s'effectue l'année suivante, en mars-avril. La chenille construit un abri en rassemblant des brins d'herbe avec de la soie. Situé assez bas sur la plante-hôte, celui-ci évoque une tente. La nuit, la chenille le quitte pour s'alimenter. La nymphose a lieu en juillet, dans un cocon assez résistant, tissé parmi les herbes. Le stade nymphal dure une dizaine de jours.

OCHLODES VENATUS (Bremer & Grey), *la Sylvaine* **Pl. 32**

Répartition géographique. Toute la France et presque toute l'Europe.
Description. Longueur maximale : 28 mm. Corps d'épaisseur modérée. Tégument d'un vert bleuté. Une ligne médio-dorsale foncée et une paire de lignes latérales jaunâtres, situées au niveau des stigmates. Tête assez grande, noire et légèrement marquée de brun.
Biotopes. Prés, friches, haies, lisières des bois...
Plantes nourricières. Graminées : *Dactylis glomerata, Brachypodium sylvaticum, Poa, Festuca, Holcus,* etc. Également sur Luzules (*Luzula*, famille des Juncaceae).
Cycle biologique. Une génération par an. Pondus isolément sur les limbes (juin), les œufs éclosent au bout de deux ou trois semaines. La chenille vit dans un brin d'herbe enroulé. En septembre, elle réunit des brins d'herbe avec de la soie, formant ainsi une grande poche qui sert d'abri pour l'hibernation. La croissance larvaire reprend au printemps et s'achève vers la fin-mai. La nymphose s'effectue dans un cocon de soie tissé parmi les herbes. Durée du stade nymphal : environ trois semaines.

PAPILIONIDAE

De taille moyenne à grande, les imagos de cette famille sont diurnes et ils ont généralement une coloration assez vive. Les chenilles possèdent, derrière la tête, un organe dorsal caractéristique : il s'agit d'une grande exsertile, bifide, qui a reçu le nom d'osmeterium. Dans les genres *Archon* et *Parnassius*, le tégument larvaire est noir, orné de taches rouges ou jaunes, et recouvert d'une pilosité dense et bien visible. Les chenilles des *Zerynthia* ont des scoli bien développés, plutôt dirigés vers l'arrière, tandis que celles des *Iphiclides* et des *Papilio* présentent habituellement un tégument plus ou moins lisse. Pendant la vie larvaire, les Papilionidae d'Europe vivent souvent sur des plantes basses.

ARCHON APOLLINUS (Herbst), *le Faux Apollon* **Pl. 9**

Répartition géographique. Sud-Est de l'Europe et régions méditerranéennes orientales.
Description. Longueur maximale : 40 mm. Corps d'un noir velouté, avec une pilosité dense, mais assez courte. Flancs et région dorsale ornés de rangées longitudinales de taches rouges, plus ou moins arrondies. Il y a parfois, en outre, des séries de taches blanches ou jaune clair. Tête noire.
Biotope. Endroits rocailleux.
Plante nourricière. Aristoloches (notamment *Aristolochia hastata*).
Cycle biologique. Une seule génération annuelle. Les chrysalides hivernent et les imagos s'observent habituellement en mars-avril (voire plus tôt).

PARNASSIUS PHOEBUS (Fabricius), *le Petit Apollon* **Pl. 14**

Répartition géographique. En Europe (y compris en France) : uniquement dans les Alpes.
Description. Longueur maximale : 48 mm. Corps noir velouté, avec des soies courtes et nombreuses, insérées sur de petites verrues en relief. Flancs pourvus, au-dessus du niveau des stigmates, d'une rangée longitudinale de taches rouges assez inégales (parmi elles, les petites taches sont plus rouges et de taille plus uniforme que chez l'Apollon).
Biotope. Versants montagneux humides.
Plantes nourricières. Saxifrage aizoïde (*Saxifraga aizoides*), Joubarbe des montagnes (*Sempervivum montanum*) et Orpins (*Sedum*).
Cycle biologique. Une génération par an. Les chenilles entrent en hibernation lorsqu'elles sont encore très petites (elles se tiennent alors parmi les racines). Elles se réalimentent dès le mois de mai. Les chrysalides peuvent résister à une immersion prolongée dans l'eau. Les imagos volent en juillet-août (voire en juin).

PARNASSIUS APOLLO (Linné), *l'Apollon* **Pl. 13**

Répartition géographique. Fennoscandie et zones montagneuses d'Europe moyenne et méridionale. En France : montagnes de l'Est, Massif Central et Pyrénées. Espèce absente de Grande-Bretagne.
Description. Longueur maximale : 50 mm. Corps trapu, noir velouté, avec une pilosité noire semblable à celle du Petit Apollon. De chaque côté, au-dessus du niveau des stigmates, une rangée longitudinale de taches rouge orangé, inégales quant à leur taille et à leur forme. Tête noire.

Biotopes. Prairies alpines, versants rocailleux des montagnes...
Plantes nourricières. Orpins (*Sedum*), Joubarbes (*Sempervivum*) et Saxifrages (*Saxifraga*).
Cycle biologique. Une génération par an. Déposés isolément près de la plante-hôte, les œufs sont pondus en été. Certains éclosent en automne, d'autres, l'année suivante, au printemps. Les chenilles s'alimentent lorsqu'il y a du soleil ; le reste du temps, elles se cachent sous les pierres. Quand on les inquiète, elles font saillir leur osmeterium, organe ordorant propre aux Papilionidae. Fin de la croissance larvaire en juin. Nymphose dans un cocon lâche, tissé sous une pierre ou sous des mousses. Durée du stade nymphal variable en fonction des conditions climatiques : deux à quatre semaines, voire davantage.

PARNASSIUS MNEMOSYNE (Linné), *le Semi-Apollon* **Pl. 12**

Répartition géographique. Espèce localisée, s'observant dans divers pays européens, mais absente d'Espagne et de Grande-Bretagne. En France : Alpes, Pyrénées et Massif Central.
Description. Longueur maximale : 42 mm. Corps noir velouté, avec une pilosité noire qui s'insère sur de petites verrues de la même couleur. Flancs marqués, au-dessus des stigmates, d'une rangée longitudinale de taches rouge orangé. Cette chenille ressemble à celle de l'espèce précédente ; elle en diffère par sa taille inférieure, ainsi que par la forme plus ou moins triangulaire de ses taches latérales.
Biotopes. Bois clairs et humides, prairies alpines...
Plantes nourricières. Corydales (*Corydalis*).
Cycle biologique. Une génération par an. Les œufs sont pondus isolément, en juin ; ils n'éclosent que l'année suivante, en avril. Les chenilles s'alimentent par temps ensoleillé ; la nuit ou en l'absence de soleil, elles se cachent sous les pierres ou dans la litière. Leur comportement défensif est semblable à celui des autres Papilionidae. Fin du développement larvaire en mai. Nymphose dans un léger cocon tissé parmi les feuilles mortes. Vol des imagos : de fin-mai à août.

ZERYNTHIA POLYXENA (Denis & Schiffermüller), *la Diane* **Pl. 9**

Répartition géographique. Sud de l'Europe, à l'exception de la Péninsule ibérique. En France : uniquement dans le Sud-Est.
Description. Longueur maximale : 35 mm. Corps blanchâtre ou brun clair, avec des dessins bruns et des points noirs. Quatre rangées longitudinales de scoli roses ou rougeâtres, à apex noir. Tête brunâtre, plus ou moins rétractile.
Biotopes. Endroits rocailleux, bords des torrents, friches...
Plantes nourricières. Aristoloches (*Aristolochia*).
Cycle biologique. Une génération par an. Les œufs sont pondus sous les feuilles, isolément ou en petits groupes (mai). Ils éclosent au bout d'une semaine. Le développement larvaire dure quatre à cinq semaines. Les chrysalides hivernent, mais elles ne sont pas protégées par un cocon. Les imagos volent de mars à mai. Remarque : au Portugal, en Espagne et dans le sud de la France, il existe une espèce voisine de la Diane : *Zerynthia rumina* (Linné) (pl. 9, fig. 11 a). La chenille vit également sur les Aristoloches et elle ne diffère que par quelques détails de celle de *Z. polyxena*.

IPHICLIDES PODALIRIUS (Scopoli), *le Flambé* **Pl. 18**

Répartition géographique. Espèce répandue principalement en Europe moyenne et méridionale. En France, presque partout ; souvent rare dans la moitié septentrionale.
Description. Longueur maximale : 40 mm. Corps particulièrement trapu, plus mince à l'arrière et près de la tête. Tégument vert, avec un ligne médio-dorsale jaunâtre. Flancs ornés de stries obliques, jaunâtres, sur lesquelles se trouvent des points en relief, de couleur rouge ou jaune. Tête verte, plus ou moins rétractile.
Biotopes. Bois clairs, haies et vergers.
Plantes nourricières. Prunellier (*Prunus spinosa*), Aubépine (*Crataegus monogyna*), Cerisier (*Prunus cerasus*) et quelques autres arbres fruitiers.
Cycle biologique. Une ou deux générations par an, selon les régions. Les œufs sont pondus isolément sous les feuilles de la plante-hôte. On peut trouver les chenilles de mai à septembre et le développement larvaire dure un ou deux mois. En été, les chrysalides sont vertes et l'émergence s'effectue un mois après la nymphose. En revanche, les chrysalides formées en automne sont brunes ; elles ne donnent les imagos que l'année suivante, au printemps.

PAPILIO ALEXANOR Esper, *l'Alexanor* **Pl. 24**

Répartition géographique. Espèce assez localisée, présente en divers endroits d'Europe méridionale. En France : Sud-Est, exclusivement. Fait complètement défaut dans la Péninsule ibérique.
Description. Longueur maximale : 65 mm. Corps trapu, vert, avec la région dorsale ornée de bandes transversales noires et de taches orange. Capsule céphalique noire.
Biotope. Vallées ensoleillées.
Plantes nourricières. Trinia vulgaire (*Trinia vulgaris*), Séséli des montagnes (*Seseli montanum*), Ptychotis à feuilles variées (*Ptychotis heterophylla*), ainsi que d'autres Ombellifères.
Cycle biologique. Une génération par an. Les chenilles s'observent en juillet. Lorsqu'on les inquiète, elles font saillir leur osmeterium, glande située derrière la tête et caractéristique de la famille des Papilionidae. Ceinturées par un fil de soie, les chrysalides passent l'hiver. Les imagos volent d'avril à juillet.

PAPILIO MACHAON Linné, *le Machaon* **Pl. 24**

Répartition géographique. Toute la France et presque toute l'Europe.
Description. Longueur maximale : 41 mm. Corps trapu, vert, avec des bandes transversales noires dans la région dorsale (celles qui se trouvent au milieu des segments sont plus ou moins discontinues et ornées de petites taches rouges). Tête verte avec des dessins noirs. De couleur noire, les jeunes chenilles ont une zone dorsale blanche et de petits tubercules en relief.
Biotope. Jardins, champs, marais, dunes sablonneuses...
Plantes nourricières. Angéliques (*Angelica*), Fenouil (*Foeniculum vulgare*), Carotte (*Daucus carota*), Peucédan des marais (*Peucedanum palustre*), ainsi que d'autres Ombellifères.
Cycle biologique. Une, deux ou trois générations par an selon les régions. Les œufs sont pondus isolément sur les feuilles de la plante nourricière (mai-juin ; fin de l'été). L'éclosion s'effectue environ une semaine après la ponte. Le développement larvaire dure à peu près un mois. Les chenilles ont une activité diurne. Quand on les inquiète, elles font saillir leur osmeterium orangé (glande odorante qui éloigne les prédateurs). Les chrysalides sont entourées d'une ceinture de soie. Selon les saisons, le stade nymphal dure trois semaines ou tout l'hiver. Les imagos peuvent s'observer de mars à septembre.

PIERIDAE

De taille moyenne, ces papillons diurnes ont généralement des ailes blanches ou jaunes, ornées de dessins noirs. Parfois granuleux, le tégument larvaire est densément recouvert de soies courtes. Les chenilles sont souvent vertes, avec des bandes longitudinales jaunes. Elles attaquent des arbres, des arbustes ou des plantes basses. Ces espèces végétales appartiennent souvent aux Crucifères ou aux Légumineuses.

LEPTIDEA SINAPIS (Linné), *la Piéride de la Moutarde* **Pl. 20**

Répartition géographique. Espèce largement répandue, en France comme dans les autres pays européens.
Description. Longueur maximale : 18 mm. Corps vert. Une ligne médio-dorsale sombre. Flancs montrant, au niveau des stigmates, une bande longitudinale jaune, dorsalement bordée de vert foncé. Tête verte.
Biotopes. Forêts et campagne boisée.
Plantes nourricières. Gesses (*Lathyrus aphaca, Lathyrus montanus, Lathyrus tuberosus*), Pied de poule (*Lotus corniculatus*), ainsi que d'autres Leguminosae.
Cycle biologique. Une, deux ou trois générations par an. Dans le premier cas : ponte en mai-juin, chenilles en juin-juillet, nymphose en juillet-août, émergence l'année suivante, en mai. En France, on peut observer les imagos de mars à septembre. Les œufs sont pondus isolément sur la face inférieure des feuilles. Les chrysalides sont ceinturées par un fil de soie.

APORIA CRATAEGI (Linné), *le Gazé* **Pl. 17**

Répartition géographique. Toute la France et une grande partie de l'Europe. En Grande-Bretagne, espèce éteinte depuis 1925.
Description. Longueur maximale : 35 mm. Corps velu, gris ventralement, noirâtre dorsalement. Une paire de bandes dorsales brun orangé. Stigmates noirs. Soies ventrales gris clair, soies dorsales brun rougeâtre. Tête noire et velue.
Biotopes. Haies, vergers et zones rurales semi-boisées.
Plantes nourricières. Aubépine (*Crataegus monogyna*), Prunellier (*Prunus spinosa*), Prunier (*Prunus domestica*), Pommiers (*Malus*), ainsi que d'autres Rosaceae.
Cycle biologique. Une génération par an. Les œufs sont pondus en groupes, sous les feuilles (mai-juin) ; ils éclosent au bout d'environ trois semaines. Grégaires, les chenilles vivent regroupées dans une poche de soie où elles passent l'hiver. Au printemps, elles sortent pour s'alimenter et on peut les voir se réchauffer au soleil sur la paroi externe de leur nid collectif. Elles se séparent ensuite pour former des groupes moins importants et leur croissance s'achève en mai. Fixées à des branches ou à des tiges, les chrysalides sont isolées. Émergence en mai-juin.

PIERIS RAPAE (Linné), *la Piéride de la Rave* **Pl. 13**

Répartition géographique. Toute la France et pratiquement toute l'Europe.
Description. Longueur maximale : 25 mm. Corps vert, avec une pilosité fine, courte et assez dense. De nombreux petits points noirs et une ligne médio-dorsale jaune. Flancs ornés, au niveau des stigmates, d'une rangée longitudinale de taches jaunâtres. Stigmates blanchâtres, cerclés de noir. Tête verte.

Biotopes. Champs, friches, jardins, etc.
Plantes nourricières. Chou (*Brassica oleracea*), Réséda jaune (*Reseda lutea*) et plantes voisines, sauvages ou cultivées. Également sur Capucines (*Tropaeolum*).
Cycle biologique. Deux générations annuelles ou plus. Les œufs sont pondus isolément sous les feuilles (en avril et en juillet quand il y a deux générations) ; ils éclosent approximativement au bout d'une semaine. Les chenilles ne sont pas grégaires. Elles vivent souvent au cœur des choux. Le développement larvaire dure environ un mois et le stade nymphal, environ trois semaines, sauf dans le cas des chrysalides qui hivernent. On trouve les chrysalides sur des supports variés (plante-hôte, murs, clôtures...). Les imagos volent de mars à septembre.

PIERIS NAPI (Linné), *la Piéride du Navet* **Pl. 13**

Répartition géographique. Toute l'Europe. En France : espèce commune partout.
Description. Longueur maximale : 25 mm. Chenille semblable à celle de l'espèce précédente dont elle diffère, toutefois, par l'absence de bande médio-dorsale jaune, ainsi que par ses stigmates noirs, entourés chacun d'une petite zone jaune bien isolée.
Biotopes. Haies, lisières des bois, prairies humides, jardins...
Plantes nourricières. Alliaire (*Alliaria petiolata*), Cardamine des prés (*Cardamine pratensis*), Sisymbre officinal (*Sisymbrium officinale*), Moutarde sauvage (*Sinapis arvensis*), ainsi que d'autres Crucifères.
Cycle biologique. Deux ou trois générations par an. Les œufs sont pondus isolément, sur la face inférieure des feuilles (en mai et en juillet-août dans le Nord de l'Europe). Le développement larvaire dure environ un mois. La chrysalide est ceinturée par un fil de soie. Le stade nymphal dure une quinzaine de jours, sauf en ce qui concerne les chrysalides de la dernière génération (qui doivent hiverner). On observe les imagos de mars à septembre.

PIERIS BRASSICAE (Linné), *la Piéride du Chou* **Pl. 13**

Répartition géographique. Partout, en France comme dans les autres pays européens.
Description. Longueur maximale : 40 mm. Corps vert clair ou grisâtre. De nombreuses taches noires, mieux développées dans la région dorsale que sur les parties latéro-ventrales. Une ligne médio-dorsale jaunâtre et une paire de bandes latérales de la même couleur. Tête mêlée de noir et de vert grisâtre.
Biotopes. Champs, friches, jardins, etc.
Plantes nourricières. Chou (*Brassica oleracea*), Radis (*Raphanus*) et autres Crucifères, sauvages ou cultivées. Également sur Réséda jaune (*Reseda lutea*) et Capucines (*Tropaeolum*).
Cycle biologique. Deux générations par an ou davantage. Les œufs sont pondus en groupes (en mai et en juillet lorsqu'il y a deux générations). L'éclosion a lieu environ une semaine après la ponte. Les chenilles vivent regroupées et ont une odeur désagréable. Lorsqu'elles s'attaquent aux choux, elles ne laissent souvent que les nervures des feuilles. Le développement larvaire dure approximativement un mois. Fixées aux supports les plus divers, les chrysalides sont ceinturées par un fil de soie. Durée du stade nymphal : une quinzaine de jours, sauf dans le cas des chrysalides qui hivernent (celles de la dernière génération).

PONTIA DAPLIDICE (Linné), *le Marbré-de-vert* **Pl. 13**

Répartition géographique. Espèce d'Europe moyenne et méridionale, migrant à l'occa-

sion vers le Sud de l'Angleterre et d'autres régions d'Europe septentrionale. En France : pratiquement partout.
Description. Longueur maximale : 25 mm. Corps vert bleuté, avec des petites taches noires en relief. Région dorsale marquée d'une paire de bandes longitudinales jaunes. Flancs pourvus, au niveau des stigmates, d'une bande jaune plus ou moins discontinue. Tête vert bleuté, marquée de jaune.
Biotopes. Prairies, haies, friches fleuries, notamment sur terrains sablonneux.
Plantes nourricières. Moutardes (*Sinapis*), Arabettes (*Arabis*) et diverses autres Crucifères. Également sur Réséda jaune (*Reseda lutea*).
Cycle biologique. Deux générations annuelles ou plus. Pondus isolément sous les feuilles ou sur les fleurs, les œufs éclosent au bout de sept à dix jours. Les chenilles mettent environ un mois pour parvenir au terme de leur croissance. Le stade nymphal dure une quinzaine de jours, sauf dans le cas des chrysalides qui hivernent. Les imagos peuvent s'observer de février à octobre.

PONTIA CALLIDICE (Hübner), *la Piéride du Vélar* **Pl. 12**

Répartition géographique. En Europe (y compris en France) : uniquement dans les Alpes et les Pyrénées.
Description. Longueur maximale : 32 mm. Corps vert bleuté, avec des petites taches noires légèrement en relief. Région dorsale avec deux rangées longitudinales de taches jaunes, plus ou moins reliées par des traits blanchâtres. Flancs ornés d'une bande longitudinale jaune, située au niveau des stigmates. Tête gris foncé avec des zones plus claires.
Biotope. Prairies alpines de haute altitude.
Plantes nourricières. Vélars (*Erysimum helveticum, Erysimum pumilum*), Résédas (*Reseda*) et quelques plantes voisines.
Cycle biologique. Habituellement une génération par an, mais parfois deux. Les chenilles se trouvent en août-septembre et les imagos volent de juin à août.

EUCHLOE AUSONIA (Hübner), *l'Ausonia* **Pl. 13**

Répartition géographique. Espèce présente en divers endroits d'Europe méridionale. En France : principalement dans le Midi.
Description. Longueur maximale : 28 mm. Coloration variable, parfois peu contrastée. Corps d'un vert bleuté clair, avec de nombreuses petites taches noires. Une ligne médio-dorsale d'un vert grisâtre foncé (elle est bordée, de chaque côté, par une bande jaune clair). Flancs montrant, au niveau des stigmates, une ligne longitudinale blanchâtre, ventralement soulignée de jaune. Tête vert clair, mouchetée de noir.
Biotopes. Prés, collines, friches...
Plantes nourricières. Pastel des teinturiers (*Isatis tinctoria*), Iberis amer (*Iberis amara*), Lunetières (*Biscutella*), Moutardes (*Sinapis*), Bunias (*Bunias*), ainsi que d'autres Crucifères.
Cycle biologique. Généralement, deux générations par an : les chrysalides de la seconde génération hivernent ; les premiers imagos volent en mars-avril, les autres de mai à août. En altitude, une seule génération annuelle.

ANTHOCHARIS CARDAMINES (Linné), *l'Aurore* **Pl. 12**

Répartition géographique. Toute la France et presque toute l'Europe.
Description. Longueur maximale : 30 mm. Région dorsale pâle, vert bleuté ou vert grisâtre, et devenant progressivement blanche sur les côtés (la limite de ces zones

latérales blanches se situe juste au-dessus des stigmates). Région ventrale vert foncé. Tégument parsemé de petits points noirs. Coloration de la tête semblable à celle de l'ensemble du corps.
Biotopes. Haies, lisières des bois, prés humides, jardins...
Plantes nourricières. Alliaire (*Alliaria petiolata*), Sisymbre officinal (*Sisymbrium officinale*), Cardamine des prés (*Cardamine pratensis*), Moutarde sauvage (*Sinapis arvensis*), ainsi que diverses plantes voisines.
Cycle biologique. Une seule génération annuelle. Les œufs sont pondus isolément, sur les boutons floraux (mai-juin) ; ils éclosent au bout d'une semaine. Les chenilles s'observent en juin-juillet. Elles attaquent les siliques dont elles sont d'ailleurs mimétiques. La nymphose s'effectue en juillet. On trouve les chrysalides sur diverses branches ou tiges, mais rarement sur la plante nourricière. Selon les régions, on peut observer les imagos de fin-mars à juillet.

ANTHOCHARIS EUPHENOIDES (Staudinger), *l'Aurore de Provence* **Pl. 12**

Répartition géographique. Espèce présente dans diverses régions d'Europe méridionale, notamment au Portugal et dans le Sud de la France.
Description. Longueur maximale : 32 mm. Corps blanchâtre, avec une large bande jaune dans la région dorsale. Tégument parsemé de taches noires. Tête blanchâtre, mouchetée de noir.
Biotopes. Garrigues, lisières des bois, champs...
Plantes nourricières. Lunetière lisse (*Biscutella laevigata*) et Sisymbre officinal (*Sisymbrium officinale*). En élevage, accepte aussi les Alyssons (*Alyssum*).
Cycle biologique. Une génération par an. Les chenilles consomment fleurs et siliques. Les chrysalides hivernent, l'émergence ayant lieu au printemps. Les imagos volent de mars à juin.

COLIAS PALAENO (Linné), *le Solitaire* **Pl. 25**

Répartition géographique. Nord-Est et centre-Est de l'Europe. En France : Alpes, Vosges et Jura.
Description. Longueur maximale : 35 mm. Corps vert, finement piqueté de noir et pourvu, de chaque côté, d'une bande longitudinale jaune (située au niveau des stigmates). Tête verte.
Biotopes. Marais et tourbières, souvent à haute altitude.
Plantes nourricières. Airelle des marais (*Vaccinium uliginosum*) et Airelle-myrtille (*Vaccinium myrtillus*).
Cycle biologique. Une génération par an. Les œufs sont pondus isolément sur les feuilles de la plante-hôte (juillet). Ils éclosent soit au bout d'environ une semaine, soit l'année suivante, après l'hiver. Les chenilles parviennent au terme de leur croissance en mai-juin. Les chrysalides sont fixées à des plantes basses. Durée du stade nymphal : une quinzaine de jours.

COLIAS HYALE (Linné), *le Soufré* **Pl. 21**

Répartition géographique. Espèce principalement répandue en Europe moyenne, quoique présente en Espagne. Migre vers diverses régions d'Europe septentrionale. En France : presque partout.
Description. Longueur maximale : 32 mm. Corps vert, moucheté de petits points noirs. Flancs ornés, au niveau des stigmates, d'une bande longitudinale blanchâtre

qui porte des traits rouges et orange. Tête verte.
Biotopes. Prés, champs de luzerne...
Plantes nourricières. Luzerne (*Medicago sativa*), Vesces (*Vicia*), Coronilles (*Coronilla*) et plantes voisines.
Cycle biologique. Deux générations par an, voire davantage. Les œufs sont pondus isolément sur les feuilles. Ils éclosent au bout d'une dizaine de jours. Les chenilles de la première génération achèvent leur croissance en un mois, approximativement. Celles de la seconde génération hibernent et complètent leur développement au printemps. La chrysalide est fixée à la plante nourricière. On observe les imagos en mai-juin, puis d'août à octobre.

COLIAS AUSTRALIS Verity, *le Soufré jumeau* **Pl. 19**

Répartition géographique. Europe moyenne et méridionale, essentiellement. En France : partout.
Description. Longueur maximale : 32 mm. Tégument vert, parsemé de minuscules points noirs. Région dorsale avec une bande médiane jaune qui traverse une série de taches rectangulaires noires. De chaque côté du corps, au niveau des stigmates, une bande longitudinale jaune, ventralement bordée de petites taches noires. Tête verte.
Biotopes. Dunes, champs et prés sur terrains calcaires.
Plantes nourricières. Coronille variée (*Coronilla varia*) et Hippocrépis à toupet (*Hippocrepis comosa*).
Cycle biologique. Deux générations annuelles ou plus. Les œufs sont pondus isolément sur les feuilles de la plante nourricière. Les chenilles de la dernière génération hibernent et achèvent leur croissance au printemps. Les papillons volent de mars à juin et d'août à octobre.

COLIAS CROCEA (Fourcroy), *le Souci* **Pl. 20**

Répartition géographique. Europe, à l'exception des régions les plus septentrionales. En France, partout.
Description. Longueur maximale : 33 mm. Corps vert, finement piqueté de noir. De chaque côté, au niveau des stigmates, une ligne longitudinale blanc jaunâtre sur laquelle s'observent des traits rouges et orange. Sous ces derniers se trouve une petite tache noire, et ce sur la plupart des segments. Tête verte. Très semblable à celle du Soufré jumeau, cette chenille en diffère par sa pilosité de couleur blanchâtre.
Biotopes. Dunes, collines, friches, prairies, etc.
Plantes nourricières. Trèfles (*Trifolium*), Luzerne (*Medicago sativa*), Vesces (*Vicia*), Lotiers (*Lotus*), ainsi que diverses autres Légumineuses.
Cycle biologique. Trois ou quatre générations par an. Pondus isolément, sur la face supérieure des feuilles, les œufs éclosent au bout d'environ une semaine. En été, le développement larvaire dure approximativement un mois. En revanche, les chenilles de la dernière génération doivent hiberner. Les chrysalides sont fixées à des tiges. Durée du stade nymphal : deux à trois semaines.

COLIAS PHICOMONE (Esper), *le Candide* **Pl. 20**

Répartition géographique. Alpes, Pyrénées et Monts Cantabriques.
Description. Longueur maximale : 36 mm. Corps vert bleuté, avec une courte pilosité noire. Une paire de lignes latérales jaune clair. Tête vert bleuté.
Biotopes. Prairies alpines de haute altitude (à partir de 1 200 m).

Plantes nourricières. Vesces (*Vicia*), Luzerne (*Medicago sativa*)...
Cycle biologique. Une seule génération annuelle. Les œufs sont pondus isolément, sur la face supérieure des feuilles de la plante-hôte. Après leur seconde mue, les chenilles entrent en hibernation. Elles se réalimentent au printemps et achèvent leur développement en mai-juin. Variable selon les localités, l'apparition des imagos s'étale de juin à août.

GONEPTERYX RHAMNI (Linné), *Le Citron* **Pl. 22**

Répartition géographique. Toute l'Europe, à l'exception de l'extrême Nord. En France : partout.
Description. Longueur maximale : 33 mm. Corps vert, finement piqueté de noir. Région dorsale plutôt vert bleuté, région ventrale d'un vert jaunâtre. Une paire de lignes latérales claires. Tête verte avec de minuscules points noirs.
Biotopes. Bois clair et humides, champs, jardins...
Plantes nourricières. Nerprun purgatif (*Rhamnus catharticus*), Bourdaine (*Frangula alnus*) et quelques espèces voisines.
Cycle biologique. Habituellement, une génération par an. Les œufs sont pondus isolément, sous les feuilles ou sur les pousses (mai). L'éclosion a lieu une dizaine de jours après la ponte. Le développement larvaire dure environ un mois. Au repos, la chenille se tient le long de la nervure centrale d'une feuille et elle est alors difficile à repérer. La nymphose s'effectue en juillet. Fixée à une ramille de la plante nourricière, la chrysalide est ceinturée par un fil de soie. Une quinzaine de jours après la nymphose, les imagos émergent. Ils attendent cependant le printemps de l'année suivante pour se reproduire.

LYCAENIDAE

Il s'agit de papillons diurnes, assez petits et le plus souvent de couleur brune, bleue ou orangée. Leurs chenilles sont trapues, avec la tête rétractile et la région dorsale souvent fortement convexe. Elles ont le tégument recouvert d'une pilosité fine, dense et plutôt courte. Comme dans de nombreuses autres familles de Lépidoptères, elles possèdent cinq paires de fausses pattes (munies de crochets). Leurs plantes nourricières comprennent notamment les Polygonaceae du genre *Rumex (Lycaena, Thersamolycaena,* etc.) et diverses espèces de Leguminosae (en particulier dans le cas des Lycènes dont les mâles ont des ailes bleutées).

HAMEARIS LUCINA (Linné), *la Lucine* — Pl. 25

Répartition géographique. Europe moyenne, ainsi que certaines régions méridionales ou septentrionales. En France, presque partout. Cette espèce est dans l'ensemble assez localisée.
Description. Longueur maximale : 15 mm. Corps trapu, velu, et sensiblement fusiforme. Tégument brun clair. Une bande médio-dorsale brun pourpré ou brun grisâtre et, sur celle-ci, une rangée de petites taches brun noirâtre. De chaque côté de ce dessin médian, une série longitudinale de points noirâtres. Tête rétractile, de couleur brun jaunâtre.
Biotopes. Clairières des bois et coteaux herbeux avec broussailles.
Plantes nourricières. Primevères (*Primula veris, Primula vulgaris*). Chenilles également signalées sur Patiences (*Rumex*).
Cycle biologique. Une ou deux générations par an selon les régions. Dans le premier cas : ponte en mai, éclosion une quinzaine de jours après, nymphose en juillet, émergence l'année suivante, en mai. Isolés ou en petits groupes, les œufs se trouvent sur la face inférieure des feuilles. Les chenilles se développent en cinq ou six semaines ; au repos, elles se cachent parmi les feuilles mortes, à proximité du pied de la plante-hôte. La nymphose a lieu sous une feuille de cette dernière.

THECLA BETULAE (Linné), *la Thècle du Bouleau* — Pl. 18

Répartition géographique. Europe, à l'exception de diverses régions méridionales ou septentrionales. En France : partout.
Description. Longueur maximale : 18 mm. Corps trapu, assez fusiforme, avec des incisions intersegmentaires bien marquées. Tégument vert clair. Région dorsale ornée d'une paire de lignes longitudinales blanc jaunâtre (parallèles sur l'abdomen, ces lignes divergent vers l'avant). Flancs marqués de stries obliques blanc jaunâtre. Tête brun noirâtre, fortement rétractile.
Biotopes. Haies, broussailles et lisières des forêts.
Plantes nourricières. Divers *Prunus* dont le Prunellier (*Prunus spinosa*), Bouleaux (*Betula*), Hêtre (*Fagus sylvatica*), Chênes (*Quercus*)...
Cycle biologique. Une génération par an. Déposés isolément sur les branches, près des bourgeons, les œufs sont pondus à la fin de l'été, mais ils n'éclosent qu'au printemps de l'année suivante. Les chenilles consomment le feuillage d'avril à juin. Les chrysalides sont fixées sous les feuilles de la plante-hôte ou dissimulées dans la litière, au pied de celle-ci. Les imagos s'observent de juin à octobre.

QUERCUSIA QUERCUS (Linné), *La Thècle du Chêne* **Pl. 6**

Répartition géographique. Espèce largement répandue en Europe, mais faisant défaut dans les régions les plus septentrionales. En France : partout.
Description. Longueur maximale : 15 mm. Corps trapu, roussâtre. Une ligne médio-dorsale d'un brun grisâtre foncé. De part et d'autre de celle-ci, une série de stries obliques brun foncé. Flancs ornés, sous les stigmates, d'une ligne longitudinale blanchâtre. Tête petite, rétractile, de couleur brun foncé.
Biotopes. Garrigues et forêts de chênes.
Plantes nourricières. Chênes (*Quercus*), essentiellement.
Cycle biologique. Une génération par an. Les œufs sont pondus isolément sur les branches, à proximité des bourgeons (juillet-août). Ils éclosent au printemps. Les chenilles forent les bourgeons lorsqu'elles sont jeunes, ensuite, elles vivent à découvert sur le feuillage. Au repos, elles se tiennent contre les bourgeons qui s'ouvrent et dont elles miment les écaillent. Vers la fin-mai s'effectue la nymphose, soit dans des anfractuosités de l'écorce, soit à terre, parmi les mousses ou dans la litière. Le stade nymphal dure environ un mois.

SATYRIUM W-ALBUM (Knoch), *le W blanc* **Pl. 7**

Répartition géographique. Espèce largement répandue en Europe, mais absente de certaines régions méridionales et septentrionales. En France, presque partout.
Description. Longueur maximale : 15 mm. Corps trapu, aplati sur les côtés et aminci à l'avant et à l'arrière. Tégument vert jaunâtre. Région dorsale avec une double bande vert foncé. Latéralement, des dessins obliques vert foncé et vert jaunâtre. Chez certains individus, les régions dorsale et latérales sont marquées de rose. Tête brun foncé, petite et rétractile.
Biotopes. Bois, haies...
Plantes nourricières. Ormes (*Ulmus glabra, Ulmus procera...*), Tilleuls (*Tilia*), Aulnes (*Alnus*), Chênes (*Quercus*)...
Cycle biologique. Une génération par an. Les œufs sont pondus isolément, à l'intersection des branches (juillet-août). Les chenilles naissent après l'hiver, au début du mois de mars. Elles commencent par forer les bourgeons, puis elles attaquent le feuillage. Nymphose en mai, sur les feuilles et les rameaux de la plante-hôte. Durée du stade nymphal : environ un mois.

SATYRIUM PRUNI (Linné), *la Thècle du Prunier* **Pl. 18**

Répartition géographique. Europe moyenne, principalement. Espèce présente dans quelques localités du Sud de la Grande-Bretagne. En France : Est, Centre et une partie du Midi.
Description. Longueur maximale : 15 mm. Corps vert, ayant la même forme que chez l'espèce précédente. Deux rangées dorsales de petites gibbosités blanchâtres, tachées de brun purpurin. Latéralement, des stries obliques jaunâtres, pâles, et, pour certaines, mal indiquées. Tête rétractile, de couleur brun clair.
Biotopes. Haies et endroits boisés.
Plantes nourricières. Prunellier (*Prunus spinosa*), Noisetier (*Corylus avellana*)...
Cycle biologique. Une génération par an. Déposés isolément à l'intersection des ramilles, les œufs sont pondus en août, mais ils n'éclosent qu'au printemps suivant. Les chenilles attaquent d'abord les bourgeons qui s'ouvrent, ensuite les jeunes feuilles. Mêlées de noir et de blanc, les chrysalides évoquent des fientes d'oiseaux. On les

trouve fixées aux feuilles et aux ramilles de la plante nourricière (vers la fin-mai). Durée du stade nymphal : environ trois semaines.

CALLOPHRYS RUBI (Linné), *L'Argus vert* Pl. 19

Répartition géographique. Toute la France et pratiquement toute l'Europe.
Description. Longueur maximale : 15 mm. Corps trapu, aminci à l'avant et à l'arrière. Des incisions intersegmentaires bien marquées. Tégument vert, avec une ligne médio-dorsale sombre et deux rangées latéro-dorsales de dessins obliques, vert foncé et blanc jaunâtre. Longitudinalement, une paire de lignes latérales jaunâtres ou blanchâtres. Tête rétractile, de couleur brune.
Biotopes. Haies, lisières des bois, collines, landes et friches.
Plantes nourricières. Ajonc (*Ulex europaeus*), Genêt à balais (*Cytisus scoparius*), Pied de poule (*Lotus corniculatus*), ainsi que d'autres Leguminosae. Également sur Hélianthèmes (*Helianthemum*), Bruyères (*Erica*), Airelle-myrtille (*Vaccinium myrtillus*), Nerpruns (*Rhamnus*), Ronces (*Rubus*), etc.
Cycle biologique. Une génération par an. Les œufs sont pondus isolément sur les fleurs ou les jeunes pousses de la plante-hôte (mai-juin). Ils éclosent au bout d'environ une semaine. Les chenilles consomment les feuilles tendres, les fleurs et les fruits non mûrs. Nymphose vers la fin-juillet, dans la litière, au pied de la plante nourricière. Émergence l'année suivante, en avril-mai.

LYCAENA PHLAEAS (Linné), *l'Argus bronzé* Pl. 10

Répartition géographique. Partout, en France comme dans les autres pays européens.
Description. Longueur maximale : 15 mm. Corps vert, trapu, aux extrémités antérieure et postérieure amincies. Une ligne médio-dorsale d'un pourpre rosâtre et une paire de bandes latéro-ventrales de la même couleur. Le développement de ces dessins rosâtres est très variable. Tête rétractile, d'un vert brunâtre.
Biotopes. Landes, pâturages, collines fleuries...
Plantes nourricières. Patiences (*Rumex*), principalement.
Cycle biologique. Deux générations annuelles ou plus. Les œufs sont pondus isolément vers la base des feuilles (mai ; juillet ; automne, éventuellement). Les chenilles naissent environ une semaine après la ponte. Elles attaquent les feuilles en se tenant sur la face inférieure de ces dernières. En été, la croissance larvaire dure approximativement un mois. En revanche, les chenilles de la dernière génération doivent hiberner et leur développement ne s'achève qu'au printemps. Les chrysalides sont fixées sous les feuilles ou sur les tiges. Durée du stade nymphal : à peu près un mois.

THERSAMOLYCAENA DISPAR (Haworth), *le Grand Cuivré* Pl. 10

Répartition géographique. Espèce localisée, présente en divers endroits d'Europe. En Grande-Bretagne, éteinte depuis 1860, environ. En France : Nord, Est, Centre-Est et Sud-Ouest.
Description. Longueur maximale : 21 mm. Corps trapu et quasi fusiforme. Tégument vert vif, couvert de petits points blancs en relief. Dessins mal indiqués : une ligne médio-dorsale et des stries latérales, obliques, de couleur vert foncé. Tête petite, rétractile, d'un vert ocreux clair.
Biotopes. Marais et autres endroits humides.

Plantes nourricières. Diverses espèces de Patiences (*Rumex*). La sous-espèce qui vivait en Grande-Bretagne se développait sur la Patience aquatique (*Rumex hydrolapathum*).
Cycle biologique. Une ou deux générations par an selon les régions. Dans le premier cas : ponte en août, éclosion au bout d'une quinzaine de jours, fin de la croissance larvaire en juin (après hibernation de la jeune chenille), émergence environ deux semaines après la nymphose. Les œufs sont déposés isolément sur les feuilles de la plante-hôte. Les chenilles hibernent au deuxième stade ; elles ont alors une couleur rosâtre et peuvent résister à une longue immersion dans l'eau. Les chrysalides se trouvent sur la plante nourricière.

EVERES ARGIADES (Pallas), *Le Petit Porte-queue* Pl. 21

Répartition géographique. Espèce répandue principalement en Europe moyenne et dans une partie de l'Europe méridionale. En France : presque partout.
Description. Longueur maximale : 10 mm. Corps vert clair, trapu et pratiquement fusiforme. Une ligne médio-dorsale sombre, située entre deux rangées de stries obliques. Tête rétractile, d'un noir brillant. Pendant l'hibernation, la chenille est brun rosâtre clair, avec des dessins brun rougeâtre.
Biotopes. Prés, bruyères et clairières herbeuses.
Plantes nourricières. Pied de poule (*Lotus corniculatus*), Ajonc (*Ulex europaeus*), Luzernes (*Medicago*), ainsi que d'autres Légumineuses.
Cycle biologique. Deux générations annuelles ou davantage. Pondus isolément à la base des feuilles, les œufs éclosent au bout d'environ une semaine. La croissance larvaire dure quatre à cinq semaines, sauf dans le cas des chenilles de la dernière génération. Celles-ci hibernent avant d'achever leur développement (au printemps). Les chrysalides sont fixées aux tiges des plantes nourricières. Durée du stade nymphal : une quinzaine de jours. On peut observer les imagos d'avril à août-septembre.

CUPIDO MINIMUS (Fuessly), *l'Argus minime* Pl. 20

Répartition géographique. Espèce largement répandue en Europe. En France : pratiquement partout.
Description. Longueur maximale : 10 mm. Corps trapu, jaune clair ou ocre clair, parfois avec une nuance verdâtre. Une ligne médio-dorsale sombre. Une paire de lignes latéro-ventrales blanchâtres, plus ou moins bordées de rose. Tête rétractile, d'un noir brillant.
Biotopes. Dunes, endroits herbeux...
Plantes nourricières. Anthyllide vulnéraire (*Anthyllis vulneraria*), Trèfles (*Trifolium*), Mélilots (*Melilotus*), Coronilles (*Coronilla*), etc.
Cycle biologique. Une génération par an, sauf dans les régions méridionales où s'observe une seconde génération partielle. Les œufs sont pondus isolément, sur les boutons floraux (juin) ; ils éclosent approximativement au bout d'une semaine. Les chenilles s'introduisent dans les fleurs pour consommer les graines en formation. Parvenues au terme de leur croissance, certaines entrent en hibernation, tandis que d'autres se nymphosent pour donner une seconde génération d'imagos, vers la fin de l'été. Les chenilles qui ont hiberné se nymphosent au printemps, ce qui permet l'apparition d'imagos en mai-juin (voire fin-avril).

CELASTRINA ARGIOLUS (Linné), *l'Argus à bande noire* **Pl. 8**

Répartition géographique. Toute la France et presque toute l'Europe.
Description. Longueur maximale : 13 mm. Corps trapu, aminci à l'avant et à l'arrière. Tégument vert ou vert jaunâtre, parfois largement teinté de rose pourpré. Flancs avec une ligne longitudinale blanchâtre sous le niveau des stigmates. Souvent, une rangée médio-dorsale de dessins subtriangulaires rosâtres ou clairs avec une zone médiane rosâtre ou pourprée. Tête rétractile, de couleur noire.
Biotopes. Boies, haies et jardins.
Plantes nourricières. Houx (*Ilex aquifolium*), Lierre (*Hedera helix*), Cornouiller sanguin (*Cornus sanguinea*), Fusain (*Euonymus*), Bourdaine (*Frangula alnus*), Symphorine (*Symphoricarpos*), Ajonc (*Ulex europaeus*), etc.
Cycle biologique. Deux générations par an. Les œufs sont pondus isolément, plutôt sur le Houx au printemps et sur le Lierre en été. Éclosion environ une semaine après la ponte. Les chenilles consomment les boutons, les fleurs et les baies non mûres. Les chrysalides sont fixées aux feuilles. Le stade nymphal dure environ trois semaines en juin-juillet, mais beaucoup plus longtemps dans le cas des chrysalides qui hivernent. Imagos en avril-mai, puis en juillet-août.

MACULINEA ARION (Linné), *l'Azuré d'Arion* **Pl. 26**

Répartition géographique. Espèce largement répandue en Europe, mais absente de certaines régions méridionales ou septentrionales. En France : partout, sauf dans la zone la plus septentrionale.
Description. Longueur maximale : 15 mm. Corps trapu, rétréci vers la tête et à l'arrière. Tégument blanc ocreux, tirant parfois sur le rose purpurin. Tête noire, rétractile. Les jeunes chenilles sont roses.
Biotopes. Coteaux herbeux avec broussailles, bois clairs...
Plante nourricière. Serpolet (*Thymus serpyllum*), uniquement aux premiers stades du développement larvaire.
Cycle biologique. Une seule génération annuelle. Déposés isolément sur les boutons floraux, les œufs sont pondus en juillet. Ils éclosent au bout d'environ une semaine. Les jeunes chenilles attaquent les fleurs et les graines en formation. Après la seconde mue, elles se laissent tomber à terre. Elles sont alors recueillies par des fourmis du genre *Myrmica.* Celles-ci sont attirées par le miellat produit par les glandes dorsales de ces chenilles et elles les emmènent, pour cette raison, dans leur fourmilière. Les chenilles dévorent les pontes et les larves des fourmis, entrent en hibernation et achèvent leur croissance au printemps. La nymphose s'effectue dans la fourmilière ; l'émergence a lieu environ trois semaines après, l'imago quittant la fourmilière avant de déployer ses ailes.

PLEBEJUS ARGUS (Linné), *l'Argus* **Pl. 19**

Répartition géographique. Espèce largement répandue en Europe et ne faisant pratiquement défaut que dans les régions les plus septentrionales. En France : partout.
Description. Longueur maximale : 13 mm. Corps trapu, aplati sur les côtés et rétréci à l'avant et à l'arrière. Tégument habituellement vert ou verdâtre. Une bande médio-dorsale brun noirâtre, latéralement bordée de blanc. Flancs ornés, au-dessous des stigmates, d'une ligne longitudinale blanche (à bords plus ou moins rosâtres). Parfois, des stries latéro-dorsales, obliques, de couleur vert brunâtre. Il existe une forme brun rougeâtre, pourvue d'une bande médio-dorsale pourpre. Tête noire, rétractile.

Biotopes. Bruyères, dunes côtières, prairies sur terrains calcaires.
Plantes nourricières. Ajonc (*Ulex europaeus*), Pied de poule (*Lotus corniculatus*), Genêt à balais (*Cytisus scoparius*), Trèfles (*Trifolium*), Bruyères (*Erica*), etc.
Cycle biologique. Une ou deux générations par an, selon les régions. Dans le premier cas : ponte en été, éclosion au printemps suivant, développement larvaire s'effectuant en trois semaines, émergence trois semaines après la nymphose. Isolés, les œufs se trouvent sur la face inférieure des feuilles. Les chenilles ont une activité en partie diurne, en partie nocturne. Elles consomment les fleurs d'Ajonc, ainsi que les feuilles de diverses autres espèces végétales. Chrysalides à terre, au pied de la plante nourricière.

ARICIA AGESTIS (Denis & Schiffermüller), *l'Argus brun* — Pl. 23

Répartition géographique. Europe moyenne et méridionale ; Sud de l'Europe septentrionale. En France : partout.
Description. Longueur maximale : 11 mm. Corps trapu, vert. Une strie médio-dorsale vert pourpré. De part et d'autre de celle-ci, une série de traits obliques vert foncé. Flancs montrant, au-dessous du niveau des stigmates, une ligne longitudinale pourpre, ornée d'un filet médian de couleur rose. Tête noire, rétractile.
Biotopes. Collines calcaires, bruyères, dunes côtières...
Plantes nourricières. Hélianthème commun (*Helianthemum nummularium*), Bec de héron (*Erodium cicutarium*), Géraniums (*Geranium*), Centaurées (*Centaurea*), etc.
Cycle biologique. Habituellement, deux générations par an. Les œufs sont pondus isolément, sur la face inférieure des feuilles (mai-juin ; août). Ils éclosent au bout d'environ une semaine. Durée de la vie larvaire : approximativement six semaines, sauf dans le cas des chenilles qui hibernent (après avoir commencé à s'alimenter). Nymphose au pied de la plante-hôte. Durée du stade nymphal : une quinzaine de jours.

ARICIA ARTAXERXES (Fabricius), *l'Argus marron* — Pl. 23

Répartition géographique. Europe septentrionale et régions montagneuses d'Europe moyenne et méridionale. En France : Pyrénées, Alpes et Massif Central.
Description. Longueur maximale : 13 mm. Corps trapu, vert, avec une ligne médio-dorsale vert brunâtre. De chaque côté de celle-ci, une rangée de stries obliques, vert foncé. Longitudinalement, une paire de lignes latéro-ventrales blanches, dorsalement bordées de rose. Tête rétractile, de couleur noire.
Biotopes. Coteaux herbeux, principalement landes abritées.
Plante nourricière. Hélianthème commun (*Helianthemum nummularium*).
Cycle biologique. Une seule génération annuelle. Les œufs sont pondus isolément, sur la face supérieure des feuilles (ponte en juillet ; éclosion environ une semaine après). Les chenilles hibernent après avoir commencé à se nourrir. Elles achèvent leur développement au printemps et se nymphosent en juin, au pied de la plante nourricière. Durée du stade nymphal : environ trois semaines.

CYANIRIS SEMIARGUS (Rottemburg), *le Demi-argus* — Pl. 20

Répartition géographique. Toute la France et une grande partie de l'Europe. Espèce éteinte en Grande-Bretagne (où l'on peut toutefois observer, occasionnellement, des individus migrateurs).

Description. Longueur maximale : 12 mm. Corps trapu, aplati latéralement et aminci à l'avant et à l'arrière. Tégument vert clair, parfois teinté d'ocre. Une ligne médio-dorsale vert foncé. Régions dorsale et latérales montrant quelquefois d'autres lignes sombres. Tête rétractile, d'un noir brillant.
Biotopes. Prairies, coteaux herbeux, friches...
Plantes nourricières. Trèfles (*Trifolium*), Anthyllides (*Anthyllis*), Mélilots (*Melilotus*), Luzernes (*Medicago*), etc.
Cycle biologique. Une ou deux générations par an. Dans le premier cas : ponte en été, éclosion au bout d'une dizaine de jours, hibernation des chenilles après un début de croissance, nymphose vers la fin du printemps (sur les tiges), émergence une quinzaine de jours après. Les œufs sont pondus sur les fleurs que les jeunes chenilles forent pour consommer les graines en formation. Après l'hiver, les chenilles attaquent les jeunes pousses.

POLYOMMATUS ICARUS (Rottemburg), *l'Argus bleu* **Pl. 20**

Répartition géographique. Partout, en France comme dans le reste de l'Europe.
Description. Longueur maximale : 13 mm. Corps trapu, vert, avec une ligne médio-dorsale vert foncé (aux bords clairs). Flancs pourvus, sous les stigmates, d'une ligne longitudinale blanchâtre ou blanc verdâtre. Tête rétractile, d'un noir brillant.
Biotopes. Dunes, friches, prairies, jardins...
Plantes nourricières. Pied de poule (*Lotus corniculatus*), Bugranes (*Ononis*), Trèfles (*Trifolium*), Luzernes (*Medicago*), Genêts (*Genista*), ainsi que d'autres Légumineuses.
Cycle biologique. Deux générations par an, voire trois. Les œufs sont pondus isolément sur la face supérieur des feuilles (au début et à la fin de l'été). Ils éclosent au bout d'une semaine. La vie larvaire dure environ six semaines, sauf dans le cas des chenilles de la dernière génération (celles-ci hibernent après avoir commencé leur développement). Nymphose au pied de la plante nourricière (printemps, été). Durée du stade nymphal : environ deux semaines.

POLYOMMATUS CORIDON (Poda), *l'Argus bleu nacré* **Pl. 21**

Répartition géographique. Espèce répandue en Europe moyenne et méridionale, ainsi que dans le Sud de la Grande-Bretagne. En France : partout.
Description. Longueur maximale : 16 mm. Corps trapu, vert, avec la région dorsale ornée de deux bandes longitudinales jaunes. De chaque côté, sous les stigmates, une double ligne longitudinale jaune. Tête rétractile, noire et luisante.
Biotopes. Collines calcaires, garrigues...
Plantes nourricières. Hippocrépis à toupet (*Hippocrepis comosa*), Vesces (*Vicia*), Trèfles (*Trifolium*), et plantes voisines.
Cycle biologique. Une seule génération annuelle. Déposés isolément sur les feuilles et les tiges, les œufs sont pondus en août, mais n'éclosent qu'au printemps suivant. Les chenilles consomment feuilles et fleurs. Durée du développement larvaire : environ dix semaines. Nymphose à terre, au pied de la plante nourricière. Durée du stade nymphal : approximativement un mois.

POLYOMMATUS BELLARGUS (Rottemburg), *le Bel Argus* **Pl. 21**

Répartition géographique. Espèce principalement répandue en Europe moyenne et méridionale. Également présente dans le Sud de la Grande-Bretagne. En France : pratiquement partout.

Description. Longueur maximale : 16 mm. Chenille très semblable à celle de l'espèce précédente. Elle est toutefois d'un vert plus foncé et elle possède une pilosité plus sombre.

Biotopes. Friches et prairies sur terrains calcaires.

Plantes nourricières. Hippocrépis à toupet (*Hippocrepis comosa*), Coronilles (*Coronilla*), Lotiers (*Lotus*), Genêts (*Genista*), etc.

Cycle biologique. Deux générations par an. Pondus isolément sur la plante-hôte (mai-juin ; fin de l'été), les œufs éclosent au bout de deux à trois semaines. Les chenilles de la première génération parviennent au terme de leur développement en un mois, tandis que celles de la seconde génération hibernent après un début de croissance (hibernation au pied de la plante-hôte). Ces dernières achèvent leur développement au printemps. Nymphose dans la litière ou sous le sol, à faible profondeur. Durée du stade nymphal : environ trois semaines.

NYMPHALIDAE

Cette famille comprend des papillons diurnes de taille moyenne à grande ; leurs pattes antérieures sont atrophiées, sauf chez les Libytheinae femelles (seule espèce européenne de cette sous-famille : l'Échancré). Dans la sous-famille des Nymphalinae, les chenilles ont le corps orné de scoli, variables quant à leur nombre et à leur disposition. Chez les Charaxinae (*Charaxes*), les Apaturinae (*Apatura*) et les Satyrinae (*Pararge, Lasiommata, Coenonympha,* etc.), le corps des chenilles est dépourvu de scoli, mais muni d'un écusson anal nettement bifide. La tête larvaire des Nymphalidae porte fréquemment des excroissances bien développées. Les plantes nourricières se révèlent très diversifiées ; dans le cas des Satyrinae, il s'agit de Monocotylédones.

LIBYTHEA CELTIS (Laicharting), *l'Échancré*

Répartition géographique. Europe méridionale. En France : une grande partie du Midi.
Description. Longueur maximale : 30 mm. Corps vert ou brun, sans scoli, avec une pilosité rase. Région dorsale plus foncée, ornée d'une ligne médiane claire. Souvent, de chaque côté de celle-ci, une rangée longitudinale de taches noirâtres. Flancs montrant, immédiatement au-dessus des stigmates, une bande longitudinale de couleur blanche ou rosée. Tête ocre ou vert jaunâtre, avec un réseau de dessins bruns ou vert foncé. La jeune chenille est brunâtre, avec des lignes claires.
Biotope. Endroits secs où croissent des Micocouliers.
Plante nourricière. Micocoulier (*Celtis australis*), essentiellement.
Cycle biologique. Deux générations par an. Certains imagos hivernent et pondent au printemps. On observe ainsi des chenilles en avril-mai et une première génération d'imagos en juin-juillet. Ceux-ci se reproduisent rapidement et d'autres imagos apparaissent en août-septembre.

Chenille de *Libythea celtis* (Laicharting)

Morphologie d'une chenille typique

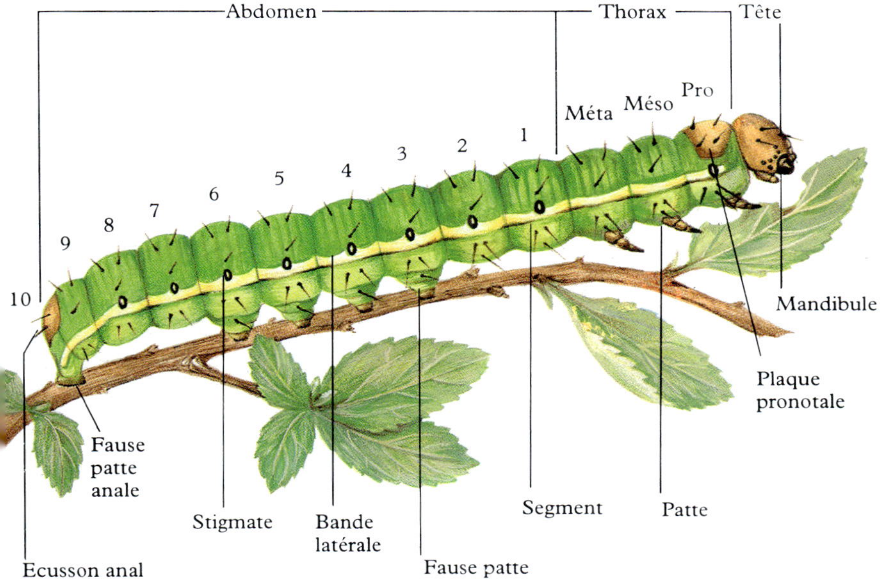

Vue ventrale de la tête

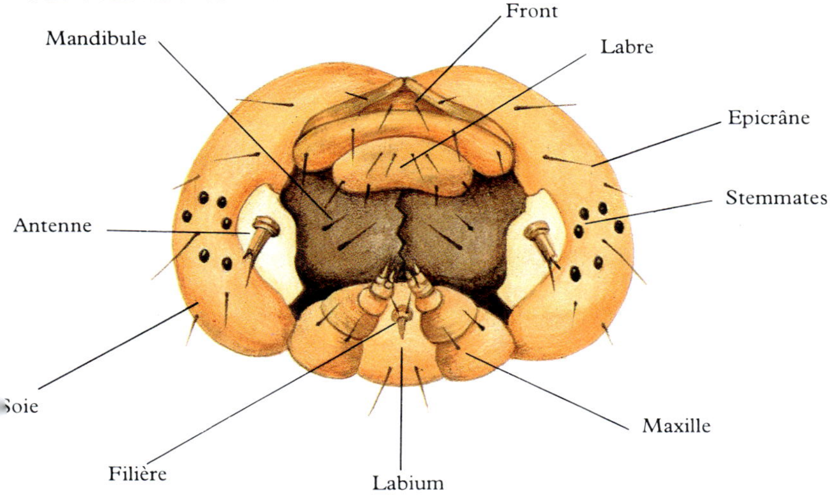

Développement du Paon de jour

Développement du Petit Paon de nuit

1

2

4

5

6

7

8

9

11

15

PLANCHE 1

SAPIN *Albies alba* (Pinaceae)

1. Calliteara abietis	**226**

IF *Taxus baccata* (Taxaceae)

2. Lymantria monacha	**228**

EPICÉA *Picea abies* (Pinaceae)

3. Eupithecia abietaria	**98**
4. Panthea coenobita	**247**

PIN SYLVESTRE *Pinus sylvestris* (Pinaceae)

5. Panolis flammea	**281**
6. Dendrolimus pini	**45**
7. Hyloicus pinastri	**52**
8. Thaumetopoea pityocampa	**216**
9. Graellsia isabellae	**59**
10. Thera firmata	**92**
11. Bupalus piniaria	**77**

CYPRÈS DE LAWSON *Chamaecyparis lawsoniana* (Cupressaceae)

12. Lithophane leautieri	**267**
13. Eupithecia phoeniceata	**103**

GENÉVRIER *Juniperus communis* (Cupressaceae)

14. Eupithecia pusillata	**103**
15. Thera juniperata	**93**

MÉLÈZE *Larix decidua* (Pinaceae)

16. Eupithecia lariciata	**103**

8

« Nid »

1
2
3
4
5
6
7
8
9
10
11
13
14
15
16

PLANCHE 2

SAULE CENDRÉ *Salix cinerea* (Salicaceae)

1.	**Lomaspilis marginata**	**63**
2.	**Smerinthus ocellata**	**53**
3.	**Plagodis dolabraria**	**65**
4.	**Arctornis 1-nigrum**	**228**
5.	**Furcula furcula**	**223**
6.	**Apatura iris**	**210**

OSIER BLANC *Salix viminalis* (Salicaceae)

7.	**Earias clorana**	**243**
8.	**Scoliopteryx libatrix**	**240**

SAULE-MARSAULT *Salix caprea* (Salicaceae)

9.	**Notodonta ziczac**	**221**
10.	**Colotois pennaria**	**71**
11.	**Catocala nupta**	**242**
12.	**Orgyia recens**	**224**
13.	**Cerula vinula**	**222**
14.	**Xanthia icteritia**	**274**

SAULE BLANC *Salix alba* (Salicaceae)

15.	**Nymphalis antiopa**	**207**
16.	**Epione repandaria**	**66**

2

3

5

6

8

10

11

13

14

15

13

Attitude
défensive

1
2
3
4
5
6
7
8
9
10
11
12
13
14
15
16

PLANCHE 3

TREMBLE *Populus tremula* (Salicaceae)

1.	**Apatura ilia**	**210**
2.	**Furcula bifida**	**223**
3.	**Lobophora halterata**	**106**
4.	**Limenitis populi**	**201**
5.	**Pterostoma palpina**	**218**
6.	**Tethea ocularis**	**38**
7.	**Archiearis notha**	**59**

PEUPLIER NOIR *Populus nigra* (Salicaceae)

8.	**Laothoe populi**	**53**
9.	**Clostera curtula**	**217**
10.	**Tethea or**	**38**
11.	**Xanthia ocellaris**	**274**
12.	**Notodonta torva**	**221**
13.	**Pheosia tremula**	**219**
14.	**Subacronicta megacephala**	**248**
15.	**Poecilocampa populi**	**43**

1

2

4

6

7

8

9

11

13

15

8
Imago au repos

1
2
3
4
5
6
7
8
9
10
11
12
13
14
15

1

2

3

5

7

8

9

11

15

16

PLANCHE 4

BOULEAU *Betula pendula* (Betulaceae)

1.	**Notodonta dromedarius**	**220**
2.	**Acronicta leporina**	**249**
3.	**Ennomos autumnaria**	**66**
4.	**Jodis lactearia**	**62**
5.	**Geometra papilionaria**	**60**
6.	**Pheosia gnoma**	**220**
7.	**Agriopis aurantiaria**	**74**
8.	**Endromis versicolora**	**50**
9.	**Semiothisa notata**	**63**
10.	**Operophtera fagata**	**96**
11.	**Falcaria lacertinaria**	**40**
12.	**Cyclophora albipunctata**	**82**
13.	**Ptilodon capucina**	**218**
14.	**Achlya flavicornis**	**39**
15.	**Selenia dentaria**	**68**
16.	**Drepana falcataria**	**39**

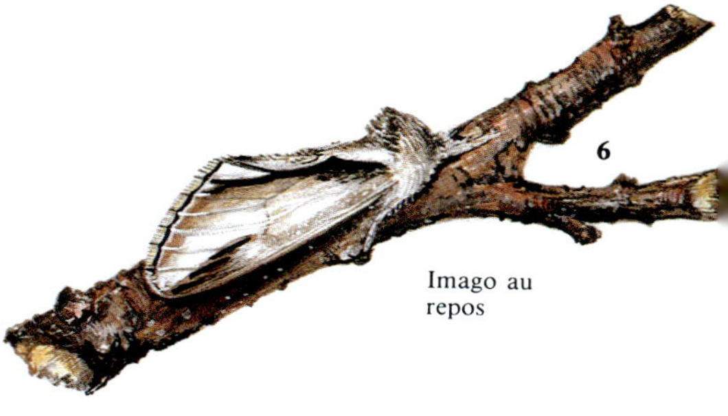

6

Imago au repos

1
2
3
4
5
6
7
8
9
10
11
12
13
14
15
16

1

2

3

4

7

8

10

12

14

16

PLANCHE 5

16

Jeunes chenilles

1
2
3
4
5
6
7
8
9
0
11
12
13
14
15
16

1

3

4

6

9

12

13

15

16

17

PLANCHE 6

CHÊNE *Quercus* (Fagaceae)

1. Amphipyra pyramidea	**252**
2. Conistra vaccinii	**271**
3. Quercusia quercus	**121**
4. Biston betularia	**73**
5. Amphipyra berbera	**253**
6. Biston strataria	**73**
7. Orthosia cerasi	**283**
8. Hypomecis punctinalis	**76**
9. Ennomos quercinaria	**67**
10. Hypomecis roboraria	**76**
11. Orthosia miniosa	**282**
12. Thaumetopoea processionea	**216**
13. Apoda limacodes	**36**
14. Polyploca ridens	**39**
15. Dichonia aprilina	**269**
16. Pseudoips fagana	**244**
17. Watsonalla binaria	**41**
18. Nycteola revayana	**243**

4

Imago au repos (forme sombre)

1
2
3
4
5
6
7
8
9
10
11
12
13
14
15
16
17
18

PLANCHE 7

HÊTRE *Fagus sylvatica* (Fagaceae)

1. **Campaea margaritata** **79**
2. **Stauropus fagi** **221**
3. **Eupsilia transversa** **270**
4. **Brachionycha sphinx** **265**
5. **Watsonalla cultraria** **40**
6. **Heterogenea asella** **36**
7. **Aglia tau** **57**

ORME *Ulmus campestris* (Ulmaceae)

8. **Cosmia trapezina** **255**
9. **Lycia hirtaria** **73**
10. **Nymphalis polychloros** **206**
11. **Epirrita dilutata** **95**
12. **Orthosia munda** **284**
13. **Alcis repandata** **75**

ORME BLANC *Ulmus glabra* (Ulmaceae)

14. **Calospilos sylvata** **63**
15. **Satyrium w-album** **121**
16. **Agrochola circellaris** **271**

1

2

3

5

6

7

8

10

14

15

7

Premier stade larvaire

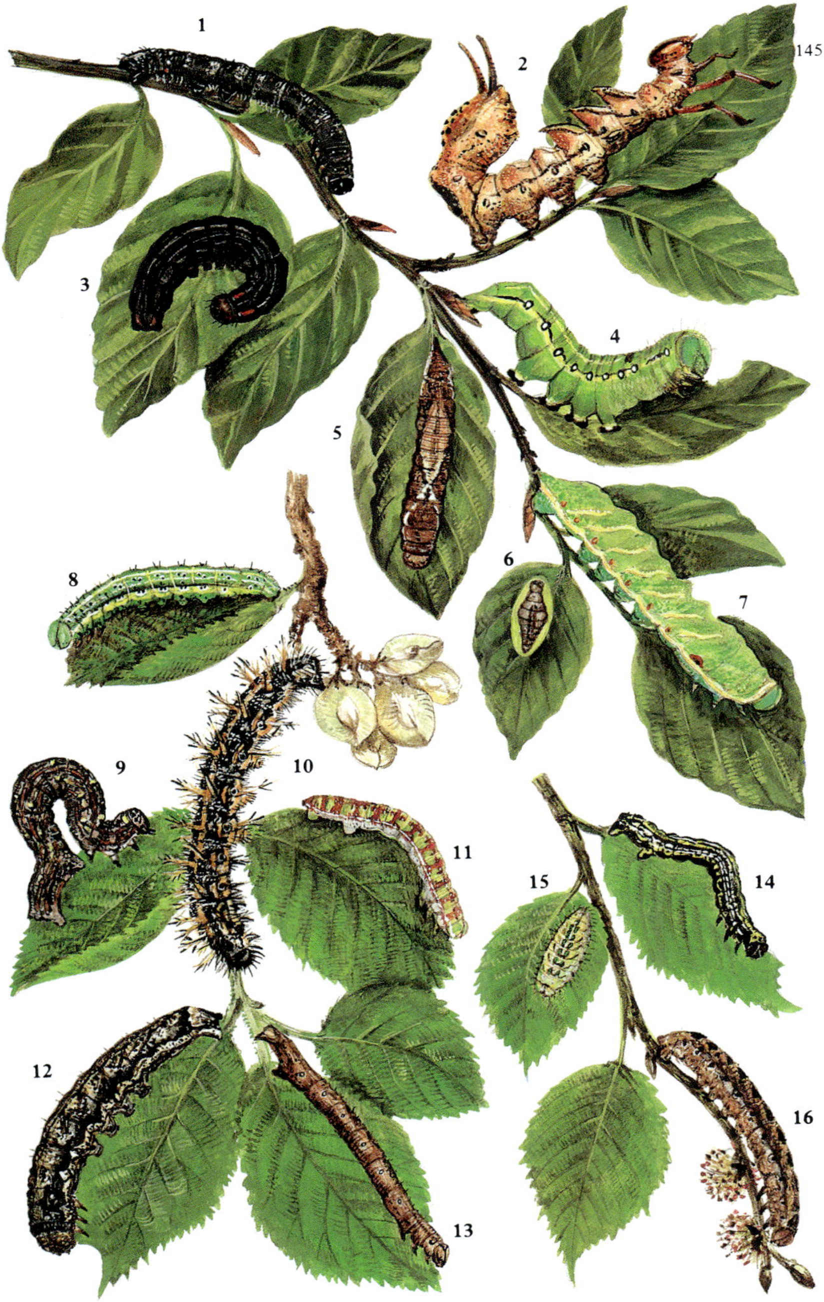
1
2
3
4
5
6
7
8
9
10
11
12
13
14
15
16

PLANCHE 8

ERABLE CHAMPÊTRE *Acer campestris* (Aceraceae)

1. **Ptilodontella cucullina** **219**
2. **Xanthia aurago** **273**
3. **Cyclophora annulata** **81**
4. **Ptilophora plumigera** **218**

HOUX *Ilex aquifolium* (Aquifoliaceae)

5. **Celastrina argiolus** **124**

TILLEUL À PETITES FEUILLES *Tilia cordata* (Tiliaceae)

6. **Sabra harpagula** **41**

TILLEUL COMMUN *Tilia vulgaris* (Tiliaceae)

7. **Mimas tiliae** **52**
8. **Ennomos erosaria** **68**
9. **Xanthia citrago** **273**

FRÊNE *Fraxinus* (Oleaceae)

10. **Acanthobrahmaea europaea** **57**
11. **Atethmia centrago** **273**
12. **Lithophane semibrunnea** **266**
13. **Eupithecia fraxinata** **102**
14. **Ennomos fuscantaria** **67**
15. **Cossus cossus** **28**

1

2

4

5

6

7

8

9

10

14

15

5

Chrysalides

1
2
3
4
5
6
7
8
9
10
11
12
13
14
15

3

4

6

7

8

11a

12

17

PLANCHE 9

ORTIE DIOÏQUE *Urtica dioica* (Urticaceae)

1.	**Hypena proboscidalis**	**239**
2.	**Abrostola triplasia**	**245**
3.	**Araschnia levana**	**205**
4.	**Inachis io**	**207**
5.	**Diachrysia chrysitis**	**245**
6.	**Aglais urticae**	**206**
7.	**Vanessa atalanta**	**205**

HOUBLON *Humulus* (Cannabaceae)

8.	**Polygonia c-album**	**207**
9.	**Elkneria pudibunda**	**226**
10.	**Abrostola trigemina**	**244**

ARISTOLOCHE *Aristolochia* (Aristolochiaceae)

11.	**Zerynthia polyxena**	**112**
11a.	**Zerynthia rumina**	**112**
12.	**Archon apollinus**	**111**

RENOUÉE DES OISEAUX *Polygonum aviculare* (Polygonaceae)

13.	**Orthonama obstipata**	**87**
14.	**Dypterygia scabriuscula**	**253**
15.	**Rhodometra sacraria**	**85**
16.	**Agrotis puta**	**288**
17.	**Xylena vetusta**	**267**

3

Chapelets d'oeufs

1
2
3
4
5
6
7
8
9
10
11
12
13
14
15
16
17

1

2

5

6

7

9

10

13

14

17

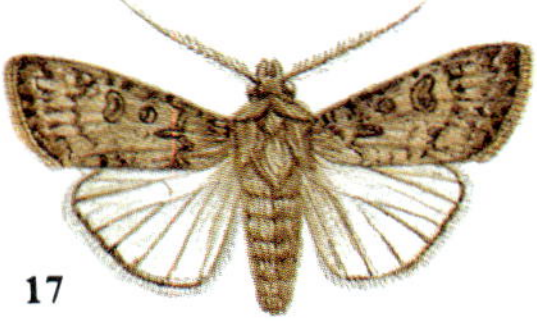

PLANCHE 10

OSEILLE COMMUNE *Rumex acetosa* (Polygonaceae)

1.	**Timandra griseata**	**82**
2.	**Lycaena phlaeas**	**122**
3.	**Aporophyla nigra**	**266**
4.	**Eugnorisma depuncta**	**289**
5.	**Adscita statices**	**33**
6.	**Bembecia chrysidiformis**	**32**

PATIENCE-VIOLON *Rumex pulcher* (Polygonaceae)

7.	**Diarsia dahlii**	**294**

PETITE OSEILLE *Rumex acetosella* (Polygonaceae)

8.	**Xestia ashworthii**	**296**

PATIENCE AQUATIQUE *Rumex hydrolapathum* (Polygonaceae)

9.	**Thersamolycaena dispar**	**122**

PATIENCE À FEUILLES OBTUSES *Rumex obtusifolius* (Polygonaceae)

10.	**Camptogramma bilineata**	**88**
11.	**Spaelotis ravida**	**292**
12.	**Diarsia mendica**	**293**
13.	**Arctia caja**	**234**
14.	**Diacrisia sannio**	**235**
15.	**Diaphora mendica**	**235**
16.	**Euxoa nigricans**	**286**
17.	**Agrotis segetum**	**287**

13

Imago au repos

1
2
3
4
5
6
7
8
9
10
11
12
13
14
15
16
17

1 2 4 6 15 8 9 10 12 13 14 7

PLANCHE 11

CHÉNOPODE BLANC *Chenopodium album* (Chenopodiaceae)

1.	**Eupithecia simpliciata**	**101**
2 et 3.	**Lacanobia oleracea**	**279**

ARROCHE ÉTALÉE *Atriplex patula* (Chenopodiaceae)

4.	**Pelurga comitata**	**90**
5.	**Trachea atriplicis**	**254**

BETTERAVE *Beta vulgaris* (Chenopodiaceae)

6.	**Dicestra trifolii**	**276**

SOUDE *Salsola kali* (Chenopodiaceae)

7.	**Agrotis ripae**	**288**

MOURON BLANC *Stellaria media* (Caryophyllaceae)

8.	**Hoplodrina blanda**	**261**
9.	**Xestia xanthographa**	**296**
10.	**Xestia c-nigrum**	**295**
11.	**Aletia ferrago**	**285**

LANGUE D'OISEAU *Stellaria holostea* (Caryophyllaceae)

12.	**Eupithecia pygmaeata**	**99**

SILÈNE ENFLÉ *Silene vulgaris* (Caryophyllaceae)

13.	**Hadena confusa**	**280**

FLEUR DE COUCOU *Lychnis flos-cuculi* (Caryophyllaceae)

14.	**Hadena rivularis**	**280**
15.	**Hadena bicruris**	**280**

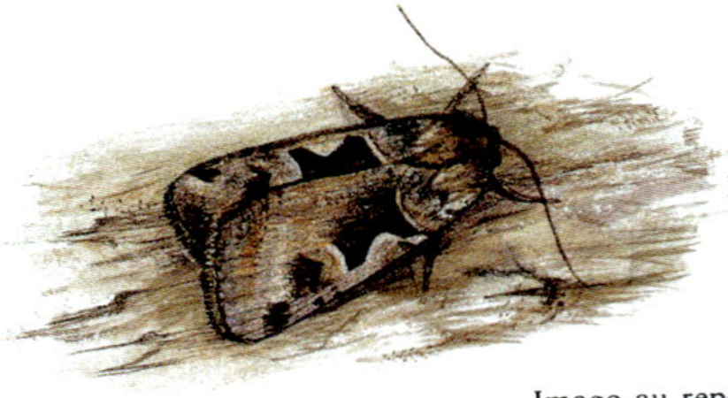

10

Imago au repos

1
2
3
4
5
6
7
8
9
10
11
12
13
14
15

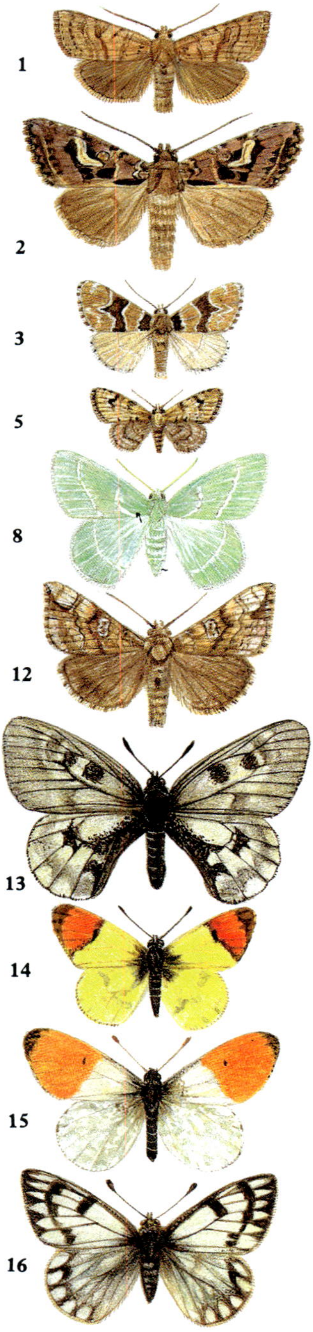

PLANCHE 12

BASSIN D'OR *Ranunculus acris* (Ranunculaceae)
1. Agrochola lychnidis **272**

RENONCULE FICAIRE *Ranunculus ficaria* (Ranunculaceae)
2. Trigonophora flammea **269**

PIGAMON JAUNE *Thalictrum flavum* (Ranunculaceae)
3. Perizoma sagittata **97**

SISYMBRE-SAGESSE *Descurainia sophia* (Cruciferae)
4. Lithostege griseata **106**

VIGNE BLANCHE *Clematis vitalba* (Ranunculaceae)
5. Chloroclystis v-ata **104**
6. Eupithecia haworthiata **97**
7. Scopula nigropunctata **82**
8. Hemistola biliosata **61**
9. Melanthia procellata **94**
10. Horisme vitalbata **94**
11. Horisme tersata **94**

DAUPHINELLE *Delphinium* (Ranunculaceae)
12. Polychrysia moneta **246**

CORYDALE BULBEUSE *Corydalis solida* (Fumariaceae)
13. Parnassius mnemosyne **112**

LUNETIÈRE LISSE *Biscutella laevigata* (Cruciferae)
14. Anthocharis euphenoides **117**

SISYMBRE OFFICINAL *Sisymbrium officinale* (Cruciferae)
15. Anthocharis cardamines **116**

VÉLAR NAIN *Erysimum pumilum* (Cruciferae)
16. Pontia callidice **116**

12

Cocon

1
2
3
4
5
6
7
8
9
10
11
12
13
14
15
16

PLANCHE 13

RAIFORT *Armoracia rusticana* (Cruciferae)

1. **Euchloe ausonia** **116**
2. **Xanthorhoe fluctuata** **87**

RÉSÉDA JAUNE *Reseda lutea* (Resedaceae)

3. **Pontia daplidice** **115**

ALLIAIRE *Alliaria petiolata* (Cruciferae)

4. **Pieris napi** **115**

RAVE *Brassica rapa* (Cruciferae)

5. **Agrotis exclamationis** **288**

CHOU *Brassica oleracea* (Cruciferae)

6. **Mamestra brassicae** **277**
7. **Pieris rapae** **114**
8. **Pieris brassicae** **115**
9. **Autographa gamma** **246**
10. **Peridroma saucia** **293**

ORPIN *Sedum* (Crassulaceae)

11. **Parnassius apollo** **111**
12. **Gnophos glaucinaria** **80**
13. **Standfussiana lucernea** **290**
14. **Eumichtis lichenea** **270**

8

Ponte

1
2
3
4
5
6
7
8
9
10
11
12
13
14

PLANCHE 14

SAXIFRAGE AIZOÏDE *Saxifraga aizoides* (Saxifragaceae)

1.	**Parnassius phoebus**	**111**
2.	**Entephria flavicinctata**	**89**

PIMPRENELLE *Sanguisorba minor* (Rosaceae)

3.	**Gnophos obscurata**	**79**

ALCHÉMILLE VULGAIRE *Alchemilla vulgaris* (Rosaceae)

4.	**Xanthorhoe munitata**	**87**

EGLANTIER *Rosa canina* (Rosaceae)

5.	**Orthosia opima**	**283**
6 et 7.	**Anticlea badiata**	**89**
8.	**Agrochola litura**	**272**
9.	**Anticlea derivata**	**89**
10 et 11.	**Orthosia cruda**	**282**
12.	**Orgyia antiqua**	**225**
13.	**Cidaria fulvata**	**92**
14.	**Hemithea aestivaria**	**61**

1

2

3

4

6

8

10

12

13

14

12

Imago femelle sur son cocon

1
2
3
4
5
6
7
8
9
10
11
12
13
14

1

3

4

6

7

10

11

14

15

16

PLANCHE 15

FRAMBOISIER *Rubus idaeus* (Rosaceae)

1.	**Mesoleuca albicillata**	**90**
2.	**Viminia auricoma**	**251**
3.	**Spilosoma luteum**	**236**

FRAISIER *Fragaria vesca* (Rosaceae)

4.	**Pyrgus malvae**	**108**

RONCE *Rubus fruticosus* (Rosaceae)

5.	**Idaea biselata**	**83**
6.	**Habrosyne pyritoides**	**37**
7.	**Lasiocampa quercus**	**45**
8.	**Idaea straminata**	**85**
9.	**Xestia sexstrigata**	**296**
10.	**Eupithecia vulgata**	**100**
11.	**Diarsia brunnea**	**294**
12.	**Polia nebulosa**	**276**
13.	**Xestia ditrapezium**	**295**
14.	**Anaplectoides prasina**	**298**
15.	**Hyppa rectilinea**	**255**
16.	**Thyatira batis**	**37**

7
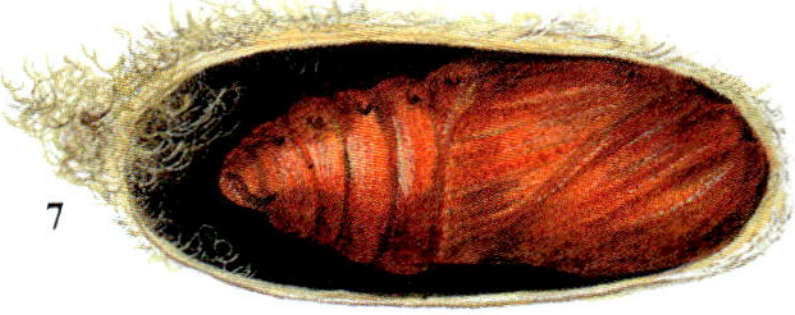

Chrysalide dans son cocon

1
2
3
4
5
6
7
8
9
10
11
12
13
14
15
16

2

3

5

8

9

10

12

13

15

16

PLANCHE 16

POTENTILLE RAMPANTE *Potentilla reptans* (Rosaceae)

1.	**Elaphria venustula**	**261**
2.	**Aspitates gilvaria**	**80**

BENOÎTE DES RUISSEAUX *Geum rivale* (Rosaceae)

3.	**Idaea aversata**	**84**

SORBIER DES OISELEURS *Sorbus aucuparia* (Rosaceae)

4.	**Venusia cambrica**	**106**

POMMIER *Malus sylvestris* (Rosaceae)

5.	**Malacosoma neustria**	**44**
6.	**Chloroclystis rectangulata**	**104**
7.	**Operophtera brumata**	**96**
8.	**Alsophila aescularia**	**81**
9.	**Synanthedon myopaeformis**	**31**
10.	**Diloba caeruleocephala**	**265**
11.	**Nola confusalis**	**243**
12.	**Naenia typica**	**297**
13.	**Orthosia incerta**	**284**

POIRIER *Pyrus communis* (Rosaceae)

14.	**Triaena tridens**	**250**
15.	**Triaena psi**	**250**
16.	**Zeuzera pyrina**	**29**

7

Imago femelle

1
2
3
4
5
6
7
8
9
10
11
12
13
14
15
16

PLANCHE 17

AUBÉPINE *Crataegus monogyna* (Rosaceae)

1. **Opisthograptis luteolata** 66
2. **Peribatodes rhomboidaria** 75
3. **Gymnoscelis rufifasciata** 104
4. **Cilix glaucata** 40
5. **Abraxas grossulariata** 62
6. **Aporia crataegi** 114
7. **Theria primaria** 78
8. **Eriogaster lanestris** 44
9. **Noctua fimbriata** 291
10. **Euproctis similis** 227
11. **Trichiura crataegi** 43
12. **Allophyes oxyacanthae** 268
13. **Nola cucullatella** 242
14. **Noctua janthina** 291
15. **Xestia triangulum** 295
16. **Gastropacha quercifolia** 47

1

2

4

5

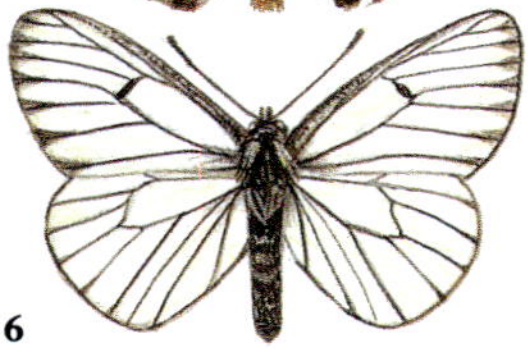
6

7

9

10

12

16

16

Imago mimant des feuilles

1
2
3
4
5
6
7
8
9
10
11
12
13
14
15
16

PLANCHE 18

PRUNELLIER *Prunus spinosa* (Rosaceae)

1.	**Satyrium pruni**	121
2.	**Lomographa distinctata**	78
3.	**Iphiclides podalirius**	113
4 et 6.	**Semiothisa alternaria**	64
5.	**Thecla betulae**	120

MERISIER À GRAPPES *Prunus padus* (Rosaceae)

7.	**Triphosa dubitata**	95
8.	**Lomographa temerata**	78

PRUNIER *Prunus domestica* (Rosaceae)

9.	**Phigalia pilosaria**	72
10.	**Crocallis elinguaria**	70
11.	**Angerona prunaria**	71
12.	**Porthetria dispar**	228
13.	**Selenia lunularia**	69
14.	**Dasycampa rubiginea**	271
15.	**Euproctis chrysorrhoea**	227
16.	**Odontopera bidentata**	70

1

3

5

8

9

10

11

12

15

16

15

« Nid » larvaire

1
2
3
4
5
6
7
8
9
10
11
12
13
14
15
16

1

3

5

6

8

10

11

13

14

16

PLANCHE 19

CORONILLE VARIÉE *Coronilla varia* (Leguminosae)

1.	**Colias australis**	**118**
2.	**Zygaena transalpina**	**33**

AJONC *Ulex europaeus* (Leguminosae)

3.	**Callophrys rubi**	**122**
4.	**Perconia strigillaria**	**80**
5.	**Scotopteryx mucronata**	**86**
6.	**Plebejus argus**	**124**

GENÊT À BALAIS *Cytisus scoparius* (Leguminosae)

7.	**Chesias rufata**	**105**
8 et 9.	**Chesias legatella**	**105**
10.	**Dicallomera fascelina**	**225**
11.	**Isturgia limbaria**	**65**
12.	**Rhyparia purpurata**	**234**

GENÊT DES TEINTURIERS *Genista tinctoria* (Leguminosae)

13.	**Heterogynis penella**	**32**
14.	**Lacanobia w-latinum**	**279**

GENÊT D'ANGLETERRE *Genista anglica* (Leguminosae)

15.	**Gnophos obfuscata**	**79**
16.	**Pseudoterpna pruinata**	**60**

13

Cocon et dépouille nymphale d'un mâle

1
2
3
4
5
6
7
8
9
10
11
12
13
14
15
16

PLANCHE 20

GESSE TUBÉREUSE *Lathyrus tuberosus* (Leguminosae)
1. Leptidea sinapis **114**

GESSE DES PRÉS *Lathyrus pratensis* (Leguminosae)
2. Gynaephora selenitica **225**

VESCE CULTIVÉE *Vicia sativa* (Leguminosae)
3. Scotopteryx chenopodiata **86**

VESCE DES FORÊTS *Vicia sylvatica* (Leguminosae)
4. Lygephila craccae **240**
5. Colias phicomone **118**

ANTHYLLIDE VULNÉRAIRE *Anthyllis vulneraria* (Leguminosae)
6. Cupido minimus **123**
7. Cyaniris semiargus **125**
8. Bembecia scopigera **31**

MÉLILOT OFFICINAL *Melilotus officinalis* (Leguminosae)
9. Colias crocea **118**

BUGRANE RAMPANTE *Ononis repens* (Leguminosae)
10. Heliothis peltigera **300**
11. Polyommatus icarus **126**
12. Pyrrhia umbra **298**
13. Xylena exsoleta **267**
14. Heliothis viriplaca **299**

1

3

5

6

7

8

9

11

13

14

Oeufs

1
2
3
4
5
6
7
8
9
10
11
12
13
14

PLANCHE 21

LUZERNE *Medicago sativa* (Leguminosae)

1.	**Colias hyale**	**117**

PIED DE POULE *Lotus corniculatus* (Leguminosae)

2.	**Erynnis tages**	**108**
3.	**Everes argiades**	**123**
4.	**Zygaena trifolii**	**34**
5.	**Zygaena filipendulae**	**34**

LUZERNE LUPULINE *Medicago lupulina* (Leguminosae)

6.	**Euclidia glyphica**	**241**

HIPPOCRÉPIS À TOUPET *Hippocrepis comosa* (Leguminosae)

7.	**Polyommatus bellargus**	**126**
8.	**Polyommatus coridon**	**126**

PIED D'OISEAU *Ornithopus perpusillus* (Leguminosae)

9.	**Pachygastria trifolii**	**44**

TRÈFLE DES PRÉS *Trifolium pratense* (Leguminosae)

10.	**Semiothisa clathrata**	**64**
11.	**Callistege mi**	**241**
12.	**Scopula rubiginata**	**83**
13.	**Scotopteryx bipunctaria**	**85**
14.	**Zygaena lonicerae**	**34**

1

2

5

6

7

8

9

10

11

13

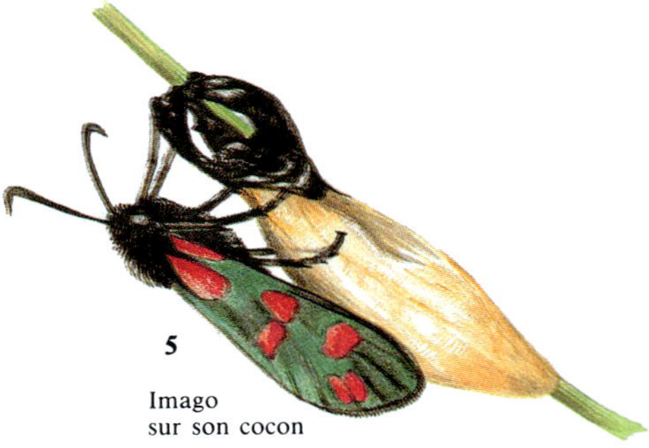
5

Imago
sur son cocon

1
2
3
4
5
6
7
8
9
10
11
12
13
14

1

PLANCHE 22

2

4

5

6

8

9

10

11

13

EUPHORBE DES BOIS *Euphorbia amygdaloides* (Euphorbiaceae)

1. **Minoa murinata** 106

MERCURIALE VIVACE *Mercurialis perennis* (Euphorbiaceae)

2 et 3. **Phlogophora meticulosa** 254

EUPHORBE-PETIT-CYPRÈS *Euphorbia cyparissias* (Euphorbiaceae)

4. **Hyles euphorbiae** 54

IMPATIENTE *Impatiens noli-tangere* (Balsaminaceae)

5. **Eustroma reticulata** 93

GROSEILLIER ROUGE *Ribes rubrum* (Grossulariaceae)

6 et 7. **Eupithecia assimilata** 100
8. **Synanthedon tipuliformis** 31
9. **Itame wauaria** 65

MAUVE SYLVESTRE *Malva sylvestris* (Malvaceae)

10. **Larentia clavaria** 86

MAUVE *Malva* (Malvaceae)

11. **Carcharodus alceae** 108

NEPRUN PURGATIF *Rhamnus catharticus* (Rhamnaceae)

12. **Philereme transversata** 95
13. **Gonepteryx rhamni** 119

8

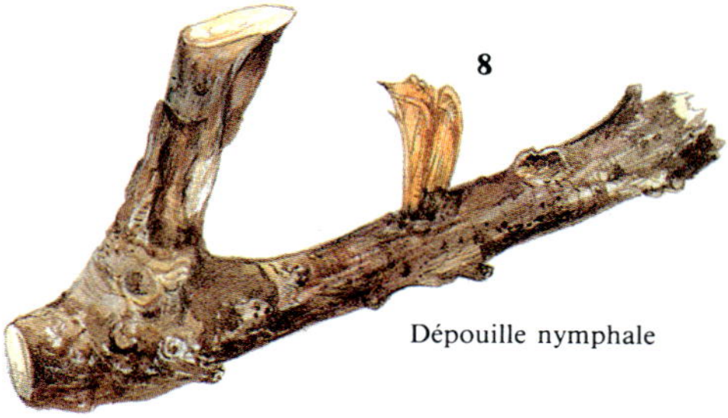

Dépouille nymphale

1
2
3
4
5
6
7
8
9
10
11
12
13

PLANCHE 23

VIOLETTE DE RIVIN *Viola riviniana* (Violaceae)

1.	**Clossiana euphrosyne**	**204**
2.	**Clossiana dia**	**204**
3.	**Fabriciana adippe**	**203**
4.	**Clossiana selene**	**204**
5.	**Argynnis paphia**	**202**
6.	**Mesoacidalia aglaja**	**202**

HÉLIANTHÈME COMMUN *Helianthemum nummularium* (Cistaceae)

7.	**Aricia agestis**	**125**
8.	**Aricia artaxerxes**	**125**

VIOLETTE ODORANTE *Viola odorata* (Violaceae)

9.	**Issoria lathonia**	**203**

EPILOBE EN ÉPI *Epilobium angustifolium* (Onagraceae)

10.	**Deilephila elpenor**	**56**
11.	**Hyles vespertilio**	**55**
12.	**Ecliptopera silaceata**	**91**

SALICAIRE *Lythrum salicaria* (Lythraceae)

13.	**Deilephila porcellus**	**56**
14.	**Orthosia gracilis**	**283**

LIERRE *Hedera helix* (Araliaceae)

15.	**Acasis viretata**	**107**
16.	**Ourapteryx sambucaria**	**71**

Attitude défensive

1
2
3
4
5
6
7
8
9
10
11
12
13
14
15
16

2

4

3

5

8

10

11

12

13

14

PLANCHE 24

BERCE *Heracleum sphondylum* (Umbelliferae)

1. **Eupithecia tripunctaria** **101**
2. **Dasypolia templi** **266**

PETIT BOUCAGE *Pimpinella saxifraga* (Umbelliferae)

3. **Eupithecia pimpinellata** **102**

ANTHRISQUE SAUVAGE *Anthriscus sylvestris* (Umbelliferae)

4. **Idaea dimidiata** **83**

PEUCÉDAN DES MARAIS *Peucedanum palustre* (Umbelliferae)

5 et 6 (jeune). Papilio machaon **113**

TRINIA GLAUQUE *Trinia glauca* (Umbelliferae)

7. **Papilio alexanor** **113**

CALLUNE *Calluna vulgaris* (Ericaceae)

8. **Lycophotia porphyrea** **292**
9. **Eupithecia goossensiata** **100**
10. **Anarta myrtilli** **275**
11. **Macrothylacia rubi** **45**

BRUYÈRE CENDRÉE *Erica cinerea* (Ericaceae)

12 (jeune) et 15. Saturnia pavonia **58**

13. **Xestia agathina** **297**
14. **Ematurga atomaria** **77**

5

Attitude défensive

1
2
3
4
5
6
7
8
9
10
11
12
13
14
15

PLANCHE 25

PRIMEVÈRE OFFICINALE *Primula veris* (Primulaceae)

1.	**Hamearis lucina**	**120**

AIRELLE ROUGE *Vaccinium vitis-idaea* (Ericaceae)

2.	**Anarta melanopa**	**275**

ARBOUSIER *Arbutus unedo* (Ericaceae)

3.	**Charaxes jasius**	**210**

RAISIN D'OURS *Arctostaphylos uva-ursi* (Ericaceae)

4.	**Xestia alpicola**	**294**
5.	**Semiothisa carbonaria**	**64**
6.	**Anarta cordigera**	**275**

CAMARINE NOIRE *Empetrum nigrum* (Empetraceae)

7.	**Idaea contiguaria**	**84**
8.	**Zygaena exulans**	**35**

AIRELLE-MYRTILLE *Vaccinium myrtillus* (Ericaceae)

9.	**Chloroclysta truncata**	**92**
10.	**Chloroclystis debiliata**	**105**
11.	**Eulithis populata**	**90**
12.	**Colias palaeno**	**117**
13.	**Chloroclysta citrata**	**91**
14.	**Epirrita filigrammaria**	**96**
15.	**Phyllodesma ilicifolia**	**46**
16.	**Perizoma didymata**	**97**

Chenille sur le point de se nymphoser

3

1
2
3
4
5
6
7
8
9
10
11
12
13
14
15
16

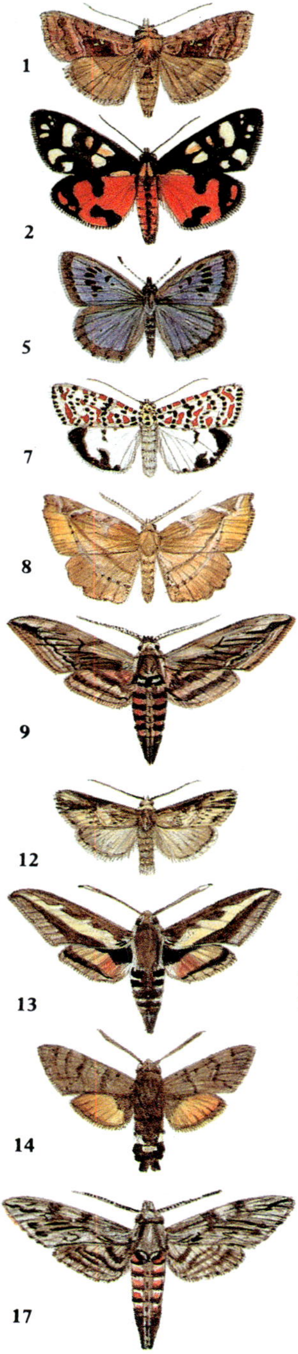

PLANCHE 26

EPIAIRE DES BOIS *Stachys sylvatica* (Labiatae)

1. **Autographa jota** — **247**

CONSOUDE *Symphytum officinale* (Boraginaceae)

2. **Callimorpha dominula** — **233**

SERPOLET *Thymus serpyllum* (Labiatae)

3. **Zygaena purpularis** — **35**
4. **Eupithecia distinctaria** — **101**
5. **Maculinea arion** — **124**

LYSIMAQUE COMMUNE *Lysimacha vulgaris* (Primulaceae)

6. **Spilosoma urticae** — **236**

BOURRACHE OFFICINALE *Borago officinalis* (Boraginaceae)

7. **Utetheisa pulchella** — **232**

TROÈNE *Ligustrum vulgare* (Oleaceae)

8. **Apeira syringaria** — **69**
9. **Sphinx ligustri** — **51**
10. **Menophra abruptaria** — **75**

CAILLE-LAIT BLANC *Galium mollugo* (Rubiaceae)

11. **Epirrhoe galiata** — **88**
12. **Axylia putris** — **289**

CAILLE-LAIT JAUNE *Galium verum* (Rubiaceae)

13. **Hyles gallii** — **55**
14. **Macroglossum stellatarum** — **54**
15. **Agrotis vestigialis** — **287**

LISERON DES CHAMPS *Convolvulus arvensis* (Convolvulaceae)

16. **Tyta luctuosa** — **239**
17. **Agrius convolvuli** — **50**

Chenille myrmécophile

1
2
3
4
5
6
7
8
9
10
11
12
13
14
15
16
17

PLANCHE 27

BOULLON BLANC *Verbascum thapsus* (Scrophulariaceae)

1. Cucullia verbasci **264**

LINAIRE COMMUNE *Linaria vulgaris* (Scrophulariaceae)

2. Eupithecia linariata **98**

MOLÈNE NOIRE *Verbascum nigrum* (Scrophulariaceae)

3. Cucullia lychnitis **264**

SCROFULAIRE NOUEUSE *Scrophularia nodosa* (Scrophulariaceae)

4. Cucullia scrophulariae **264**

PLANTAIN MARITIME *Plantago maritima* (Plantaginaceae)

5. Melitaea cinxia **208**

PLANTAIN LANCÉOLÉ *Plantago lanceolata* (Plantaginaceae)

6. Parasemia plantaginis **234**
7. Korscheltellus lupulina **27**
8. Melanchra persicariae **277**
9. Didymaeformia didyma **209**
10. Euplexia lucipara **254**
11. Hydraecia micacea **257**

DIGITALE POURPRE *Digitalis purpurea* (Scrophulariaceae)

12. Eupithecia pulchellata **98**
13. Gortyna flavago **258**

MÉLAMPYRE DES PRÉS *Melampyrum pratense* (Scrophulariaceae)

14. Mellicta athalia **209**
15. Melitaea diamina **208**

POMME DE TERRE *Solanum tuberosum* (Solanaceae)

16. Acherontia atropos **51**

1

2

5

6

8

9

10

13

14

16

1

Chrysalide dans son cocon

1
2
3
4
5
6
7
8
9
10
11
12
13
14
15
16

1

2

4

5

6

8

10

11

14

16

PLANCHE 28

MATRICAIRE INODORE *Matricaria perforata* (Compositae)

1. Cucullia chamomillae **262**

CHANVRINE *Eupatorium cannabinum* (Compositae)

2. Diachrysia chryson **245**
3. Eupithecia absinthiata **99**
4. Eupithecia centaureata **99**

SUCCISE DES PRÉS *Succisa pratensis* (Dipsacaceae)

5. Euphydryas aurinia **208**
6. Hemaris tityus **53**

CHÈVREFEUILLE *Lonicera periclymenum* (Caprifoliaceae)

7. Xylocampa areola **268**
8. Autographa bractea **247**
9. Hemaris fuciformis **54**
10. Ladoga camilla **202**

ARMOISE MARITIME *Artemisia maritima* (Compositae)

11. Thetidia smaragdaria **61**

PÂQUERETTE *Bellis perennis* (Compositae)

12. Lycia alpina **72**

VERGE D'OR *Solidago virgaura* (Compositae)

13. Eupithecia virgaureata **102**
14. Cucullia asteris **263**
15. Cucullia gnaphalii **263**

ABSINTHE *Artemisia absinthium* (Compositae)

16. Cucullia absinthii **262**

16

Imago au repos

1
2
3
4
5
6
7
8
9
10
11
12
13
14
15
16

PLANCHE 29

JACOBÉE *Senecio jacobaea* (Compositae)

1. **Tyria jacobaeae** **232**

LAITUE *Lactuca sativa* (Compositae)

2. **Cucullia lactucae** **263**
3. **Hecatera dysodea** **279**

PISSENLIT *Taraxacum vulgare* (Compositae)

4. **Caradrina morpheus** **261**
5. **Euplagia quadripunctaria** **233**
6. **Epicallia villica** **233**
7. **Cerastis rubricosa** **298**
8. **Orthosia gothica** **285**
9. **Noctua pronuba** **290**
10. **Phragmatobia fuliginosa** **235**
11. **Syntomis phegea** **230**
12. **Spilosoma lubricipeda** **236**
13. **Hepialus humuli** **27**

CHARDON DES CHAMPS *Cirsium arvense* (Compositae)

14. **Cynthia cardui** **205**

CENTAURÉE NOIRE *Centaurea nigra* (Compositae)

15. **Cinclidia phoebe** **209**

1

2

5

6

9

11

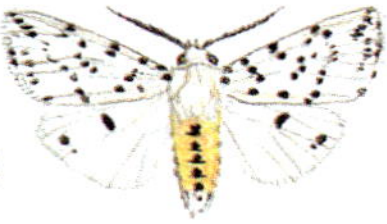
12

13

14

Chrysalide 14

1
2
3
4
5
6
7
8
9
10
11
12
13
15

2

4

5

7

8

9

10

11

12

14

PLANCHE 30

IRIS JAUNE *Iris pseudacorus* (Iridaceae)

1. Celaena leucostigma **259**
2. Archanara sparganii **259**

LAICHE GLAUQUE *Carex flacca* (Cyperaceae)

3. Photedes captiuncula **257**

LUZULE POILUE *Luzula pilosa* (Juncaceae)

4. Mesapamea secalis **256**

PANCRAIS MARITIME *Pancratium maritimum* (Amaryllidaceae)

5. Brithys crini **281**

JONC NOUEUX *Juncus articulatus* (Juncaceae)

6. Coenobia rufa **260**

RHYNCHOSPORA BLANCHE *Rhynchospora alba* (Cyperaceae)

7. Coenonympha tullia **211**

SCIRPE LACUSTRE *Scirpus lacustris* (Cyperaceae)

8. Archanara algae **260**

MASSETTE À LARGES FEUILLES *Typha latifolia* (Typhaceae)

9. Nonagria typhae **259**

LINAIGRETTE À LARGES GAINES *Eriophorum vaginatum* (Cyperaceae)

10. Celaena haworthii **258**

ROSEAU *Phragmites communis* (Gramineae)

11. Phragmataecia castaneae **28**
12. Senta flammea **286**
13. Rhizedra lutosa **260**
14. Laelia coenosa **224**

9

Chrysalide

1
2
3
4
5
6
7
8
9
10
11
12
13
14

PLANCHE 31

MOLINIE BLEUE *Molinia caerulea* (Gramineae)

1. **Erebia aethiops** **214**
2. **Lithacodia pygarga** **242**
3. **Cerapteryx graminis** **281**

DACTYLE AGGLOMÉRÉ *Dactylis glomerata* (Gramineae)

4. **Pyronia tithonus** **212**
5. **Pararge aegeria** **211**
6. **Lasiommata megera** **211**
7. **Noctua comes** **290**
8. **Leucania comma** **286**

PÂTURIN ANNUEL *Poa annua* (Gramineae)

9. **Maniola jurtina** **212**
10. **Aphantopus hyperantus** **213**
11. **Aletia pallens** **285**
12. **Pachetra sagittigera** **277**

FÉTUQUE DES PRÉS *Festuca pratensis* (Gramineae)

13. **Mesoligia furuncula** **256**

FÉTUQUE OVINE *Festuca ovina* (Gramineae)

14. **Coenonympha pamphilus** **212**
15. **Hesperia comma** **110**

HOULQUE LAINEUSE *Holcus lanatus* (Gramineae)

16. **Thymelicus sylvestris** **109**

Imago au repos

1
2
3
4
5
6
7
8
9
10
11
12
13
14
15
16

PLANCHE 32

CHIENDENT *Agropyron repens* (Gramineae)

1.	**Euthrix potatoria**	**46**
2.	**Apamea monoglypha**	**256**

NARD RAIDE *Nardus stricta* (Gramineae)

3.	**Erebia epiphron**	**214**

CANCHE PRÉCOCE *Aira praecox* (Gramineae)

4.	**Hipparchia semele**	**215**

BRACHYPODE DES BOIS *Brachypodium sylvaticum* (Gramineae)

5.	**Carterocephalus palaemon**	**109**
6.	**Ochlodes venatus**	**110**
7.	**Hipparchia fagi**	**215**

FOUGÈRE-AIGLE *Pteridium aquilinum* (Polypodiaceae)

8.	**Ceramica pisi**	**278**

PALÈNE *Brachypodium pinnatum* (Gramineae)

9.	**Thymelicus acteon**	**110**

PHLÉOLE DES PRÉS *Phleum pratense* (Gramineae)

10.	**Melanargia galathea**	**213**

LICHENS

11.	**Bryophila domestica**	**252**
12.	**Nudaria mundana**	**231**
13.	**Cleorodes lichenaria**	**77**
14.	**Eilema griseola**	**231**
15.	**Eilema lurideola**	**232**
16.	**Laspeyria flexula**	**240**

1

3

4

5

8

10

11

13

15

16

12

Cocon

1
2
3
4
5
6
7
8
9
10
11
12
13
14
15
16

PLANCHE 33

SAULE *Salix* (Salicaceae)

1. **Saturnia pyri** **58**
2. **Leucoma salicis** **227**

PATIENCE *Rumex* (Polygonaceae)

3. **Viminia rumicis** **252**

CHIENDENT *Agropyron* (Gramineae)

4. **Luperina testacea** **257**

GALÉ ODORANT *Myrica gale* (Myricaceae)

5. **Eugraphe subrosea** **292**

SYCOMORE *Acer pseudoplatanus* (Aceraceae)

6. **Arctomyscis aceris** **248**

CHÊNE *Quercus* (Fagaceae)

7. **Harpyia milhauseri** **220**
8. **Peridea anceps** **217**

GENÊT À BALAIS *Cytisus scoparius* (Leguminosae)

9. **Apopestes spectrum** **239**

PRUNELLIER *Prunus spinosa* (Rosaceae)

10. **Mormo maura** **253**
11. **Hyphantria cunea** **237**

CHRYSANTHÈME *Chrysanthemum* (Compositae)

12. **Helicoverpa armigera** **299**

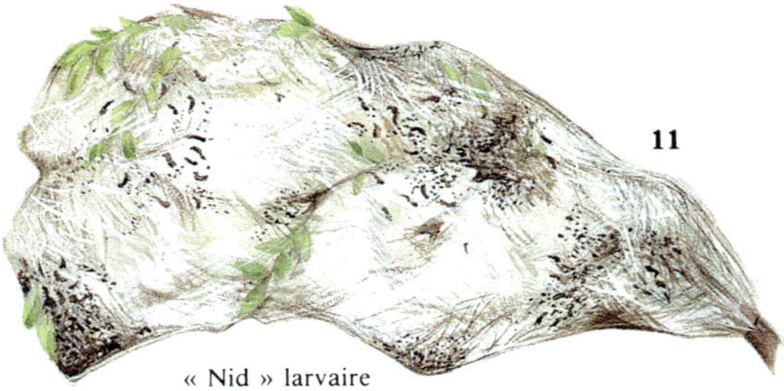

« Nid » larvaire

1
2
3
4
5
6
7
8
9
10
11
12

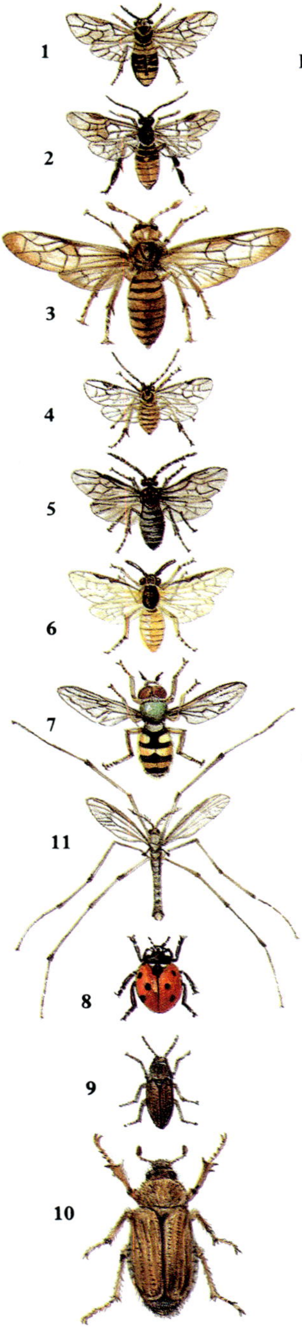

PLANCHE 34

LARVES SUSCEPTIBLES D'ÊTRE CONFONDUES AVEC DES CHENILLES

TENTHRÈDES (Hymenoptera Tenthredinoidea)

1. **Diprion pini**
   Espèce largement répandue en Europe et dont la larve vit sur les Pins *(Pinus)*.
2. **Croesus septentrionalis**
   Présente dans une grande partie de l'Europe, cette espèce a une larve vivant sur les Bouleaux *(Betula)*, les Aulnes *(Alnus)*, etc.
3. **Cimbex femoratus**
   La larve se développe sur les Bouleaux *(Betula)*.
4. **Nematus ribesii**
   Cette espèce est commune en Europe. Sa larve attaque les Groseilliers *(Ribes)*.
5. **Phymatocera aterrima**
   Cette espèce se trouve principalement en Europe moyenne et méridionale. Sa larve attaque les Sceaux de Salomon *(Polygonatum)*.
6. **Arge ochropus**
   Espèce assez largement répandue en Europe et dont la larve consomme le feuillage des Rosiers *(Rosa)*.

DIPTÈRES (Diptera)

7. **Syrphus sp.**
   Fréquentes sur les feuilles, ces larves sont utiles dans les jardins, car elles se nourrissent de pucerons.

11. **Tipula sp.**
   Ces larves attaquent les racines de diverses plantes (Graminées notamment). Communes, elles se révèlent souvent nuisibles.

COLÉOPTÈRES (Coleoptera)

8. **Coccinella septempunctata**
   Il s'agit d'une espèce très largement répandue en Europe. De même que l'imago, la larve se nourrit de pucerons.
9. **Agriotes sp.**
   Nuisibles dans les champs et les jardins, ces larves consomment les racines de plantes variées.
10. **Amphimallon solstitialis**
   Cette espèce est commune en divers endroits d'Europe. Sa larve attaque les racines de nombreuses plantes. Comme celle d'autres hannetons, on l'observe fréquemment dans les jardins.

1
2
3
4
5
6
7
8
9
10
11

PLANCHE 35

MALADIES, PARASITES ET PRÉDATEURS DES CHENILLES

Mésange noire avec une chenille d'*Operophtera brumata*

Chenille de *Pieris brassicae* tuée par un virus

Hyménopètre prédateur avec une chenille de Noctuidae

Chenille de *Melanchra persicariae* victime d'une maladie bactérienne

Chenille d'*Orgyia antiqua* parasitée par des larves d'*Apanteles*

Chenille de *Melanchra persicariae* ayant été parasitée par une mouche tachinaire

Chenille de *Spilosoma* rabougrie, morte d'une maladie virale

Mulot dévorant une chenille de Noctuidae

Chenille de *Porthetria dispar* attaquée par un Coléoptère du genre *Calosoma*

LIMENITIS POPULI (Linné), *le Grand Sylvain* **Pl. 3**

Répartition géographique. Espèce principalement répandue en Europe moyenne, mais présente dans certaines régions méridionales ou septentrionales. Absente de Grande-Bretagne. En France, quoique localisée, l'espèce est assez largement répandue ; elle fait cependant défaut dans les Pyrénées et dans le Sud-Ouest.
Description. Longueur maximale : 50 mm. Corps vert, avec des zones dorsales et latérales de couleur brun pourpré. Une paire de bandes latérales ocre, assez irrégulières. Mésothorax pourvu de deux grands scoli dorsaux. Métathorax et segments abdominaux munis, tout au plus, de petites protubérances. Capsule céphalique brune ou noirâtre, avec deux courtes excroissances dorsales.
Biotopes. Clairières des forêts, bois clairs et humides.
Plantes nourricières. Tremble et Peupliers (*Populus*).
Cycle biologique. Une génération par an. Les œufs sont pondus sur la face supérieure des feuilles (juin-juillet). Les chenilles entrent en hibernation alors qu'elles sont encore petites. Elles se réalimentent au printemps et atteignent leur taille maximale en mai-juin. Les chrysalides sont fixées aux feuilles. Durée du stade nymphal : deux à quatre semaines.

AZURITIS REDUCTA (Staudinger), *le Sylvain azuré*

Répartition géographique. Europe méridionale et Sud de l'Europe moyenne. En France : Midi, Est, Centre et Nord-Ouest.
Description. Longueur maximale : 28 mm. Corps vert, avec les parties ventrale et latéro-ventrales brun rougeâtre. Des scoli semblables à ceux de l'espèce suivante, quoique plus épais et munis d'épines à apex clair. Tête d'un brun rougeâtre.
Biotopes. Lisières des bois, clairières, garrigues...
Plantes nourricières. Chèvrefeuilles (*Lonicera*), essentiellement.
Cycle biologique. Habituellement deux générations par an, parfois trois ou une seule. Les chenilles s'observent en juillet-août ou, pour celles qui hivernent, de septembre à avril. L'hibernation s'effectue dans un fragment de feuille enroulé et intérieurement tapissé de soie. Les premiers imagos apparaissent en mai.

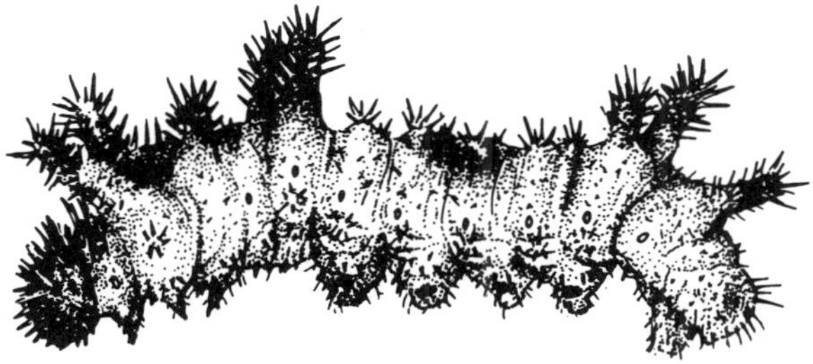

Chenille d'*Azuritis reducta* (Staudinger)

LADOGA CAMILLA (Linné), *le Petit Sylvain* **Pl. 28**

Répartition géographique. Europe moyenne, ainsi que certaines régions méridionales ou septentrionales. En France : presque partout.
Description. Longueur maximale : 27 mm. Corps vert, avec des scoli dorsaux brunâtres, de différentes dimensions. Sur ces excroissances, des épines à apex brun noir. Flancs de l'abdomen avec une ligne longitudinale blanchâtre, située au contact des stigmates ; immédiatement au-dessous de celle-ci, une large bande d'un brun purpurin. Capsule céphalique brune, épineuse.
Biotopes. Bois et forêts.
Plantes nourricières. Chèvrefeuilles (notamment *Lonicera periclymenum*).
Cycle biologique. Une génération par an. Les œufs sont pondus isolément, sur la face supérieure des feuilles de la plante-hôte (juin-juillet). Ils éclosent au bout d'une semaine, approximativement. Après la seconde mue, les chenilles entrent en hibernation (elles s'abritent dans un fragment de feuille, enroulé et tapissé de soie). Elles recommencent à se nourrir au printemps et la nymphose a lieu en juin. Vertes et brunes, les chrysalides ont une forme particulière qui les fait ressembler à des feuilles recroquevillées. Durée du stade nymphal : une quinzaine de jours.

ARGYNNIS PAPHIA (Linné), *Le Tabac d'Espagne* **Pl. 23**

Répartition géographique. Espèce largement répandue en Europe, mais faisant défaut dans les régions les plus septentrionales. En France : partout.
Description. Longueur maximale : 38 mm. Région dorsale brun noirâtre, avec deux bandes longitudinales jaunâtres. Flancs d'un brun roux clair, avec un enchevêtrement de traits et de petites taches brun noir. Sur le prothorax, une paire de scoli grêles, noirs, légèrement recourbés vers l'arrière. Les autres scoli sont plus trapus, brun rougeâtre (sauf à l'apex qui est noir). Tête d'un noir brillant.
Biotopes. Forêts et lisières des bois.
Plantes nourricières. Violettes, principalement (en particulier : *Viola riviniana*).
Cycle biologique. Une génération par an. Isolés, les œufs se trouvent dans les anfractuosités de l'écorce d'arbres situés près des plantes-hôtes. Ponte en juillet, éclosion une quinzaine de jours après. Après avoir dévoré le chorion de son œuf, la jeune chenille entre en hibernation (elle reste sur le tronc où était l'œuf). Au printemps, elle redevient active et descend chercher sa plante nourricière. Se nourrissant de jour, elle parvient au terme de sa croissance vers la fin-mai. Chrysalide suspendue à la plante-hôte. Durée du stade nymphal : deux à trois semaines.

MESOACIDALIA AGLAJA (Linné), *le Grand Nacré* **Pl. 23**

Répartition géographique. Toute la France et pratiquement toute l'Europe.
Description. Longueur maximale : 38 mm. Corps d'un noir velouté, avec des scoli noirs. Flancs ornés, sous le niveau des stigmates, d'une rangée longitudinale de taches rouge orangé. Tête d'un noir brillant.
Biotopes. Prés, landes et bois clairs.
Plantes nourricières. Violettes (*Viola*), essentiellement.

Cycle biologique. Une génération par an. Pondus isolément sur les tiges et les feuilles de la plante-hôte, les œufs éclosent au bout de deux à trois semaines. Après avoir mangé le chorion de son œuf, la chenille entre en hibernation (elle se tient alors au pied de la plante nourricière). Elle redevient active au printemps, achevant son développement en juin. Cette chenille s'alimente par temps ensoleillé. La chrysalide est suspendue dans un abri formé de feuilles réunies par de la soie. Durée du stade nymphal : environ un mois.

FABRICIANA ADIPPE (Denis & Schiffermüller), **Pl. 23**
le Moyen Nacré

Répartition géographique. Espèce largement répandue en Europe, mais absente des régions les plus septentrionales. En France : partout.
Description. Longueur maximale : 38 mm. Corps brun rougeâtre, brun foncé ou grisâtre. Une ligne médio-dorsale blanchâtre, mal définie et placée entre deux séries de dessins rhomboïdaux noirs. Scoli coniques, rosâtres ou d'un brun roux. Tête brunâtre ou rousse.
Biotopes. Bois, broussailles clairsemées, friches...
Plantes nourricières. Violettes (*Viola riviniana, Viola tricolor, Viola canina...*).
Cycle biologique. Une génération par an. Les œufs sont pondus isolément sur les tiges et les feuilles de la plante-hôte, voire sur une autre espèce végétale. Ponte en juillet ; éclosion l'année suivante, en février. Au premier stade, les chenilles peuvent attaquer les fleurs, mais, par la suite, elles consomment les feuilles. Diurnes, elles se cachent, la nuit, parmi les feuilles mortes se trouvant à proximité de leur plante nourricière. Durée du développement larvaire : deux à trois mois. Nymphose dans un abri formé de feuilles réunies par de la soie (celui-ci est souvent éloigné de la plante-hôte). Durée du stade nymphal : un mois.

ISSORIA LATHONIA (Linné), *le Petit Nacré* **Pl. 23**

Répartition géographique. Europe, à l'exception des zones les plus septentrionales. En France : partout. Quelques individus migrent vers le Sud de la Grande-Bretagne.
Description. Longueur maximale : 35 mm. Tégument noir, finement moucheté de blanc et marqué de brun. Région dorsale ornée, dans sa partie médiane, d'une double ligne blanche. Scoli brun rougeâtre. Fausses pattes brun jaunâtre. Tête brune, avec du noir.
Biotopes. Friches, bruyères, jardins...
Plantes nourricières. Violettes (*Viola*), Bourrache officinale (*Borago officinalis*) et Sainfoin (*Onobrychis sativa*).
Cycle biologique. Deux générations par an, voire davantage. Les œufs sont pondus isolément sur la plante nourricière (mai ; août). Ils éclosent approximativement au

bout d'une semaine. Le développement larvaire dure environ un mois, sauf dans le cas des chenilles qui hibernent ; parfois, il semble que ce soient les chrysalides qui hivernent. Ces dernières, suspendues à la plante-hôte, paraissent mimer des fientes d'oiseaux. Les imagos peuvent s'observer de février à octobre.

CLOSSIANA SELENE (Denis & Schiffermüller), **Pl. 23**
le Petit Collier argenté

Répartition géographique. Espèce principalement répandue en Europe moyenne et septentrionale ; également présente dans une partie de la Péninsule ibérique. En France : presque partout.
Description. Longueur maximale : 22 mm. Corps brun rosé ou brun noirâtre, saupoudré de minuscules points blancs. Scoli brunâtres ou d'un jaune rosé, avec des soies noires. Les scoli antéro-dorsaux du prothorax sont longs et ils évoquent des cornes. Tête noire.
Biotopes. Clairières et lisières des bois, endroits marécageux, dunes, collines et falaises.
Plantes nourricières. Violettes (notamment *Viola riviniana*) et Airelles (*Vaccinium*). En élevage, accepte également les Pensées.
Cycle biologique. Une ou deux générations par an selon les régions. Dans le premier cas : ponte en juin, éclosion une dizaine de jours après, nymphose en mai, émergence une quinzaine de jours après celle-ci. Pour l'hiver, la chenille s'abrite dans une feuille morte enroulée. La chrysalide est suspendue à une tige.

CLOSSIANA EUPHROSYNE (Linné), **Pl. 23**
le Grand Collier argenté

Répartition géographique. Espèce répandue dans presque toute l'Europe, mais absente du Sud de la Péninsule ibérique. En France : partout.
Description. Longueur maximale : 25 mm. Corps noirâtre, avec des points blancs entre les stigmates. Coloration des scoli variable : noire, brunâtre, jaunâtre ou blanchâtre. Tête noire.
Biotopes. Clairières, lisières des bois, bords des cours d'eau et autres endroits humides.
Plantes nourricières. Violettes et Pensées (*Viola*). Cette chenille a été également signalée sur Fraisier (*Fragaria vesca*).
Cycle biologique. Une ou deux générations par an selon les régions. Ponte sur la plante nourricière, en mai-juin ; éclosion une quinzaine de jours après. La chenille se nourrit de feuilles jusqu'à la fin du mois de juillet. Elle hiberne ensuite, cachée dans une feuille morte enroulée (de la plante-hôte). Fin du développement larvaire au printemps. Nymphose en mai. Chrysalide suspendue à une tige ou à une feuille. Durée du stade nymphal : une dizaine de jours.

CLOSSIANA DIA (Linné), *La Petite Violette* **Pl. 23**

Répartition géographique. Europe moyenne et certaines régions méridionales ou septentrionales. En France : presque partout.
Description. Longueur maximale : 22 mm. Corps gris foncé. Une ligne médio-dorsale discontinue, de couleur blanchâtre. Flancs avec une ligne longitudinale d'un jaune rougeâtre. Scoli jaunâtres, à apex blanchâtre. Tête noire.

Biotopes. Collines, clairières herbeuses...
Plantes nourricières. Violettes (*Viola*), Ronces (*Rubus*)...
Cycle biologique. Deux à trois générations par an. Les chenilles se nourrissent de feuilles. On peut les observer d'avril à septembre, période pendant laquelle elles sont actives. Celles de la dernière génération hibernent et achèvent leur développement au printemps. On trouve les imagos d'avril à octobre.

ARASCHNIA LEVANA (Linné), *la Carte géographique* **Pl. 9**

Répartition géographique. Espèce principalement répandue en Europe moyenne et dans certaines régions de la Péninsule ibérique. Présente dans une grande partie de la France, mais souvent localisée.
Description. Longueur maximale : 22 mm. Corps noir, finement moucheté de blanc. Flancs et région dorsale avec des lignes discontinues brun jaunâtre. Scoli noirs ou jaune orangé, renflés dans leur partie proximale. Fausses pattes brun jaunâtre. Tête noire, avec deux protubérances pointues.
Biotopes. Bois clairs et lisières des forêts.
Plantes nourricières. Ortie dioïque (*Urtica dioica*).
Cycle biologique. Deux générations par an, et parfois une troisième, partielle. Les œufs sont empilés les uns sur les autres et ils forment des chaînes comprenant chacune six à quinze unités. Il peut y avoir plusieurs de ces chaînes sous une même feuille. Les chenilles vivent regroupées et ne se dispersent qu'après la dernière mue. Les chrysalides sont suspendues aux tiges et aux pétioles foliaires. Celles de la dernière génération hivernent, ce qui permet l'émergence d'imagos au printemps. En ce qui concerne les imagos, les générations printanière et estivale sont bien différentes d'aspect.

VANESSA ATALANTA (Linné), *le Vulcain* **Pl. 9**

Répartition géographique. Toute l'Europe, à l'exception du Nord de la Fennoscandie. En Europe septentrionale, les individus observés sont des migrateurs venus du Sud.
Description. Longueur maximale : 35 mm. Il existe plusieurs formes. La forme sombre est noir grisâtre, avec des épines noires à base brun rougeâtre ; flancs marqués d'une rangée de taches jaunes. Les formes claires sont vert grisâtre ou jaune ocre, avec des dessins noirs d'étendue variable ; elles ont des scoli de couleur claire. Tête noire.
Biotopes. Haies, lisières des bois, jardins, friches, etc.
Plantes nourricières. Orties (notamment *Urtica dioica*), Pariétaire (*Parietaria judaica*), Houblon (*Humulus lupulus*)...
Cycle biologique. Une ou deux générations par an. Les œufs sont pondus isolément, sur la face supérieure des feuilles (juin ; fin de l'été). Ils éclosent au bout d'une semaine. Pour s'alimenter, les chenilles se tiennent dans des abris formés de feuilles enroulées. C'est dans les mêmes abris que se trouvent les chrysalides. Durée du développement larvaire : environ un mois. Durée du stade nymphal : deux à trois semaines.

CYNTHIA CARDUI (Linné), *la Belle Dame* **Pl. 29**

Répartition géographique. Toute l'Europe. Les individus d'Europe septentrionale sont des migrateurs provenant d'Europe méridionale ou d'Afrique du Nord.

Description. Longueur maximale : 28 mm. Tégument noir, saupoudré de points blancs. Scoli jaunâtres ou noirs. Flancs ornés, sous le niveau des stigmates, d'une ligne longitudinale jaune, pratiquement continue. Région ventrale marquée de brun rougeâtre. Tête noire.
Biotopes. Friches, champs, jardins, etc.
Plantes nourricières. Chardons (*Carduus* et *Cirsium*), Mauves (*Malva*), Orties (*Urtica*), Bardanes (*Arctium*) et probablement quelques autres espèces végétales.
Cycle biologique. Une ou deux générations par an. Les œufs sont déposés isolément, sur la face supérieure des feuilles (juin ; août). Éclosion environ une semaine après la ponte. Les chenilles s'alimentent, dissimulées entre des feuilles réunies par de la soie. Nymphose dans les abris en question. Le développement larvaire dure environ un mois, le stade nymphal, approximativement deux semaines.

AGLAIS URTICAE (Linné), *la Petite Tortue* — Pl. 9

Répartition géographique. Partout, en France comme dans les autres pays européens.
Description. Longueur maximale : 22 mm. Corps noir, finement piqueté de blanc. En général, zone médio-dorsale avec une double bande discontinue, de couleur jaune. Deux bandes latérales jaunes, elles aussi discontinues. Région ventrale d'un brun purpurin. Certaines formes ont des dessins brun rougeâtre, d'autres sont fortement marquées de jaune. Scoli dorsaux et latéraux tantôt noirs, tantôt jaunâtres. Tête noire.
Biotopes. Haies, jardins, parcs, friches, etc.
Plantes nourricières. Ortie dioïque (*Urtica dioica*), ainsi que certains arbres à feuilles caduques.
Cycle biologique. Une, deux ou plusieurs générations par an. Les œufs sont pondus en groupes, sur la face inférieure des jeunes feuilles (mai ; juillet). Ils éclosent au bout d'une dizaine de jours. Les chenilles vivent d'abord regroupées dans une toile commune. Après la dernière mue, elles deviennent solitaires. Chrysalides suspendues aux tiges. Durée du développement larvaire : un mois ; durée du stade nymphal : une quinzaine de jours. Les imagos de la dernière génération hivernent et attendent le printemps pour se reproduire.

NYMPHALIS POLYCHLOROS (Linné), *la Grande Tortue* — Pl. 7

Répartition géographique. Espèce assez largement répandue en Europe. En France : partout.
Description. Longueur maximale : 45 mm. Corps noir, finement piqueté de blanc, avec des zones jaune orangé. Une ligne médio-dorsale noire, scindant en deux une plage longitudinale de couleur jaune orangé. Scoli brun orangé. Tête noire.
Biotopes. Lisières des forêts, zones rurales boisées...
Plantes nourricières. Ormes (*Ulmus*), Saules (*Salix*), Peupliers (*Populus*), Tremble (*Populus tremula*), Bouleaux (*Betula*), Cerisier (*Prunus cerasus*) et Poiriers (*Pyrus*).
Cycle biologique. Une seule génération annuelle. Déposés en groupes autour des brindilles, les œufs sont pondus en avril et ils éclosent environ trois semaines après. Les chenilles sont grégaires ; elles vivent d'abord dans une toile commune, puis quittent celle-ci tout en restant ensemble. Fin du développement larvaire en juin. Chrysalides sur la plante-hôte. Durée du stade nymphal : une quinzaine de jours. Les imagos hivernent et ne se reproduisent qu'au printemps.

NYMPHALIS ANTIOPA (Linné), *le Morio* **Pl. 2**

Répartition géographique. Europe, à l'exception du Sud de la Péninsule ibérique et de la plupart des îles méditerranéennes. En France : pratiquement partout.
Description. Longueur maximale : 54 mm. Tégument noir, saupoudré de petits points blancs. Une série médio-dorsale de taches rougeâtres ; des traits noirs plus ou moins intercalés entre celles-ci. Scoli longs, de couleur noire. Fausses pattes brun rougeâtre. Tête d'un noir brillant.
Biotope. Bois clairs.
Plantes nourricières. Saules (*Salix*), Tremble (*Populus tremula*), Bouleaux (*Betula*) et Ormes (*Ulmus*).
Cycle biologique. Une génération par an. Œufs disposés en groupes autour des brindilles de la plante-hôte. Ponte au printemps, éclosion au bout de deux à trois semaines. Les chenilles vivent ensemble, dans une toile commune. Elles restent groupées jusqu'à la fin de leur développement, en juillet. Chrysalides sur la plante nourricière. Durée du stade nymphal : environ trois semaines. Les papillons hivernent, la reproduction ayant lieu au printemps.

INACHIS IO (Linné), *le Paon de jour* **P.130 et Pl. 9**

Répartition géographique. Toute la France et une grande partie de l'Europe.
Description. Longueur maximale : 42 mm. Corps noir, avec des points blancs bien visibles. Flancs et région dorsale avec des scoli grêles, de couleur noire. Fausses pattes brun jaunâtre. Tête d'un noir brillant.
Biotopes. Haies, lisières des bois, parcs, jardins, etc.
Plante nourricière. Ortie dioïque (*Urtica dioica*), essentiellement.
Cycle biologique. Une seule génération annuelle. Groupés sous les feuilles, les œufs sont pondus en mai. Ils éclosent au bout d'une quinzaine de jours. Les chenilles mènent d'abord une vie grégaire, s'abritant dans une toile commune. Après la dernière mue, elles quittent cette toile et se dispersent. Les chrysalides sont suspendues à des tiges. Le développement larvaire dure environ un mois et le stade nymphal, une quinzaine de jours. Les imagos hivernent et ne se reproduisent qu'au printemps.

POLYGONIA C-ALBUM (Linné), *le Gamma* **Pl. 9**

Répartition géographique. Toute l'Europe, à l'exception des régions les plus septentrionales. En France : presque partout.
Description. Longueur maximale : 35 mm. Corps noir, largement strié de brun orangé, avec la majeure partie de l'abdomen dorsalement recouverte d'une grande plage blanche. Sur cette dernière, les scoli sont blancs, alors qu'ailleurs, ils sont brun orangé clair. Tête noire, avec deux protubérances dorsales.
Biotopes. Haies, lisières des bois...
Plantes nourricières. Ortie dioïque (*Urtica dioica*), Houblon (*Humulus lupulus*), Ormes (*Ulmus*), Saules (*Salix*), ainsi que d'autres espèces à feuilles caduques.
Cycle biologique. Deux générations par an. Œufs pondus isolément ou en petits groupes, sur la face supérieure des feuilles (mai ; juillet-août). Éclosion deux ou trois semaines après la ponte. Les chenilles ne sont pas grégaires. Au repos, elles se tiennent sous les feuilles. Leur grande tache blanche leur donne l'aspect de fientes d'oiseaux. Chrysalides sur la plante nourricière. Durée du développement larvaire :

environ six semaines ; durée du stade nymphal : deux à trois semaines. Les imagos de la seconde génération hivernent, l'accouplement s'effectuant au printemps.

EUPHYDRYAS AURINIA (Rottemburg), *le Damier des marais* **Pl. 28**

Répartition géographique. Toute la France et une grande partie de l'Europe.
Description. Longueur maximale : 27 mm. Corps noir. Des rangées de gros points blancs au niveau des stigmates et sur la zone dorsale. Fausses pattes brun rougeâtre. Scoli et tête noirs.
Biotopes. Marais et collines où croissent les plantes-hôtes.
Plantes nourricières. Succise des prés (*Succisa pratensis*), Scabieuse des champs (*Knautia arvensis*), Centaurée-scabieuse (*Centaurea scabiosa*), Plantains (*Plantago*), etc.
Cycle biologique. Une génération par an. Groupés, les œufs sont pondus sous les feuilles (habituellement en juin). Ils éclosent au bout d'environ trois semaines. Les jeunes chenilles tissent une toile sur la plante-hôte et elles y vivent et s'y nourrissent. Après la troisième mue, elles entrent en hibernation. Elles ne se réalimentent qu'au printemps ; toutefois, en février-mars, elles peuvent se promener sur la paroi externe de leur toile lorsque le temps est ensoleillé. Parvenues au terme de leur développement vers la fin-avril, elles se dispersent pour se nymphoser. Chrysalides suspendues aux feuilles et aux tiges. Durée du stade nymphal : une quinzaine de jours.

MELITAEA CINXIA (Linné), *le Damier du Plantain* **Pl. 27**

Répartition géographique. Toute la France et une grande partie de l'Europe.
Description. Longueur maximale : 25 mm. Corps noir, avec des séries transversales de gros points blancs. Scoli courts, noirs. Fausses pattes brun rougeâtre. Tête rougeâtre.
Biotopes. Prés fleuris, jardins...
Plantes nourricières. Plantains (*Plantago lanceolata, Plantago maritima,* etc.), Épervières (*Hieracium*), Centaurées (*Centaurea*)...
Cycle biologique. Une ou deux générations par an. Dans le premier cas : ponte en juin, éclosion au bout d'environ trois semaines, hibernation des chenilles après la quatrième mue, achèvement du développement larvaire vers la fin-avril, durée du stade nymphal : environ trois semaines. Les œufs sont déposés en groupes sur la face inférieure des feuilles. Avant l'hiver, les chenilles vivent dans une toile commune ; vers la fin-février, elles vont prendre le soleil sur la paroi externe de leur toile et elles se réalimentent peu après. Chrysalides suspendues à des tiges.

MELITAEA DIAMINA (Lang), *le Damier noir* **Pl. 27**

Répartition géographique. Europe moyenne, ainsi que certaines régions méridionales et septentrionales. En France, l'espèce est plus répandue dans l'Est et le Midi que dans l'Ouest ou la partie septentrionale.
Description. Longueur maximale : 35 mm. Corps brun grisâtre foncé, avec des points blancs et des scoli trapus, jaunâtres ou jaune orangé. Tête brun noirâtre.
Biotopes. Prairies humides et endroits marécageux.
Plantes nourricières. Mélampyre des prés (*Melampyrum pratense*), Plantains (*Plantago*), Véroniques (*Veronica*), ainsi que d'autres espèces végétales.

Cycle biologique. Une génération par an, sauf dans certaines régions méridionales où il semble y en avoir deux. Les chenilles hibernent après avoir commencé à s'alimenter ; elles achèvent leur développement au printemps. Les imagos s'observent plutôt en juin-juillet (parfois également en mai et en août).

DIDYMAEFORMIA DIDYMA (Esper), *le Damier orangé* **Pl. 27**

Répartition géographique. Europe moyenne et méridionale. En France : partout, sauf dans la zone la plus septentrionale.
Description. Longueur maximale : 28 mm. Corps blanchâtre avec divers traits noirs. Dorsalement, une paire de rangées de taches orangées d'où sont issus des scoli blanc grisâtre. Flancs munis, sous le niveau des stigmates, d'une série de petites zones orangées qui entourent des scoli colorés comme tous les autres (blanc grisâtre, avec des soies noires). Tête d'un brun rougeâtre.
Biotopes. Prés, friches, collines, jardins...
Plantes nourricières. Plantains (*Plantago*), Véroniques (*Veronica*), Linaires (*Linaria*), Armoises (*Artemisia*)...
Cycle biologique. Une à trois générations par an. Selon les régions, les imagos peuvent s'observer de mai à septembre. Les chenilles de la dernière génération hibernent et se nymphosent au printemps. Durée du stade nymphal : une quinzaine de jours.

CINCLIDIA PHOEBE (Denis & Schiffermüller), *le Grand Damier* **Pl. 29**

Répartition géographique. Espèce principalement répandue en Europe moyenne et méridionale. En France, ne fait défaut que dans la zone la plus septentrionale.
Description. Longueur maximale : 30 mm. Corps gris noirâtre, avec des lignes noires et de petits points blancs. Flancs pourvus d'une bande longitudinale blanchâtre. Scoli jaune orangé. Tête noire.
Biotopes. Prés et coteaux fleuris.
Plantes nourricières. Centaurées (*Centaurea*). Plus rarement sur Plantains (*Plantago*).
Cycle biologique. Généralement deux générations par an, parfois une ou trois. Les imagos peuvent s'observer d'avril à septembre. En France, on trouve principalement les chenilles en mai-juin et en septembre. Celles de la dernière génération hibernent.

MELLICTA ATHALIA (Rottemburg), *le Damier Athalie* **Pl. 27**

Répartition géographique. Espèce largement répandue en Europe, mais absente du Nord de la Grande-Bretagne. En France : à peu près partout.
Description. Longueur maximale : 24 mm. Corps noir, avec de gros points blanc grisâtre. Scoli trapus, beiges ou jaune orangé (à apex blanc). Fausses pattes blanc grisâtre. Tête noire, marquée de blanc.
Biotopes. Bois avec taillis, clairières et lisières des bois.
Plantes nourricières. Mélampyre des prés (*Melampyrum pratense*), Plantains (*Plantago*), Digitale pourpre (*Digitalis purpurea*), Germandrée sauvage (*Teucrium scorodonia*), etc.

Cycle biologique. Une ou deux générations par an selon les régions. En Europe septentrionale : ponte en juillet, éclosion au bout d'une quinzaine de jours, hibernation de fin-août à mars, fin de la croissance larvaire en mai, durée du stade nymphal : une quinzaine de jours. Les œufs sont déposés en groupes, sur la face inférieure des feuilles. Les chenilles vivent dans des toiles tissées sous les feuilles. Pendant l'hiver, elles se cachent parmi les feuilles mortes. Chrysalides suspendues à des tiges ou à des feuilles.

CHARAXES JASIUS (Linné), *le Jason* **Pl. 25**

Répartition géographique. Bords du bassin méditerranéen, y compris en France.
Description. Longueur maximale : 60 mm. Corps épais, régulièrement aminci vers l'extrémité postérieure qui est distinctement bifide. Tégument vert, piqueté de blanc jaunâtre. Région dorsale ornée de deux ocelles cerclés de noir. Une paire de lignes latérales jaunes qui atteignent les pointes de l'extrémité anale. Capsule céphalique grande, verte, marquée de jaune, et munie de quatre prolongements à apex rougeâtre.
Biotope. Endroits chauds et secs du littoral méditerranéen.
Plante nourricière. Arbousier (*Arbutus unedo*).
Cycle biologique. Deux générations par an. Les chenilles s'observent en juin-juillet et de septembre à avril. Chrysalides sur la plante-hôte. Imagos en mai-juin et en août-septembre.

APATURA IRIS (Linné), *le Grand Mars changeant* **Pl. 2**

Répartition géographique. Europe moyenne, ainsi que certaines régions méridionales ou septentrionales. Espèce largement répandue en France, sauf dans le Sud-Est.
Description. Longueur maximale : 50 mm. Corps épais, effilé à l'arrière ; extrémité postérieure bifide. Tégument vert, parsemé de petits points blanc jaunâtre. Tête verte, avec deux longs processus (à apex brunâtre) ; sur chacun d'eux, une ligne blanc jaunâtre qui se prolonge, longitudinalement, sur la région dorsale du thorax.
Biotopes. Bois et forêts.
Plantes nourricières. Saules (*Salix caprea, Salix cinerea*, etc.). Parfois aussi sur Aulnes (*Alnus*) et Peupliers (*Populus*).
Cycle biologique. Une génération par an. Les œufs sont pondus isolément, sur la face supérieure des feuilles (août). Ils éclosent au bout d'une quinzaine de jours. En automne, après sa deuxième mue, la chenille entre en hibernation (elle se cache au creux d'une fourche d'un rameau ou sous une feuille morte rattachée à sa branche par de la soie). Cette chenille se réalimente dès mars et elle achève son développement vers la fin-juin. Suspendue à une ramille, la chrysalide évoque une feuille. Le stade nymphal dure environ deux semaines.

APATURA ILIA (Denis & Schiffermüller), *le Petit Mars changeant* **Pl. 3**

Répartition géographique. Europe moyenne et une partie de l'Europe méridionale. En France : partout, sauf dans la zone la plus septentrionale.
Description. Longueur maximale : 50 mm. Corps effilé vers l'extrémité postérieure qui se termine par deux petites pointes, fortement rapprochées l'une de l'autre. Tégument vert. Thorax et région antérieure de l'abdomen avec deux lignes longitudinales, latéro-dorsales, qui comprennent à la fois du rouge et du jaune. Côtés de l'abdomen ornés de stries obliques, rouges et jaunes. Tête verte, avec deux processus allongés, essentiellement brunâtres et à apex légèrement bifide.

Biotopes. Forêts et bois clairs, principalement dans les endroits humides.
Plantes nourricières. Peupliers et Tremble (*Populus*), Saules (*Salix*)...
Cycle biologique. Une ou deux générations par an. Dans le premier cas : éclosion des œufs en août, hibernation des jeunes chenilles (sur les branches), reprise de la croissance au printemps, fin du développement larvaire en juin, imagos en juillet. En Europe méridionale, les imagos volent en mai-juin et en août-septembre.

PARARGE AEGERIA (Linné), *le Tircis* **Pl. 31**

Répartition géographique. Toute l'Europe, à l'exception de l'extrême Nord.
Description. Longueur maximale : 27 mm. Corps vert jaunâtre. Une bande médio-dorsale vert foncé, finement bordée de blanc. Flancs avec des lignes longitudinales blanchâtres. Extrémité anale munie de deux pointes blanches. Tête non anguleuse, d'un vert bleuté.
Biotopes. Clairières, lisières des bois, haies, buissons...
Plantes nourricières. Dactyle aggloméré (*Dactylis glomerata*), Chiendent (*Agropyron repens*), Pâturin annuel (*Poa annua*), ainsi que d'autres Graminées.
Cycle biologique. Deux générations annuelles ou plus. Les œufs sont pondus isolément sur les brins d'herbe (avril-mai ; été). Ils éclosent au bout d'une dizaine de jours. Les chenilles ont une activité diurne et nocturne. Pour celles de la première génération, le développement larvaire dure un mois. Les chenilles de la dernière génération peuvent se nymphoser en automne ou seulement au printemps, après hibernation (celle-ci fait suite à un début de croissance). Chrysalides suspendues aux tiges. Durée du stade nymphal : environ un mois (sauf dans le cas des chrysalides qui hivernent).

LASIOMMATA MEGERA (Linné), *la Mégère* **Pl. 31**

Répartition géographique. Europe, à l'exception des régions les plus septentrionales. En France : partout.
Description. Longueur maximale : 25 mm. Corps vert bleuté, avec des lignes longitudinales blanches ou blanchâtres. Région anale avec deux pointes faiblement marquées de blanc. Tête non anguleuse, d'un vert bleuté foncé.
Biotopes. Haies, lisières des bois, broussailles, prairies...
Plantes nourricières. Graminées diverses.
Cycle biologique. Deux ou trois générations par an, selon les régions. Les œufs sont pondus isolément, sur les limbes ou les parties découvertes des racines (mai-juin et août, en Europe septentrionale). Éclosion au bout d'une dizaine de jours. Chenilles principalement nocturnes. Le développement larvaire dure environ un mois, sauf pour les chenilles de la dernière génération (qui hibernent et se nymphosent au printemps). Chrysalides suspendues aux tiges. Durée du stade nymphal : une quinzaine de jours.

COENONYMPHA TULLIA (Müller), *le Daphnis* **Pl. 30**

Répartition géographique. Espèce principalement répandue en Europe moyenne et septentrionale, mais présente dans certaines régions d'Europe méridionale. En France : Est et Nord-Est.
Description. Longueur maximale : 25 mm. Corps vert. Une ligne médio-dorsale vert foncé, avec des bords blancs ou jaunes. Flancs nettement rayés, chacun, de deux bandes longitudinales blanches. Extrémité anale pourvue d'une paire de pointes blanchâtres, à apex rosé. Tête globuleuse, de couleur verte.

Biotopes. Marais, tourbières et prairies humides.
Plantes nourricières. Rhynchospora blanche (*Rhynchospora alba*), Laiches (*Carex*), Linaigrettes (*Eriophorum*)...
Cycle biologique. Une génération par an. Les œufs sont pondus isolément sur la plante-hôte (juillet). Ils éclosent au bout d'une quinzaine de jours. Les chenilles entrent en hibernation en septembre, après leur seconde mue. Elles redeviennent actives en mars ; leurs mœurs sont principalement nocturnes. Fin du développement larvaire : mai. Chrysalides suspendues aux tiges des plantes nourricières, non loin du sol. Durée du stade nymphal : environ trois semaines.

COENONYMPHA PAMPHILUS (Linné), *le Procris* **Pl. 31**

Répartition géographique. Toute l'Europe, à l'exception de l'extrême Nord. En France : partout.
Description. Longueur maximale : 18 mm. Tégument vert, finement moucheté de blanc. Une ligne médio-dorsale vert foncé ; de chaque côté de celle-ci, une ligne blanchâtre à bords sombres. Flancs montrant, sous le niveau des stigmates, une bande longitudinale blanche ou blanc verdâtre. Extrémité postérieure de l'abdomen avec deux pointes blanchâtres, à apex brun rosé. Tête globuleuse, verte ou brunâtre.
Biotopes. Landes, bruyères, buissons, friches, etc.
Plantes nourricières. Graminées diverses.
Cycle biologique. Deux générations annuelles ou plus. Les œufs sont pondus isolément sur les brins d'herbe, non loin du sol (été ; automne). Le développement larvaire dure environ cinq semaines, sauf dans le cas des chenilles de la dernière génération. Celles-ci hibernent, attendant le printemps pour terminer leur croissance. Les chenilles sont principalement nocturnes. Chrysalides suspendues aux tiges des Graminées. Durée du stade nymphal : approximativement un mois.

MANIOLA JURTINA (Linné), *le Myrtil* **Pl. 31**

Répartition géographique. Toute la France et presque toute l'Europe (ne fait défaut que dans l'extrême Nord).
Description. Longueur maximale : 25 mm. Corps épais, aminci à l'arrière et recouvert d'une pilosité blanche bien développée. Tégument vert jaunâtre dorsalement, vert foncé ventralement. Flancs avec une ligne longitudinale blanc jaunâtre, située sous le niveau des stigmates. Pointes de l'écusson anal plus ou moins blanchâtres. Tête non anguleuse, d'un vert bleuté.
Biotopes. Friches, dunes, prés, bruyères, bois clairs, jardins...
Plantes nourricières. Graminées variées : Pâturins (*Poa*), Agrostis (*Agrostis*), Bromes (*Bromus*)...
Cycle biologique. Une génération par an. Oeufs déposés isolément sur les brins d'herbe. Ponte de juillet à septembre ; éclosion au bout d'environ trois semaines. Par temps doux, les chenilles restent actives en hiver ; elles ne se cachent que lorsqu'il fait froid, en s'enfonçant dans les touffes d'herbe. Elles sont principalement nocturnes et restent dissimulées pendant la journée. Chrysalides suspendues aux tiges des Graminées (mai). Durée du stade nymphal : environ un mois.

PYRONIA TITHONUS (Linné), *l'Amaryllis* **Pl. 31**

Répartition géographique. Espèce présente dans une grande partie de l'Europe, mais absente de Fennoscandie et du Sud de l'Italie. En France : partout.

Description. Longueur maximale : 23 mm. Corps assez trapu, rétréci à l'arrière. Tégument ocre ou grisâtre, parfois teinté de vert, avec un fin réseau de courts traits brun ocreux. Une ligne médio-dorsale brun foncé. Flancs ornés, sous les stigmates, d'une bande longitudinale blanche (aux bords sombres). Écusson anal avec deux pointes, ocre ou blanchâtres. Tête brun clair.
Biotopes. Haies, clairières, lisières des bois...
Plantes nourricières. Graminées diverses : Fétuques (*Festuca*), Pâturins (*Poa*), Millets (*Milium*)...
Cycle biologique. Une génération par an. Les œufs sont pondus isolément, sur les tiges ou les limbes foliaires (juillet-août). Ils éclosent au bout d'environ trois semaines. Les chenilles s'alimentent jusqu'en octobre, puis elles entrent en hibernation, dissimulées dans les touffes d'herbe. Elles redeviennent actives au printemps et achèvent leur développement en juin. Nocturnes, elles se tiennent, pendant la journée, au pied de leurs plantes-hôtes. Chrysalides suspendues aux tiges de ces dernières. Durée du stade nympal : environ trois semaines.

APHANTOPUS HYPERANTUS (Linné), *le Tristan* — Pl. 31

Répartition géographique. Espèce assez largement répandue en Europe, mais absente des régions les plus septentrionales, ainsi que de certaines régions méridionales. En France : pratiquement partout.
Description. Longueur maximale : 21 mm. Corps assez trapu, progressivement aminci vers l'extrémité postérieure (qui est bifide). Tégument ocre, recouvert de soies grisâtres relativement courtes. Une bande médio-dorsale sombre, tendant à former, par endroits, des taches plus foncées. Longitudinalement, une paire de bandes latérales blanchâtres, juste au-dessous des stigmates. En outre, une paire de lignes latéroventrales, irrégulières et de couleur brun noirâtre. Tête brun roux, parfois avec des dessins brun foncé.
Biotopes. Clairières, sentiers forestiers, haies, endroits humides et herbeux...
Plantes nourricières. Millets (*Milium*), Pâturins (*Poa*), Laiches (*Carex*), etc.
Cycle biologique. Une génération par an. Oeufs pondus dans les herbes, en juillet-août. Éclosion au bout de deux à trois semaines. Pendant l'hiver, les chenilles se nourrissent lorsque le temps est doux. Nocturnes, elles se cachent au pied de leur plante-hôte pendant la journée. Fin du développement larvaire en juin. Nymphose habituellement dans un léger cocon, situé à terre, sous une touffe d'herbe. Durée du stade nymphal : une quinzaine de jours.

MELANARGIA GALATHEA (Linné), *le Demi-deuil* — Pl. 32

Répartition géographique. Espèce répandue en Europe moyenne et méridionale, ainsi que dans le Sud de la Grande-Bretagne. En France : presque partout.
Description. Longueur maximale : 28 mm. Corps vert jaunâtre ou brun clair. Région dorsale avec deux lignes longitudinales sombres. Une paire de lignes latéro-dorsales, de couleur blanchâtre ou jaunâtre. Sous les stigmates, flancs munis d'une ligne longitudinale claire, plutôt mal indiquée. Tête et pointes postérieures de l'abdomen d'un brun roux.
Biotopes. Dunes, coteaux herbeux, jardins...
Plantes nourricières. Phléole des prés (*Phleum pratense*), Dactyle aggloméré (*Dactylis glomerata*), Fétuque ovine (*Festuca ovina*), Bromes (*Bromus*), ainsi que d'autres Graminées.

Cycle biologique. Une génération par an. Dispersés au hasard parmi les herbes, les œufs sont fréquemment pondus en vol (juillet-août). Ils éclosent au bout d'environ trois semaines. Peu après leur naissance, les chenilles entrent en hibernation (elles se tiennent alors parmi les herbes mortes). Elles redeviennent actives au début du printemps et elles cessent de se nourrir vers la mi-juin. Ces chenilles sont diurnes. Lorsqu'on les inquiète, elles s'enroulent sur elles-mêmes et se laissent tomber à terre. Nymphose sur le sol, sous la plante-hôte. Durée du stade nymphal : environ trois semaines.

EREBIA EPIPHRON (Knoch), *l'Épiphron* **Pl. 32**

Répartition géographique. Montagnes d'Europe moyenne et méridionale ; Nord de la Grande-Bretagne. En France : Vosges, Alpes, Massif Central et Pyrénées.
Description. Longueur maximale : 19 mm. Tégument vert. Région dorsale avec deux lignes longitudinales blanc jaunâtre. De chaque côté du corps, une bande longitudinale blanc jaunâtre, située au-dessous du niveau des stigmates. A l'extrémité postérieure de l'abdomen, deux pointes claires, marquées de brun à l'apex. Tête globuleuse, d'un vert bleuté.
Biotopes. Prairies alpines et zones montagneuses de haute altitude.
Plantes nourricières. Nard raide (*Nardus stricta*), Canche cespiteuse (*Deschampsia caespitosa*), ainsi que d'autres Graminées.
Cycle biologique. Une génération par an. Les œufs sont déposés isolément, sur les tiges, non loin du sol. Ponte en juillet, éclosion environ trois semaines après. Les chenilles entrent en hibernation vers la fin-août, alors qu'elles sont encore petites. Elles se réalimentent en mars. Jeunes, elles ont des mœurs uniquement nocturnes. Toutefois, après la dernière mue, on peut également les voir se nourrir pendant la journée. Fin du développement larvaire en mai. Nymphose dans un léger cocon, sur le sol, au pied de la plante nourricière. Durée du stade nymphal : environ trois semaines.

EREBIA AETHIOPS (Esper), *le Grand Nègre* **Pl. 31**

Répartition géographique. Espèce principalement répandue en Europe moyenne et dans le Nord de la Grande-Bretagne. En France : Sud, Centre, Est et Nord-Est.
Description. Longueur maximale : 22 mm. Tégument portant, par endroits, de fortes et courtes soies. Corps ocre. Longitudinalement, une paire de lignes latéro-dorsales brun foncé. Flancs ornés, sous les stigmates, d'une bande longitudinale blanchâtre. Tête globuleuse de couleur brun rougeâtre.
Biotopes. Prairies humides, lisières des forêts et bois clairs.
Plantes nourricières. Graminées variées : *Molinia caerulea, Sesleria caerulea, Dactylis glomerata*, etc.
Cycle biologique. Une génération par an. Les œufs sont pondus isolément, sur les tiges ou sur les limbes foliaires (juillet-août). Ils éclosent au bout d'une quinzaine de jours. Les chenilles se nourrissent jusqu'en octobre, puis elles entrent en hibernation, cachées dans les touffes d'herbe. Elles se réalimentent en mars pour arriver au terme de leur croissance vers la fin-juin. Nocturnes, elles restent dissimulées pendant la journée. Nymphose dans un cocon lâche, sur le sol ou à la base des tiges de la plante nourricière. Le stade nymphal dure une quinzaine de jours.

HIPPARCHIA FAGI (Scopoli), *le Sylvandre* **Pl. 32**

Répartition géographique. Europe moyenne et méridionale, à l'exception d'une grande partie de la Péninsule ibérique. En France : Est, Centre et Midi.
Description. Longueur maximale : 36 mm. Corps progressivement aminci à l'arrière ; extrémité postérieure bifide. Tégument brun jaunâtre à brun grisâtre clair. Une bande médio-dorsale brun noirâtre, mieux marquée sur l'abdomen que sur le thorax. Flancs avec une bande longitudinale brunâtre, située au-dessus des stigmates et quelques lignes longitudinales moins bien indiquées. Tête d'un brun très clair, avec quatre stries foncées.
Biotopes. Bois clairs, broussailles...
Plantes nourricières. Houlques (*Holcus*), Brachypodes (*Brachypodium*), Fétuques (*Festuca*), ainsi que d'autres Graminées.
Cycle biologique. Une génération par an. Les chenilles hibernent et se réalimentent au printemps. Fin du développement larvaire en mai-juin. Période de vol des imagos : juillet-août.

HIPPARCHIA SEMELE (Linné), *l'Agreste* **Pl. 32**

Répartition géographique. Toute la France et une grande partie de l'Europe.
Description. Longueur maximale : 30 mm. Corps épais, progressivement rétréci à l'arrière. Tégument beige clair, jaunâtre ou blanc jaunâtre. Une bande médio-dorsale brunâtre et deux larges bandes latérales ocre au niveau des stigmates. Écusson anal avec deux pointes ocre. Tête d'un gris brunâtre clair.
Biotopes. Dunes, bruyères, falaises, endroits secs et herbeux...
Plantes nourricières. Graminées diverses.
Cycle biologique. Une génération par an. Oeufs pondus isolément, en juillet-août, sur la plante-hôte (tiges et limbes foliaires). Éclosion au bout de deux à trois semaines. Après la seconde mue, les chenilles s'enfoncent dans les touffes d'herbe pour passer l'hiver (pendant cette période, on peut les voir s'alimenter, par temps doux). Elles redeviennent actives au printemps et leur croissance s'achève en juin. Ces chenilles sont nocturnes ; pendant la journée, elles restent cachées dans les touffes d'herbe. Nymphose dans le sol. Émergence en juillet-août.

NOTODONTIDAE

En Europe, cette famille comprend des papillons nocturnes au corps assez robuste. Les chenilles sont très diversifiées quant à leur aspect. Certaines ont une pilosité bien développée (*Thaumetopoea, Clostera, Phalera*), tandis que d'autres possèdent des soies moins nombreuses ou moins apparentes. Il y a souvent des gibbosités dorsales sur certains segments du thorax ou de l'abdomen ; en outre, l'extrémité postérieure de celui-ci peut être plus ou moins modifiée (fausses pattes anales fréquemment réduites, voire absentes, ou transformées en processus filiformes...). Chez les Processionnaires (*Thaumetopoea*), les larves ont des mœurs grégaires bien connues. Dans l'ensemble, les chenilles de Notodontidae attaquent plutôt le feuillage d'arbres ou d'arbustes.

THAUMETOPOEA PITYOCAMPA (Denis & Schiffermüller), **Pl. 1**
la Processionnaire du Pin

Répartition géographique. Espèce largement répandue dans le Sud de l'Europe. En France : principalement dans le Midi.
Description. Longueur maximale : 27 mm. Tégument noir bleuté dorsalement, blanc grisâtre ventralement. Pilosité abondante, latéralement fine et de couleur blanche ; région dorsale avec des touffes de soies rousses, issues de verrues brun rougeâtre. Tête noire. Les soies sont urticantes et elles peuvent provoquer de fortes démangeaisons.
Biotope. Forêts de Conifères.
Plantes nourricières. Pins (*Pinus*). Parfois aussi sur Cèdre (*Cedrus*).
Cycle biologique. Une génération par an. Pontes groupées, entourant les aiguilles de pins et recouvertes par des écailles abdominales de l'imago femelle. Pondus en été, les œufs éclosent au bout d'environ un mois. Les chenilles vivent dans une grande poche de soie. Elles y restent pendant l'hiver, ne la quittant que par temps suffisamment doux. Elles se déplacent en formant une chaîne continue, ce qui justifie leur nom de « processionnaires ». Le développement larvaire peut s'achever à la fin de l'hiver, au printemps ou au début de l'été. Les cocons se trouvent en terre. L'émergence a lieu en été, mais le stade nymphal peut durer plusieurs années.

THAUMETOPOEA PROCESSIONEA (Linné), **Pl. 6**
la Processionnaire du Chêne

Répartition géographique. Espèce largement répandue en Europe, mais absente de Grande-Bretagne. En France : presque partout.
Description. Longueur maximale : 23 mm. Corps recouvert de longues soies blanchâtres, issues de verrues rougeâtres. Tégument gris bleuté dorsalement et d'un gris verdâtre clair ventralement. Abstraction faite de la région anale, chaque segment abdominal montre une zone dorsale portant des poils serrés, d'un noir velouté. Tête brun foncé. Comme dans le cas de l'espèce précédente, les soies ont des propriétés urticantes.
Biotope. Forêts.
Plantes nourricières. Chênes (*Quercus*). Parfois aussi sur Noyer (*Juglans regia*).

Cycle biologique. Une génération par an. Pontes groupées sur les branches et recouvertes d'écailles abdominales de la femelle-mère. Les œufs sont pondus en juillet, mais ils n'éclosent que l'année suivante, au printemps. Les chenilles vivent dans un « nid » collectif ; elles le quittent la nuit, pour aller s'alimenter. En se déplaçant, elles forment une « procession », la tête de chaque chenille étant au contact de l'extrémité anale d'une congénère. La nymphose s'effectue en juin, dans le nid larvaire. L'émergence a lieu le mois suivant.

CLOSTERA CURTULA (Linné), *le Courtaud* **Pl. 3**

Répartition géographique. Toute la France et presque toute l'Europe.
Description. Longueur maximale : 35 mm. Corps recouvert de fines soies blanc grisâtre, issues de petites verrues jaunâtres. Tégument ocre clair, avec des rangées longitudinales de taches noires. Chacun des segments abdominaux 1 et 8 avec une petite gibbosité dorsale, de couleur noire. Tête noire, légèrement marquée de jaune.
Biotopes. Zones rurales boisées, landes et bruyères.
Plantes nourricières. Peupliers et Tremble (*Populus*), Saules (*Salix*), Bouleaux (*Betula*), Ormes (*Ulmus*), Chênes (*Quercus*), ainsi que d'autres arbres à feuilles caduques.
Cycle biologique. Une ou deux générations par an selon les régions. Oeufs pondus en petits groupes, sur la face supérieure des feuilles (mai ; août). Chenilles de mai à juillet et d'août à octobre. Nocturnes, celles-ci se dissimulent, le jour, entre des feuilles réunies par de la soie. La nymphose a lieu en juin-juillet et en automne. Les cocons sont tissés entre des feuilles. Ceux formés en automne tombent à terre avec les feuilles qui les entourent ; ils passent ainsi tout l'hiver. Émergence des imagos en avril et en juillet.

PHALERA BUCEPHALA (Linné), *la Bucéphale* **Pl. 5**

Répartition géographique. Espèce largement répandue en Europe et présente dans toute la France.
Description. Longueur maximale : 60 mm. Corps recouvert de fines soies blanches. Tégument d'un jaune orangé luisant. Une large bande médio-dorsale, discontinue, de couleur noire ; flancs avec des bandes longitudinales semblables à celle-ci, quoique moins bien développées. Tête noire, marquée d'un dessin jaune en forme de « V ».
Biotopes. Bois, landes, prairies...
Plantes nourricières. Chênes (*Quercus*), Ormes (*Ulmus*), Saules (*Salix*), Tilleuls (*Tilia*), Noisetier (*Corylus avellana*), ainsi que d'autres arbres à feuilles caduques.
Cycle biologique. Une ou deux générations par an selon les régions. Dans le premier cas : ponte en juillet, chenilles de juillet à septembre, nymphose en automne (dans le sol), émergence l'année suivante, en mai-juin. Comprenant chacune de nombreux œufs, les pontes se trouvent sur la face inférieure des feuilles. Pendant la plus grande partie de leur vie, les chenilles sont grégaires et elles dévorent toutes les feuilles d'une branche avant d'en attaquer une autre. Elles ne se séparent que vers la fin de leur développement.

PERIDEA ANCEPS (Goeze), *la Timide* **Pl. 33**

Répartition géographique. Europe, à l'exception des régions les plus septentrionales. En France : pratiquement partout.
Description. Longueur maximale : 40 mm. Corps assez épais, effilé à l'arrière. Tégument vert, légèrement piqueté de jaune clair. Région dorsale avec une double ligne

jaune clair. Pro-et mésothorax ornés, de chaque côté, d'une bande rouge et jaune. Flancs de l'abdomen marqués de sept stries obliques, elles aussi rouges et jaunes. Capsule céphalique grande, verte, avec quatre lignes jaunes et une paire de bandes latérales semblables à celles du thorax.
Biotope. Chênaies.
Plantes nourricières. Chênes (*Quercus*), essentiellement.
Cycle biologique. Habituellement, une génération par an. Les œufs sont pondus sur la face supérieure des feuilles (mai-juin). Ils éclosent au bout d'une dizaine de jours. Les chenilles s'observent de juin à août-septembre. Au repos, elles ont une position caractéristique : avant du corps relevé et tête rejetée en arrière. Cocons se trouvant en terre (vers la fin de l'été). Émergence l'année suivante, en avril-mai.

PTILOPHORA PLUMIGERA (Denis & Schiffermüller), *le Plumet* **Pl. 8**

Répartition géographique. Europe moyenne et une partie de l'Europe septentrionale. En France, espèce assez localisée, présente dans diverses régions.
Description. Longueur maximale : 30 mm. Corps d'un vert bleuté clair. Limites intersegmentaires marquées d'un filet vert jaunâtre clair. Région dorsale avec deux bandes longitudinales blanc grisâtre. Flancs ornés d'une ligne longitudinale jaunâtre, située au niveau des stigmates. Tête verte.
Biotopes. Bois et forêts sur terrains calcaires.
Plantes nourricières. Érables (*Acer campestre, Acer pseudoplatanus*). Plus rarement : Saules (*Salix*) et Bouleaux (*Betula*).
Cycle biologique. Une génération par an. Pondus sur les branches en novembre, les œufs n'éclosent qu'au printemps (lorsque s'ouvrent les bourgeons). Les chenilles s'alimentent de la fin-avril au début du mois de juin. Au repos, elles se tiennent sous les feuilles et leur corps est arqué de façon caractéristique. Les cocons se trouvent dans la litière ou dans le sol. Nymphose en juin, émergence en octobre-novembre.

PTEROSTOMA PALPINA (Clerck), *le Museau* **Pl. 3**

Répartition géographique. Espèce largement répandue en Europe. En France : partout.
Description. Longueur maximale : 42 mm. Tégument ridé transversalement. Corps bleu verdâtre, avec la région dorsale teintée de blanchâtre et marquée de quatre lignes longitudinales de couleur blanche. Flancs montrant, au niveau des stigmates, une bande blanche dorsalement pourvue d'un liseré noir. Tête d'un vert bleuté, avec une paire de bandes latérales blanches.
Biotopes. Forêts et endroits boisés.
Plantes nourricières. Peupliers et Tremble (*Populus*), Saules (*Salix*), ainsi que quelques autres arbres à feuilles caduques.
Cycle biologique. Une ou deux générations par an selon les régions. Les œufs sont pondus en petits groupes, sur la face supérieure des feuilles (mai ; août). Les chenilles s'observent en juin-juillet et d'août à octobre. Faits de soie, les cocons se trouvent en terre, au pied des arbres. Les chrysalides formées en juillet donnent des imagos en août, celles formées en automne permettant une émergence en avril-mai.

PTILODON CAPUCINA (Linné), *la Crête de coq* **Pl. 4**

Répartition géographique. Toute la France et presque toute l'Europe.
Description. Longueur maximale : 35 mm. Corps vert clair, avec la région dorsale

d'un vert bleuté. Le tégument est parfois teinté d'ocre clair ou de rose pourpré. Une paire de bandes latérales blanc jaunâtre, situées au niveau des stigmates. Au contact de chacun de ces derniers, une petite tache rouge en position postérieure. Sur la partie dorsale du huitième segment abdominal, une paire de protubérances à apex rouge. Pattes rouges. Fausses pattes marquées de rouge. Tête vert clair ou ocre.
Biotopes. Forêts et zones rurales boisées.
Plantes nourricières. Bouleaux (*Betula*), Noisetier (*Corylus avellana*), Peupliers (*Populus*), Saules (*Salix*), Chênes (*Quercus*), Ormes (*Ulmus*), ainsi que d'autres arbres à feuilles caduques.
Cycle biologique. Deux générations par an. Oeufs pondus en petits groupes, sur la face supérieure des feuilles (mai ; août). Chenilles en juin-juillet et d'août à octobre. Cocons en terre, au pied des arbres. Nymphose en juillet et en octobre ; émergence respectivement en août et en mai.

PTILODONTELLA CUCULLINA (Denis & Schiffermüller), *le Capuchon* — Pl. 8

Répartition géographique. Europe moyenne et une partie de l'Europe septentrionale. En France, l'espèce est localisée, mais assez largement répandue.
Description. Longueur maximale : 30 mm. Corps relativement épais, blanc verdâtre à vert clair. Une bande médio-dorsale pourprée, amincie à l'arrière. Huitième segment abdominal avec une gibbosité blanche ou grisâtre, apicalement scindée en deux protubérances rosâtres. Région ventrale teintée de pourpre. Tête d'un blanc brunâtre, avec un dessin brun foncé en forme de « V ».
Biotopes. Bois, dunes, collines calcaires...
Plantes nourricières. Érables (*Acer campestre, Acer pseudoplatanus*). Également sur Chênes (*Quercus*), Ormes (*Ulmus*)...
Cycle biologique. Une ou deux générations par an selon les régions. En Europe septentrionale : ponte en juin-juillet, chenilles de juillet à septembre, nymphose en automne, émergence l'année suivante, en mai. Les œufs sont déposés en petits groupes, sur la face supérieure des feuilles. Au repos, les chenilles se tiennent sur le bord des feuilles. Les cocons se trouvent dans la litière.

PHEOSIA TREMULA (Clerck), *la Porcelaine* — Pl. 3

Répartition géographique. Espèce largement répandue en Europe. En France : partout.
Description. Longueur maximale : 40 mm. Tégument très luisant, vert clair ou brun clair. La forme verte a souvent une large bande dorsale de couleur blanchâtre ; les flancs présentent une bande longitudinale jaune, située juste au-dessous des stigmates ; il y a également des zones latéro-ventrales pourprées. La forme brune a généralement les limites intersegmentaires soulignées de rosâtre et elle possède parfois des bandes transversales gris foncé. Huitième segment abdominal avec une gibbosité conique, transversalement rayée de noir. Tête blanchâtre, ornée d'un fin réseau de traits grisâtres ou verdâtres.
Biotope. Endroits boisés.
Plantes nourricières. Peupliers et Tremble (*Populus*), Saules (*Salix*) et Bouleaux (*Betula*).
Cycle biologique. Deux générations par an, sauf dans les régions septentrionales où il n'y en a qu'une. Oeufs pondus sur les feuilles, isolément ou par deux (mai ; août). Chenilles en juin-juillet et en septembre-octobre. Les cocons de la première généra-

tion sont tissés parmi les feuilles tandis que les chrysalides de la seconde génération se trouvent dans le sol. Émergence en mai, puis en juillet-août.

PHEOSIA GNOMA (Fabricius), *le Bombyx dyctéoïde* **Pl. 4**

Répartition géographique. Espèce largement répandue en Europe et présente dans presque toute la France.
Description. Longueur maximale : 40 mm. Tégument très luisant, gris à brun pourpré. Une bande médio-dorsale noirâtre et une paire de larges bandes latérales de couleur jaune vif. Huitième segment abdominal dorsalement pourvu d'une gibbosité conique, essentiellement noire. Tête blanchâtre, avec un réseau de traits noirâtres.
Biotope. Endroits boisés.
Plantes nourricières. Bouleaux (*Betula*), Peupliers (*Populus*), Aulnes (*Alnus*), Saules (*Salix*) et Chênes (*Quercus*).
Cycle biologique. Habituellement, deux générations par an. Les œufs sont pondus en petits groupes, sur la face supérieure des feuilles (mai-juin ; août). Les chenilles s'observent en juin-juillet et de fin-août à octobre. Au repos, elles se tiennent sous les feuilles. Les cocons se trouvent en terre. Nymphose en juillet et en septembre ; émergence respectivement en juillet-août et en mai.

HARPYIA MILHAUSERI (Fabricius), *le Dragon* **Pl. 33**

Répartition géographique. Espèce principalement répandue en Europe moyenne et méridionale. Présente dans presque toute la France, quoique souvent localisée.
Description. Longueur maximale : 45 mm. Corps essentiellement vert. Région dorsale du thorax avec deux lignes longitudinales jaunes. Premier segment abdominal muni d'une excroissance dorsale à apex bifide ; les quatre ou cinq segments suivants pourvus, chacun, d'une gibbosité pointue. Une protubérance conique sur le huitième segment abdominal. Une paire de bandes latérales brunes, de forme irrégulière, dans la région médiane de l'abdomen. Tête brune, légèrement échancrée.
Biotopes. Bois et forêts.
Plantes nourricières. Chênes (*Quercus*). Également sur Hêtre (*Fagus sylvatica*), Bouleaux (*Betula*)...
Cycle biologique. Une ou deux générations par an selon les régions. Dans le premier cas : chenilles de juin à août, chrysalides passant l'hiver, apparition des imagos en mai-juin. Les cocons sont tissés sur les troncs.

NOTODONTA DROMEDARIUS (Linné), *le Chameau* **Pl. 4**

Répartition géographique. Espèce principalement répandue en Europe moyenne et septentrionale. En France : pratiquement partout.
Description. Longueur maximale : 35 mm. Coloration variable : vert jaunâtre, vert grisâtre ou brun rougeâtre. Les quatre premiers segments abdominaux munis, chacun, d'une gibbosité dorsale plus ou moins importante. Une protubérance conique sur le huitième segment de l'abdomen. Une bande médio-dorsale discontinue, d'un brun purpurin (elle est plus large à l'avant et s'estompe vers l'arrière). Une paire de lignes latérales brunâtres, parfois mal indiquées, et quelques taches brun pourpré, en position latéro-ventrale. Tête vert clair ou brune, ornée de petites taches brun noir.
Biotopes. Forêts et zones rurales boisées.

Plantes nourricières. Bouleaux (*Betula*), Aulne (*Alnus glutinosa*), Noisetier (*Corylus avellana*), Chênes (*Quercus*) et Saules (*Salix*).
Cycle biologique. Deux générations par an, sauf dans le Nord de l'Europe où il n'y en a qu'une. Les œufs sont pondus sur les feuilles, isolément ou par deux (mai ; août). Les chenilles s'observent en juin-juillet et d'août à octobre. Cocons dans le sol. Nymphose vers la fin-juillet et en automne ; émergence respectivement en août et en avril-mai.

NOTODONTA TORVA (Hübner), *la Demi-lune grise* **Pl. 3**

Répartition géographique. Espèce présente en divers endroits d'Europe. En France, principalement dans la partie septentrionale et dans les massifs montagneux.
Description. Longueur maximale : 40 mm. Coloration variable, allant du gris au brun jaunâtre et au brun pourpré foncé. Une excroissance impaire sur chacun des segments abdominaux 2 et 3. Huitième segment abdominal avec une protubérance conique. Une bande médio-dorsale d'un brun pourpré foncé (s'estompant vers l'arrière). Flancs pourvus, au niveau des stigmates, d'une ligne longitudinale blanchâtre, plutôt mal indiquée. Tête blanchâtre, mouchetée de brun noir.
Biotope. Endroits boisés.
Plantes nourricières. Peupliers et Tremble (*Populus*) ; Bouleaux (*Betula*).
Cycle biologique. Deux générations par an. Chenilles de juin à octobre. Imagos de mai à septembre. Les chrysalides de la seconde génération hivernent.

NOTODONTA ZICZAC (Linné), *le Bois veiné* **Pl. 2**

Répartition géographique. Toute la France et presque toute l'Europe.
Description. Longueur maximale : 40 mm. Corps vert grisâtre clair ou gris violacé. Derniers segments abdominaux parfois jaunâtres ou d'un brun orangé clair. Segments 2 et 3 de l'abdomen munis, chacun, d'une gibbosité dorsale. Huitième segment abdominal avec une protubérance conique. Thorax avec une large bande médio-dorsale, de couleur vert foncé ou brune. Tête jaunâtre, avec un réseau de dessins brun foncé.
Biotopes. Bois humides, marais...
Plantes nourricières. Saules (*Salix*), Peupliers et Tremble (*Populus*). Moins souvent : Bouleaux (*Betula*) et Chênes (*Quercus*).
Cycle biologique. Deux générations par an, sauf en haute altitude et en Europe septentrionale. Les œufs sont pondus sur les feuilles, en petits groupes (mai-juin ; août). Les chenilles ressemblent à des feuilles mortes. On les observe en juin-juillet et de fin-août à octobre. Nymphose en juillet et en septembre-octobre ; émergence respectivement en août et en avril-mai.

STAUROPUS FAGI (Linné), *l'Écureuil* **Pl. 7**

Répartition géographique. Toute la France et presque toute l'Europe.
Description. Longueur maximale : 60 mm. Tégument roux. Partie antérieure du corps relativement mince. Région postérieure de l'abdomen fortement renflée, avec la zone ventrale assez plate et les bords latéraux saillants, munis de petites dents sombres. Pas de fausses pattes anales fonctionnelles, mais une paire de processus allongés très caractéristiques. Pattes méso- et métathoraciques fortement étirées. Segments antérieurs de l'abdomen dorsalement pourvus de gibbosités paires. Flancs marqués d'une ligne longitudinale brun foncé, juste au-dessus des stigmates. Tête grande, rousse, avec des dessins brun foncé.

Biotope. Endroits boisés.
Plantes nourricières. Hêtre (*Fagus sylvatica*), Chênes (*Quercus*), Bouleaux (*Betula*), Aulnes (*Alnus*), Noisetiers (*Corylus avellana*), ainsi que divers autres feuillus.
Cycle biologique. Une ou deux générations par an selon les régions. Dans le premier cas : ponte en juin-juillet, éclosion une dizaine de jours après, fin du développement larvaire en septembre, émergence l'année suivante, en mai-juin. Les œufs sont déposés isolément, sur les feuilles. Les chenilles qui viennent de naître ressemblent à des fourmis ; elles mangent le chorion de leurs œufs avant de consommer les feuilles. Faits de soie lâche, les cocons se trouvent dans la litière, à la surface du sol.

CERURA VINULA (Linné), *La Grande Queue fourchue* **Pl. 2**

Répartition géographique. Toute la France et pratiquement toute l'Europe.
Description. Longueur maximale : 65 mm. Corps épais, avec l'extrémité postérieure effilée et pourvue de deux processus minces. Tégument vert en grande partie. Une plage dorsale brun pourpré, entourée d'une bordure blanche. Cette plage est élargie au niveau du quatrième segment abdominal et fortement amincie sur le métathorax. Ce dernier avec une protubérance dorsale. Prothorax antérieurement marqué de rouge. Tête brune et noire. D'un brun noirâtre, les jeunes chenilles ont, derrière la tête, une paire de lobes saillants caractéristiques.
Biotopes. Bois, haies, landes, etc.
Plantes nourricières. Saules (*Salix*), Peupliers et Tremble (*Populus*), Bouleaux (*Betula*) et Frêne (*Fraxinus excelsior*).
Cycle biologique. Une seule génération annuelle. Les œufs sont pondus sur les feuilles, en petits groupes (mai-juin). Ils éclosent au bout d'une dizaine de jours. Les chenilles s'observent de fin-juin à début-septembre. Lorsqu'on les inquiète, elles prennent une attitude d'intimidation : elles redressent l'avant de leur corps, tout en faisant saillir des filaments rouges à l'extrémité de leurs processus postéro-abdominaux. Elles peuvent également émettre un jet d'acide à l'aide d'une glande située sous le prothorax. Faits de soie et d'écorce mâchée, les cocons sont rigides ; ils se trouvent sur les troncs. Nymphose en septembre. Émergence l'année suivante, en avril-mai, voire en juin.

FURCULA BICUSPIS (Borkhausen), *la Bicuspide* **Pl. 5**

Répartition géographique. Europe, à l'exception de certaines régions, méridionales ou septentrionales. En France, plutôt dans la partie centrale.
Description. Longueur maximale : 40 mm. Corps assez épais, effilé à l'arrière. Extrémité postérieure de l'abdomen ornée de deux processus longs et minces. Tégument largement vert. Abdomen avec un grand losange dorsal, brun pourpré foncé et bordé de blanc. Thorax marqué d'un triangle antéro-dorsal de coloration similaire. A l'arrière de celui-ci, une petite protubérance pointue. Tête d'un brun rougeâtre sombre.
Biotope. Endroits boisés.
Plantes nourricières. Bouleaux (*Betula*), Aulne (*Alnus glutinosa*), Hêtre (*Fagus sylvatica*) et Tremble (*Populus tremula*).
Cycle biologique. Une ou deux générations par an selon les régions. En Europe septentrionale : ponte en juin, chenilles de juillet à septembre, nymphose en automne, émergence l'année suivante, en mai-juin. Les œufs sont pondus en petits groupes, sur la face supérieure des feuilles. Les chenilles ont un comportement de défense semblable à ce que l'on observe chez l'espèce précédente. Résistants, les cocons sont construits sur les troncs ou sur les branches.

FURCULA FURCULA (Clerck), **Pl. 2**
la Petite Queue fourchue du Hêtre

Répartition géographique. Presque partout, en France comme dans le reste de l'Europe.
Description. Longueur maximale : 35 mm. Corps vert vif, assez épais, avec l'extrémité postérieure prolongée par deux processus longs et minces. Une plage dorsale brun pourpré, marquée de zones bleutées et bordée de jaune. Cette plage est fortement étranglée sur le métathorax et à la jonction des segments 7 et 8 de l'abdomen. Thorax avec une légère convexité dorsale. Tête brun pourpré, marquée de noir à l'arrière.
Biotopes. Bois, zones rurales boisées...
Plantes nourricières. Saules (*Salix*), Peupliers (*Populus*), Tremble (*Populus tremula*) et Bouleaux (*Betula*).
Cycle biologique. Une ou deux générations par an selon les régions. Les œufs sont pondus en petits groupes, sur la face supérieure des feuilles (juin ; août). Ils éclosent au bout d'une dizaine de jours. Les chenilles s'observent en juin-juillet et d'août à octobre. Leur comportement de défense est semblable à celui des deux espèces précédentes. Les cocons se trouvent sur les branches ; rigides, ils sont faits de soie et d'écorce mâchée. Certains imagos apparaissent en août, d'autres d'avril à juin, après hivernage des chrysalides (il s'agit de celles formées en automne).

FURCULA BIFIDA (Brahm), *la Petite Queue fourchue* **Pl. 3**

Répartition géographique. Espèce largement répandue en Europe. En France : presque partout.
Description. Longueur maximale : 40 mm. Corps assez robuste, effilé vers l'extrémité postérieure. Celle-ci munie de deux processus allongés. Tégument vert en majeure partie. Région dorsale de l'abdomen avec un grand losange brun purpurin. Thorax orné d'un triangle dorsal de la même couleur. Une petite protubérance conique sur le mésothorax. Tête d'un brun pourpré foncé.
Biotopes. Forêts, lisières des bois...
Plantes nourricières. Peupliers et Tremble (*Populus*), Saules (*Salix*) et Bouleaux (*Betula*).
Cycle biologique. Une ou, plus souvent, deux générations par an. Les œufs sont pondus en petits groupes sur la face supérieure des feuilles. Les chenilles s'observent habituellement en juin et d'août à octobre. Lorsqu'on les inquiète, elles se comportent comme les trois espèces précédentes. Fixés aux troncs ou aux branches, les cocons ont une paroi rigide, faite de soie et d'écorce mâchée. On peut trouver les imagos d'avril à septembre.

LYMANTRIIDAE

Nocturnes, les papillons mâles de cette famille ont des antennes fortement bipectinées ; la trompe est plus ou moins réduite, et ce dans les deux sexes. Les chenilles ont, typiquement, une glande dorsale sur chacun des segments 6 et 7 de l'abdomen (parfois on n'observe qu'une seule de ces glandes). Dans plusieurs genres, il y a des pinceaux dorsaux constitués de soies très serrées. Certaines de ces chenilles peuvent porter des poils fortement urticants. En Europe, les plantes nourricières des Lymantriidae sont principalement des arbres et des arbustes, mais il s'agit quelquefois de plantes basses.

LAELIA COENOSA (Hübner), *le Liparis sali* **Pl. 30**

Répartition géographique. Europe moyenne, principalement. En France, plutôt dans l'Ouest et le Midi.
Description. Longueur maximale : 35 mm. Tégument brun ocreux, terne, et couvert de soies ocre, issues de petites verrues. Une brosse dorsale, ocre, sur chacun des quatre premiers segments abdominaux. Prothorax avec deux pinceaux de longues soies noires (dirigées vers l'avant). Huitième segment abdominal dorsalement muni d'un pinceau noir, dirigé vers l'arrière. Tête brune.
Biotope. Endroits marécageux.
Plantes nourricières. Rubanier dressé (*Sparganium erectum*), Marisque (*Cladium mariscus*), Roseau (*Phragmites communis*), Laiches (*Carex*)...
Cycle biologique. Une génération par an. Ponte sur les tiges, en été. Les chenilles s'alimentent jusqu'en automne, puis elles entrent en hibernation, attendant le printemps pour achever leur croissance. Les cocons sont fixés aux tiges des plantes-hôtes ; leur soie est mêlée de poils larvaires. Imagos en juillet-août.

ORGYIA RECENS (Hübner), *la Soucieuse* **Pl. 2**

Répartition géographique. Espèce largement répandue en Europe et présente dans presque toute la France.
Description. Longueur maximale : 35 mm. Corps noir, avec des verrues portant des soies blanchâtres ou, à certains endroits, franchement blanches. Les quatre premiers segments abdominaux pourvus, chacun, d'une brosse dorsale formée de poils serrés, bruns à brun rougeâtre. Sur le prothorax, deux pinceaux noirâtres, dirigés vers l'avant, et, sur le huitième segment abdominal, un pinceau semblable, mais dirigé vers l'arrière. Région dorsale ornée, longitudinalement, d'une double série de taches orangées. En outre, une paire de bandes latérales, rougeâtres ou orangées. Tête noire.
Biotopes. Bois, haies...
Plantes nourricières. Saules (*Salix*), Aubépine (*Crataegus monogyna*), Chênes (*Quercus*), Aulnes (*Alnus*). ainsi que divers autres arbres et arbustes à feuilles caduques.
Cycle biologique. Une ou deux générations par an selon les régions. Dans le premier cas : ponte en juillet, hibernation des chenilles (encore petites), poursuite du développement larvaire au printemps, nymphose vers la fin-mai, émergence en juin. Les œufs sont pondus regroupés, sur la paroi externe du cocon de la femelle-mère (qui est brachyptère). Résistants, les cocons incorporent des poils larvaires.

ORGYIA ANTIQUA (Linné), *l'Étoilée* **Pl. 14**

Répartition géographique. Toute la France et presque toute l'Europe.
Description. Longueur maximale : 35 mm. Corps gris foncé, avec des verrues rougeâtres portant de longues soies blanc grisâtre. Sur chacun des quatre premiers segments abdominaux, une brosse dorsale constituée de poils bruns, jaunes ou ocre clair. Prothorax pourvu d'une paire de longs pinceaux noirs, dirigés vers l'avant ; un pinceau semblable sur le huitième segment abdominal, mais dirigé vers l'arrière. En outre, deux petits pinceaux latéraux, noirs, sur le deuxième segment abdominal. Flancs montrant, au niveau des stigmates, une ligne longitudinale blanche, discontinue. Tête d'un noir luisant. Les soies de cette chenille sont urticantes.
Biotopes. Bois, haies, parcs et jardins.
Plantes nourricières. De nombreuses espèces d'arbres et d'arbustes à feuilles caduques.
Cycle biologique. Une ou deux génération par an, voire davantage. En Europe septentrionale : ponte en juillet-août, éclosion au printemps de l'année suivante, fin du développement larvaire en juillet, émergence en juillet-août (avec, éventuellement, une seconde génération partielle en octobre). Les œufs sont rassemblés sur la paroi externe du cocon de la femelle-mère. Résistants, les cocons incorporent des soies larvaires ; on les trouve sur les branches ou dans les anfractuosités de l'écorce des troncs. Les imagos femelles ont des ailes atrophiées.

GYNAEPHORA SELENITICA (Esper), **Pl. 20**
le Bombyx sélénitique

Répartition géographique. Espèce localisée, se trouvant en Europe moyenne et méridionale. En France, principalement dans le Sud-Est.
Description. Longueur maximale : 35 mm. Corps densément recouvert de longues soies noires. Dorsalement, cinq paires de touffes blanches ou gris jaunâtre. Prothorax avec une paire de longs pinceaux noirs, orientés antéro-latéralement ; huitième segment abdominal muni, dorsalement, d'un pinceau semblable, quoique dirigé vers l'arrière. Tête noire.
Biotopes. Prés, friches...
Plantes nourricières. Gesse des prés (*Lathyrus pratensis*), Sainfoins (*Onobrychis*), Genêts (*Genista*), Genêt à balais (*Cytisus scoparius*)...
Cycle biologique. Une génération par an. Les chenilles s'alimentent de juillet à octobre. Parvenues à leur taille maximale, elles entrent en hibernation et attendent le printemps pour se nymphoser. La paroi des cocons incorpore des soies larvaires. Émergence en mai.

DICALLOMERA FASCELINA (Linné), **Pl. 19**
le Bombyx porte-brosses

Répartition géographique. Espèce principalement répandue en Europe moyenne et septentrionale. En France : presque partout.
Description. Longueur maximale : 40 mm. Corps noirâtre, couvert de touffes de soies, tantôt longues et grises, tantôt courtes et de couleur ocre. Sur chacun des cinq premiers segments de l'abdomen, une grande bosse dorsale, constituée de poils noirs et blanc grisâtre. Prothorax avec une paire de pinceaux noirs, dirigés vers l'avant ; région dorsale du huitième segment abdominal avec un pinceau noir, dirigé vers l'arrière. Tête noirâtre.

Biotopes. Landes, dunes côtières, prés, friches, bruyères...
Plantes nourricières. Callune (*Calluna vulgaris*), Genêt à balais (*Cytisus scoparius*), Ajonc (*Ulex europaeus*), Trèfles (*Trifolium*), Plantains (*Plantago*), Saules (*Salix*), Bouleaux (*Betula*), Chênes (*Quercus*), Aubépine (*Crataegus monogyna*), Ronce (*Rubus fruticosus*), etc.
Cycle biologique. Une génération par an. Chaque ponte comprend de nombreux œufs, recouverts par des poils abdominaux de la femelle-mère. Pondus en juillet, ces œufs éclosent en août. Les jeunes chenilles commencent à se nourrir, puis elles entrent en hibernation (elles restent alors dans de petites poches collectives, tissées dans le feuillage ou dans les branches). La croissance larvaire reprend au printemps et s'achève vers la fin-mai. Tissé assez bas sur la plante-hôte, voire sur le sol, le cocon incorpore des soies larvaires. L'émergence a lieu en juillet.

CALLITEARA ABIETIS (Denis & Schiffermüller), *le Liparis du Sapin* **Pl. 1**

Répartition géographique. Espèce assez rare, présente en divers endroits d'Europe moyenne et méridionale. Fait défaut en France.
Description. Longueur maximale : 38 mm. Corps vert jaunâtre, avec des dessins noirs disposés longitudinalement. Région dorsale marquée de deux larges lignes blanches. Sur chacun des quatre premiers segments abdominaux, une touffe dorsale, dense, composée de poils brunâtres et jaune clair. Prothorax avec deux longs pinceaux noirs, dirigés vers l'avant. Huitième segment abdominal pourvu d'une touffe de longues soies jaunâtres. Capsule céphalique noirâtre.
Biotope. Forêts de conifères.
Plantes nourricières. Épicea (*Picea abies*) et Sapin (*Abies alba*).
Cycle biologique. Une génération par an. Les chenilles s'observent de l'automne jusqu'au mois de mai de l'année suivante. Elles consomment uniquement les aiguilles les plus tendres. Les papillons volent en juin-juillet.

ELKNERIA PUDIBONDA (Linné), *la Patte étendue* **Pl. 9**

Répartition géographique. Espèce largement répandue en Europe. En France : partout.
Description. Longueur maximale : 40 mm. Corps verdâtre, jaune, ocre ou brun orangé clair. Tégument avec des petites verrues d'où partent de fines soies grises. Région dorsale de l'abdomen avec une brosse jaunâtre ou gris foncé sur chacun des quatre premiers segments. En outre, des dessins dorsaux noirs, notamment dans la région postérieure de l'abdomen. Huitième segment abdominal dorsalement pourvu d'une longue touffe de poils noirâtres ou rougeâtres. Tête verte ou brun clair.
Biotope. Bois.
Plantes nourricières. Bouleaux (*Betula*), Chênes (*Quercus*), Peupliers (*Populus*), Ormes (*Ulmus*), Charme (*Carpinus betulus*), Noisetier (*Corylus avellana*), Rosiers (*Rosa*), Houblon (*Humulus lupulus*), etc.
Cycle biologique. Une ou deux générations par an. Dans le premier cas : ponte en juin (œufs regroupés), chenilles de juillet à septembre, nymphose en automne, émergence l'année suivante, en mai. Lorsqu'on l'inquiète, la chenille s'enroule, faisant ainsi apparaître des zones noires situées entre ses brosses dorsales. La soie du cocon est mêlée de poils larvaires.

EUPROCTIS CHRYSORRHOEA (Linné), *le Cul brun* **Pl. 18**

Répartition géographique. Espèce largement répandue en Europe, mais absente de certaines régions septentrionales. En France : partout.
Description. Longueur maximale : 32 mm. Corps gris noirâtre, avec des verrues portant des soies brun grisâtre, relativement courtes. Région dorsale ornée d'une double ligne discontinue, de couleur rouge orangé. Une paire de rangées longitudinales, latéro-dorsales, de zones blanches correspondant à des touffes de poils ras. Segments 6 et 7 de l'abdomen dorsalement pourvus d'une formation glandulaire rouge. Tête d'un noir luisant. Les soies de cette chenille se révèlent très urticantes.
Biotopes. Haies, parcs et jardins.
Plantes nourricières. Aubépine (*Crataegus monogyna*), Prunellier (*Prunus spinosa*), Prunier (*Prunus domestica*), Saules (*Salix*), Argousier (*Hippophae rhamnoides*), ainsi que d'autres arbres et arbustes à feuilles caduques.
Cycle biologique. Une génération par an. Les œufs sont déposés sur les branches, en août ; chaque ponte comprend de nombreux œufs, recouverts par des écailles abdominales de la femelle-mère. L'éclosion s'effectue au bout d'environ trois semaines. Les jeunes chenilles tissent un nid collectif et elles y passent l'hiver. Au printemps, les chenilles se réalimentent. Devant se déplacer en quête de nourriture, elles construisent successivement plusieurs nids. Lorsqu'elles parviennent au terme de leur croissance, en juin, elles se dispersent et se nymphosent. Faits de soie, les cocons se trouvent dans le feuillage. Émergence en juillet.

EUPROCTIS SIMILIS (Fuessly), *le Cul doré* **Pl. 17**

Répartition géographique. Toute la France et presque toute l'Europe.
Description. Longueur maximale : 40 mm. Corps noir, avec des soies noires et grises issues de petites verrues. Une double ligne médio-dorsale, d'un rouge orangé vif. Deux rangées latéro-dorsales de taches blanches, formées de touffes de poils ras. Flancs marqués, sous les stigmates, d'une ligne longitudinale d'un rouge terne. Tête noire, avec un dessin blanchâtre, en forme de « V ».
Biotopes. Haies, bois et broussailles.
Plantes nourricières. Aubépine (*Crataegus monogyna*), Prunellier (*Prunus spinosa*), Chênes (*Quercus*), Ormes (*Ulmus*), Saules (*Salix*), ainsi que d'autres arbres et arbustes à feuilles caduques.
Cycle biologique. Généralement, une génération par an. Les pontes se trouvent sous les feuilles (juillet) ; chacune d'elles comprend de nombreux œufs, recouverts par des poils abdominaux de l'imago femelle. La vie larvaire s'étend d'août à mai, avec une période d'hibernation (pendant celle-ci, les chenilles restent cachées dans de petites poches de soie). La nymphose a lieu dans le feuillage de la plante-hôte. De couleur brune, les cocons incorporent des soies larvaires. Émergence en juillet.

LEUCOMA SALICIS (Linné), *le Bombyx du Saule* **Pl. 33**

Répartition géographique. Espèce largement répandue en Europe. En France : partout.
Description. Longueur maximale : 45 mm. Corps marbré de gris, avec la région dorsale noire et ornée d'une série médiane de taches blanc crème. Une paire de rangées latéro-dorsales de dessins blanchâtres. Des verrues en relief, rougeâtres ou orangées, et qui portent des soies blanchâtres ou rousses. Tête noire.
Biotopes. Parcs, bords des routes, zones rurales semi-boisées, régions côtières...

Plantes nourricières. Saules (*Salix*), Peupliers et Trembles (*Populus*).
Cycle biologique. Une seule génération annuelle. Groupés, les œufs sont pondus sur les branches, en juillet-août. Ils éclosent en août. Encore petites, les chenilles hibernent dans des toiles de soie. Elles se réalimentent au printemps, achevant leur croissance vers la fin-juin. Elles vivent dans des toiles individuelles, mais elles se regroupent parfois lorsqu'elles se nourrissent. Les cocons sont tissés dans des anfractuosités de l'écorce. Les imagos apparaissent de juin à août.

ARCTORNIS L-NIGRUM (Müller), *le L noir* **Pl. 2**

Répartition géographique. Presque partout, en France comme dans le reste de l'Europe.
Description. Longueur maximale : 45 mm. Corps brun rougeâtre, avec la région dorsale plutôt noirâtre. Des verrues d'où partent des touffes de longues soies, blanchâtres ou brun rougeâtre (voire rougeâtres). Tête noire.
Biotope. Endroits boisés.
Plantes nourricières. Saules (*Salix*), Peupliers (*Populus*), Ormes (*Ulmus*), Tilleuls (*Tilia*), Pins (*Pinus*), ainsi que quelques autres arbres.
Cycle biologique. Une ou deux générations par an. Dans le premier cas : ponte en juillet, éclosion au bout d'environ deux semaines, hibernation des chenilles après un début de croissance, fin du développement larvaire au printemps, nymphose vers la fin-mai, émergence vers la fin-juin. Les œufs sont pondus en petits groupes, sur l'écorce des troncs. Les cocons se trouvent dans le feuillage des arbres.

LYMANTRIA MONACHA (Linné), *la Nonne* **Pl. 1**

Répartition géographique. Espèce largement répandue en Europe. En France : pratiquement partout.
Description. Longueur maximale : 35 mm. Corps grisâtre ou d'un blanc ocreux clair, avec une grande zone dorsale noirâtre, latéralement échancrée entre les segments. Des soies grises, assez courtes, issues de petites verrues. Une glande dorsale rouge, impaire, sur chacun des segments 6 et 7 de l'abdomen. Tête ocre clair, fortement marquée de noir.
Biotopes. Bois et forêts.
Plantes nourricières. Conifères : *Pinus, Picea*, etc. Également sur Chênes (*Quercus*), Hêtre (*Fagus sylvatica*), Bouleaux (*Betula*)...
Cycle biologique. Une génération par an. Regroupés, les œufs sont pondus en août, dans des anfractuosités de l'écorce. Ils éclosent l'année suivante, au printemps. Les chenilles s'alimentent jusqu'en juin. Au repos, elles se rassemblent dans un endroit bien dissimulé. Les cocons sont tissés dans des anfractuosités de l'écorce. Nymphose en juin-juillet ; émergence en juillet-août.

PORTHETRIA DISPAR (Linné), *le Bombyx disparate* **Pl. 18**

Répartition géographique. Toute la France et une grande partie de l'Europe. Des individus migrent occasionnellement vers la Grande-Bretagne, pays où l'espèce n'existe désormais plus de façon permanente.
Description. Longueur maximale : 50 mm. Corps grisâtre ou ocre clair, plus ou moins envahi de noirâtre. Région dorsale avec trois lignes longitudinales ocre, parfois mal indiquées. Des paires de verrues dorsales, bleues, sur le thorax et les deux premiers segments abdominaux ; les autres verrues rouges ou brunes, avec des soies brunâ-

tres ou noirâtres. Une glande dorsale, rouge, sur chacun des segments 6 et 7 de l'abdomen. Capsule céphalique ocre clair, marquée de dessins noirs.
Biotope. Endroits boisés.
Plantes nourricières. Chênes (*Quercus*), Peupliers (*Populus*), ainsi que de nombreux autres arbres (y compris des Conifères). Autrefois, il y avait en Grande-Bretagne une population se développant sur le Galé odorant (*Myrica gale*) et le Saule rampant (*Salix repens*).
Cycle biologique. Une génération par an. Déposée sur un tronc (août), la ponte comprend de nombreux œufs, recouverts par des écailles abdominales de la femelle-mère. Les chenilles naissent au printemps et se nourrissent jusqu'à la fin du mois de juin. Les cocons sont tissés dans le feuillage des plantes-hôtes (fin-juin ou juillet). Les papillons émergent en juillet-août.

SYNTOMIDAE

Pourvus d'ailes postérieures courtes, les papillons de cette «famille» ont souvent des couleurs très contrastées (des travaux récents montrent qu'il s'agit en fait d'une sous-famille des Arctiidae). Les chenilles sont velues, leurs soies étant portées par de petites verrues. De taille modeste, ces larves ressemblent fortement à celles des Arctiidae. Elles consomment habituellement des lichens ou diverses plantes basses.

SYNTOMIS PHEGEA (Linné), *le Sphinx du Pissenlit* **Pl. 29**

Répartition géographique. Europe méridionale et régions chaudes de l'Europe moyenne. En France, l'espèce s'observe dans diverses localités du Midi.
Description. Longueur maximale : 30 mm. Tégument gris, avec de petites verrues noires, légèrement en relief. Sur celles-ci, des touffes de soies grises. Plusieurs de ces dernières ont un aspect plumeux. Tête brun rougeâtre.
Biotopes. Lisières des bois et coteaux ensoleillés.
Plantes nourricières. Pissenlit (*Taraxacum*), Plantains (*Plantago*), Scabieuses (*Scabiosa*), Lamiers (*Lamium*), Patiences (*Rumex*), etc.
Cycle biologique. Une génération par an. Pour passer l'hiver, les chenilles se cachent sous les pierres, dans des toiles collectives. Elles se réalimentent au printemps. Parvenues au terme de leur croissance en mai, elles se nymphosent à terre. La soie des cocons incorpore des poils larvaires. Les imagos volent de fin-juin à août.

ARCTIIDAE

Ternes ou vivement colorés, les papillons de cette famille sont plutôt nocturnes ; quelques-uns ont toutefois des mœurs diurnes. Petites à grandes, les chenilles possèdent soit quelques soies isolées et bien visibles, soit, plus fréquemment, des touffes de poils s'insérant sur des verrues en relief. Chez certaines espèces non européennes, les soies larvaires ont des propriétés urticantes. La plupart des chenilles d'Arctiidae sont capables de se déplacer très rapidement. Parmi les plantes nourricières de la famille, on trouve essentiellement des lichens et des plantes basses (plus rarement des arbres ou des arbustes).

NUDARIA MUNDANA (Linné), *la Mondaine* **Pl. 32**

Répartition géographique. Espèce principalement répandue en Europe moyenne et septentrionale. En France : presque partout.
Description. Longueur maximale : 12 mm. Tégument gris clair, avec des dessins noirs d'extension variable. Des touffes de longues soies noires, issues de petites verrues en relief. Région dorsale avec deux rangées longitudinales de gros points jaunâtres. Quatrième segment abdominal avec une grande tache dorsale, d'un noir velouté. Tête noirâtre.
Biotopes. Murs de pierre, rochers...
Plantes nourricières. Divers Lichens, dont des espèces de couleur orangée.
Cycle biologique. Une génération par an. Ponte sur les lichens, en juillet. Éclosion vers la fin-juillet. Les chenilles se nourrissent jusqu'en automne, puis entrent en hibernation. Elles se réalimentent au printemps, parvenant à leur taille maximale vers la fin-mai. Elles ont des mœurs diurnes et on peut les voir s'alimenter en plein soleil. Les cocons sont ajourés ; ils se trouvent sur les murailles ou dans les anfractuosités des rochers. La nymphose a lieu en juin et l'émergence, en juin-juillet.

EILEMA GRISEOLA (Hübner), *la Lithosie grise* **Pl. 32**

Répartition géographique. Une grande partie de l'Europe et presque toute la France.
Description. Longueur maximale : 25 mm. Tégument noir velouté dorsalement, brun foncé ventralement. Des touffes de soies grisâtres, relativement courtes, issues de petites verrues en relief. Deux séries latéro-dorsales de taches orangées, parfois remplacées par des bandes continues. Tête d'un noir brillant.
Biotopes. Bois humides, endroits marécageux...
Plantes nourricières. Divers Lichens se développant sur les arbres et les arbustes, en particulier : *Peltigera canina.* Peut-être également sur Mousses et feuilles mortes.
Cycle biologique. Une génération par an. Les œufs sont pondus en groupes, sur les écorces, à proximité des lichens (juillet-août). Les chenilles naissent en août et s'alimentent jusqu'en septembre. Après hibernation, elles redeviennent actives au printemps, achevant leur développement vers la fin-mai. Les cocons sont tissés dans des anfractuosités de l'écorce (juin) ; leur soie inclut des fragments de lichens. Émergence en juillet-août.

EILEMA LURIDEOLA (Zincken), *la Lithosie complanule* **Pl. 32**

Répartition géographique. Espèce largement répandue en Europe. En France : partout.
Description. Longueur maximale : 22 mm. Corps noir velouté, avec la région ventrale d'un gris brunâtre. Des petites verrues portant des touffes de soies noires et grises (assez courtes). Flancs de l'abdomen ornés d'une bande longitudinale de couleur orange. Tête d'un noir luisant.
Biotopes. Bois, haies...
Plantes nourricières. Divers Lichens se trouvant sur les arbres, les arbustes, les clôtures... En élevage, accepte des feuilles vertes.
Cycle biologique. Une génération par an. Les œufs sont pondus en groupes, sur les écorces (juillet) ; ils éclosent en août. La croissance larvaire est interrompue par une période d'hibernation. Les chenilles atteignent leur taille maximale vers la fin-mai. Faits de soie, les cocons sont logés dans des anfractuosités de l'écorce. Nymphose et émergence habituellement en juin.

TYRIA JACOBAEAE (Linné), *la Goutte de sang* **Pl. 29**

Répartition géographique. Toute la France et presque toute l'Europe.
Description. Longueur maximale : 30 mm. Corps jaune orangé vif, avec des bandes transversales noires. Soies noires, relativement courtes et peu nombreuses. Tête d'un noir luisant.
Biotopes. Prés, bords des routes, landes, friches, etc.
Plantes nourricières. Jacobée (*Senecio jacobaea*), principalement. Parfois également d'autres espèces de Séneçons, telles que *Senecio vulgaris*.
Cycle biologique. Une génération par an. Les œufs sont pondus en groupes importants, sur la face inférieure des feuilles (juin). En Europe septentrionale : chenilles en juillet-août, nymphose en septembre, émergence l'année suivante, en mai-juin. Particulièrement faciles à voir, les chenilles vivent plus ou moins rassemblées. Leurs couleurs éclatantes indiquent aux prédateurs qu'elles ne sont pas comestibles. Les cocons se trouvent à terre.

UTETHEISA PULCHELLA (Linné), *la Gentille* **Pl. 26**

Répartition géographique. Espèce répandue en Europe méditerranéenne et migrant vers diverses autres régions européennes (y compris la Grande-Bretagne). En France : principalement dans le Midi.
Description. Longueur maximale : 30 mm. Corps grisâtre, avec les régions dorsale et latérales largement blanchâtres ou blanc jaunâtre. Sur chaque segment, une bande transversale rouge orangé, avec des dessins noirs. Grises ou noires, les soies sont longues, isolées et peu nombreuses (contrairement à ce qu'indique la figure 7 de la planche 26). Tête rougeâtre, marquée d'un « Y » blanchâtre.
Biotope. Endroits chauds et ensoleillés.
Plantes nourricières. Bourrache officinale (*Borago officinalis*), Myosotis (*Myosotis*), Plantains (*Plantago*), ainsi que d'autres plantes basses.
Cycle biologique. En élevage ou dans les régions chaudes, cette espèce présente plusieurs générations successives dans l'année. Les œufs sont pondus sur les feuilles, en groupes importants. En Europe méridionale, les chenilles s'observent principalement en mai-juin et en août-septembre. Faits de soie blanche, les cocons sont tissés à terre ou parmi les feuilles de la plante-hôte.

EUPLAGIA QUADRIPUNCTARIA (Poda), *l'Écaille chinée* **Pl. 29**

Répartition géographique. Espèce essentiellement répandue en Europe moyenne et méridionale. En France : partout. Également dans le Sud-Ouest de l'Angleterre.
Description. Longueur maximale : 50 mm. Tégument brun foncé à noirâtre. Des verrues brun orangé, portant des touffes de soies courtes, grisâtres ou brun jaunâtre. Une bande médio-dorsale jaunâtre, plus ou moins discontinue. De chaque côté du corps, une série longitudinale de dessins blanc jaunâtre. Tête d'un noir luisant.
Biotopes. Zones rurales peu ombragées, friches, jardins, vallées et coteaux ensoleillés...
Plantes nourricières. De nombreuses espèces de plantes basses, ainsi que divers arbres et arbustes à feuilles caduques.
Cycle biologique. Une génération par an. Les œufs sont pondus en groupes, sur les feuilles (août) ; ils éclosent au bout de dix à quinze jours. Les chenilles entrent en hibernation peu après avoir commencé à se nourrir. Elles se réalimentent au printemps. Surtout nocturnes, elles se cachent sous les feuilles pendant la journée. Les cocons, assez légers, sont tissés dans la litière. Nymphose vers la fin-mai. Émergence en juillet-août.

CALLIMORPHA DOMINULA (Linné), *l'Écaille marbrée* **Pl. 26**

Répartition géographique. Espèce largement répandue en Europe. En France : presque partout.
Description. Longueur maximale : 35 mm. Tégument noir, avec des verrues portant des touffes de soies noires et grises (assez courtes). Une large bande médio-dorsale discontinue, de couleur blanc jaunâtre ; une bande semblable de chaque côté du corps. Tête noire, brillante.
Biotopes. Prés et bois humides, bords des cours d'eau...
Plantes nourricières. Consoudes (*Symphytum*), Patiences (*Rumex*), Orties (*Urtica*), Ronce (*Rubus fruticosus*), Prunellier (*Prunus spinosa*), etc.
Cycle biologique. Une génération par an. Déposés en groupes (sur les feuilles), les œufs sont pondus en juillet et ils éclosent au bout d'une quinzaine de jours. Après un début de croissance, les chenilles entrent en hibernation. Elles se réalimentent au printemps et parviennent à leur taille maximale vers la fin-mai. Elles ont des mœurs diurnes et on les voit souvent se nourrir en plein soleil. Les cocons sont tissés à terre, dans la litière. Émergence en juin.

EPICALLIA VILLICA (Linné), *l'Écaille fermière* **Pl. 29**

Répartition géographique. Toute la France et une grande partie de l'Europe.
Description. Longueur maximale : 50 mm. Corps noir, avec des verrues en relief d'où partent des touffes de soies brunâtres. Stigmates blancs. Tête, pattes et fausses pattes brun rougeâtre.
Biotopes. Bois, dunes côtières, jardins...
Plantes nourricières. Un large éventail de plantes basses. Parfois sur les jeunes pousses d'Ajonc (*Ulex europaeus*).
Cycle biologique. Une seule génération annuelle. Les œufs sont pondus en groupes, sur les feuilles (juin) ; ils éclosent au début du mois de juillet. Le développement larvaire est interrompu par une période d'hibernation. La nymphose a lieu en avril-mai. Les cocons sont tissés dans la végétation ou à terre, parmi les feuilles mortes. Émergence : fin-mai ou juin.

PARASEMIA PLANTAGINIS (Linné), **Pl. 27**
l'Écaille du Plantain

Répartition géographique. Espèce largement répandue en Europe. En France, ne fait défaut que dans l'Ouest.
Description. Longueur maximale : 35 mm. Corps brun noir, avec la région ventrale légèrement plus claire. Des verrues noires, en relief, d'où sont issues des touffes de poils noirâtres. Dorsalement, sur les trois premiers segments abdominaux, les verrues et leurs soies sont de couleur brun rougeâtre. Tête d'un noir luisant.
Biotopes. Bois clairs, landes, friches...
Plantes nourricières. Plantains (*Plantago*), Séneçon commun (*Senecio vulgaris*), Pissenlit (*Taraxacum*), Hélianthème commun (*Helianthemum nummularium*), Silènes (*Silene*), ainsi que d'autres plantes basses.
Cycle biologique. Une génération par an. Déposés sur les feuilles, en petits groupes, les œufs sont pondus en juin et ils éclosent en juillet. Les chenilles se nourrissent jusqu'en automne, puis au printemps, après hibernation. Elles parviennent au terme de leur croissance vers la fin-avril et elles se nymphosent en mai. Faits de soie mêlée de poils larvaires, les cocons sont tissés parmi les feuilles des plantes-hôtes.

ARCTIA CAJA (Linné), *l'Écaille-martre* **Pl. 10**

Répartition géographique. Toute la France et presque toute l'Europe.
Description. Longueur maximale : 60 mm. Corps brun noir, avec des touffes de soies serrées, issues de petites verrues en relief. La plupart des soies sont longues, noires et pourvues d'une zone apicale d'un blanc grisâtre ; toutefois, le thorax et la région ventrale de l'abdomen possèdent des soies rousses, relativement plus courtes. Stigmates blancs. Tête d'un noir luisant.
Biotopes. Bois clairs, haies, friches, parcs, jardins, etc.
Plantes nourricières. Presque toutes les plantes basses (sauvages ou cultivées) et divers arbres et arbustes à feuilles caduques.
Cycle biologique. Une génération par an. Les œufs sont pondus sous les feuilles, en groupes importants (juillet). Les chenilles naissent en août ; elles entrent en hibernation après un début de croissance et leur développement s'achève vers la fin-juin. Très actives, notamment lorsqu'elles cherchent un endroit pour se nymphoser, ces chenilles sont capables de se déplacer très rapidement. Les cocons sont tissés sur le sol, dans la litière. Les imagos apparaissent en juillet-août, voire avant.

RHYPARIA PURPURATA (Linné), *l'Écaille pourpre* **Pl. 19**

Répartition géographique. Europe moyenne et méridionale. En France, pratiquement partout.
Description. Longueur maximale : 45 mm. Tégument noirâtre, largement marqué de blanc latéralement. Des verrues portant des touffes de soies serrées. Celles-ci rousses dorsalement, grisâtres sur les flancs. Tête d'un noir luisant.
Biotopes. Collines ensoleillées et autres endroits chauds et secs.
Plantes nourricières. Un large éventail de plantes basses, ainsi que des arbustes.
Cycle biologique. Une ou deux générations par an selon les régions (deux en Europe méridionale). Les chenilles qui hibernent terminent leur développement au printemps. Elles se nymphosent en mai, ce qui permet une émergence d'imagos en juin. Les papillons de la seconde génération volent en septembre. La soie des cocons est mêlée de poils larvaires.

DIACRISIA SANNIO (Linné), *la Bordure ensanglantée* **Pl. 10**

Répartition géographique. Pratiquement partout, en France comme dans les autres pays européens.
Description. Longueur maximale : 40 mm. Corps brun rougeâtre, avec des touffes de soies brunes, assez courtes, et issues de petites verrues en relief. Une bande médio-dorsale claire, ornée d'une série de points jaunes. Flancs marqués, sous le niveau des stigmates, d'une rangée longitudinale de petites taches blanches. Tête d'un brun grisâtre foncé. Les jeunes chenilles ont des points rouges sur la partie dorsale du corps.
Biotopes. Bruyères, landes...
Plantes nourricières. Pissenlit (*Taraxacum*), Patiences (*Rumex*), Épervières (*Hieracium*), Orties (*Urtica*), Bruyères (*Calluna* et *Erica*), Galé odorant (*Myrica gale*), etc.
Cycle biologique. Une ou deux générations par an selon les régions. Dans le premier cas : ponte en juin, éclosion en juillet, croissance interrompue par une période d'hibernation (alors que les chenilles sont encore petites), nymphose en mai-juin, émergence en juin-juillet. Les œufs sont déposés sur les feuilles, en petits groupes. Lorsqu'on inquiète les chenilles, elles commencent par s'enrouler sur elles-mêmes ; puis, aussitôt, elles redéploient leur corps pour s'éloigner à une allure très rapide. Assez frêles, les cocons se trouvent au pied des plantes nourricières.

PHRAGMATOBIA FULIGINOSA (Linné), **Pl. 29**
l'Écaille cramoisie

Répartition géographique. Toute la France et presque toute l'Europe.
Description. Longueur maximale : 35 mm. Tégument brun clair ou brun noirâtre, avec des verrues qui portent des touffes de soies serrées, brun roux ou brun noirâtre. Stigmates petits, blanchâtres. Tête d'un noir luisant.
Biotopes. Bois clairs, dunes, prés, friches, etc.
Plantes nourricières. Patiences (*Rumex*), Pissenlit (*Taraxacum*), Myosotis (*Myosotis*), Verge d'or (*Solidago virgaurea*), Achillée-millefeuille (*Achillea millefolium*), ainsi que d'autres plantes basses.
Cycle biologique. Une ou deux générations par an. En Europe septentrionale : ponte en mai, chenilles actives de mai-juin jusqu'en automne, hibernation à la fin du développement larvaire, nymphose en avril, émergence en mai. Les œufs sont pondus sur la plante-hôte, en groupes importants. Faits de soie, et de couleur brune, les cocons se trouvent, eux aussi, sur les plantes-hôtes. En France, les imagos peuvent s'observer de mars à septembre.

DIAPHORA MENDICA (Clerck), *l'Écaille mendiante* **Pl. 10**

Répartition géographique. Espèce principalement répandue en Europe moyenne et septentrionale. En France : à peu près partout.
Description. Longueur maximale : 40 mm. Corps brun grisâtre, avec de nombreuses soies brun jaunâtre, regroupées sur des petites verrues sombres. Parfois, une ligne médio-dorsale claire, mal indiquée. Tête d'un brun jaunâtre.
Biotopes. Bois clairs, dunes, jardins, friches...
Plantes nourricières. Patiences (*Rumex*), Mouron blanc (*Stelleria media*), Plaintains (*Plantago*), Pissenlit (*Taraxacum*), Orties (*Urtica*) et diverses autres plantes basses.
Cycle biologique. Une génération par an. Pondus sur les feuilles, en mai-juin, les œufs sont disposés en groupes, quelquefois en doubles rangées. Les chenilles s'observent de juillet à septembre. Lorsqu'on les inquiète, elles réagissent comme celles de

la Bordure ensanglantée. Les cocons sont tissés à terre ou sur la plante-hôte. Leur soie est mêlée de poils larvaires. Nymphose en automne ; émergence l'année suivante, en mai.

SPILOSOMA LUBRICIPEDA (Linné), *l'Écaille tigrée* **Pl. 29**

Répartition géographique. Toute la France et pratiquement toute l'Europe.
Description. Longueur maximale : 40 mm. Tégument d'un gris brunâtre foncé. Des touffes de soies noirâtres, issues de verrues noires, en relief. Une bande médio-dorsale rouge ou orangée. Tête d'un noir luisant.
Biotopes. Haies, friches, jardins, etc.
Plantes nourricières. De nombreuses plantes basses, sauvages ou cultivées.
Cycle biologique. Une ou deux générations par an selon les régions. Dans le premier cas : ponte en juillet, chenilles de juillet-août jusqu'en automne (saison pendant laquelle s'effectue la nymphose), émergence des imagos l'année suivante, en mai-juin. Les imagos de la seconde génération volent en août. Les œufs sont déposés sur les feuilles, en groupes importants. Les chenilles peuvent se déplacer très rapidement, ce qui explique le nom latin donné à cette espèce (*lubricipeda*) : « dont les pattes sont adaptées à la course ». De couleur grise, les cocons sont tissés à terre, dans la litière.

SPILOSOMA URTICAE (Esper), *l'Écaille de l'Ortie* **Pl. 26**

Répartition géographique. Espèce assez répandue en Europe, mais dans l'ensemble relativement localisée. En France : plutôt dans la partie septentrionale.
Description. Longueur maximale : 45 mm. Tégument d'un brun grisâtre foncé. Des touffes de soies brun foncé, issues de verrues relativement claires. Parfois, une ligne médio-dorsale discontinue, de couleur jaunâtre. Stigmates blancs. Tête d'un noir luisant.
Biotopes. Marais, prairies humides...
Plantes nourricières. Lysimaque commune (*Lysimacha vulgaris*), Menthes (*Mentha*), Patience aquatique (*Rumex hydrolapathum*), Pédiculaire des bois (*Pedicularis sylvatica*), Iris jaune (*Iris pseudacorus*), Pissenlit (*Taraxacum*), ainsi que d'autres plantes basses croissant dans les lieux humides.
Cycle biologique. Une ou deux générations par an. En Europe septentrionale : ponte en juin, chenilles en juillet-août, nymphose vers la fin-août ou en septembre, émergence l'année suivante, en juin. On observe les imagos en mai-juin et en août lorsqu'il y a deux générations. Les œufs sont pondus en groupes (sur la plante-hôte). Les cocons sont tissés à terre ou sur les plantes nourricières ; leur soie est mêlée de poils larvaires.

SPILOSOMA LUTEUM (Hufnagel), *l'Écaille-lièvre* **Pl. 15**

Répartition géographique. Presque partout, en France comme dans le reste de l'Europe.
Description. Longueur maximale : 45 mm. Tégument brun grisâtre, plus foncé dorsalement ou dorso-latéralement. Des touffes de soies brunes ou brun rougeâtre, issues de verrues brun clair ou brun orangé. Une ligne médio-dorsale claire, souvent mal indiquée. De chaque côté du corps, une bande longitudinale blanchâtre. Tête rousse ou d'un brun jaunâtre clair.

Biotopes. Haies, friches, jardins, parcs, etc.
Plantes nourricières. Un large éventail de plantes basses et divers arbres et arbustes. Également sur la Fougère-aigle (*Pteridium aquilinum*), espèce végétale que peu d'autres insectes sont susceptibles de consommer.
Cycle biologique. Une génération annuelle. Les œufs sont pondus sur les feuilles, en groupes importants (juin-juillet). Les chenilles naissent en juillet-août et elles s'alimentent jusqu'en automne (c'est alors qu'elles se nymphosent). Les cocons — gris — sont tissés à terre, dans la litière ; leur soie est mêlée de poils larvaires. L'émergence des imagos a lieu en mai-juin, après hivernage des chrysalides.

HYPHANTRIA CUNEA (Drury), *l'Écaille fileuse* **Pl. 33**

Répartition géographique. D'origine américaine, cette espèce est actuellement répandue dans diverses régions chaudes d'Europe moyenne et méridionale. En France, elle s'observe — depuis peu — dans le Sud-Ouest.
Description. Longueur maximale : 35 mm. Corps clair, brun jaunâtre ou brun verdâtre, avec une large bande dorsale essentiellement brun foncé. Des touffes de longues soies portées par des verrues en relief. Ces dernières sont noires dans la région dorsale, brun orangé sur les flancs. Plaque pronotale brun orangé, avec des zones brun foncé. Tête noire.
Biotopes. Bois, haies et vergers.
Plantes nourricières. Prunellier (*Prunus spinosa*), Cerisier (*Prunus cerasus*), Prunier (*Prunus domestica*), Pommiers (*Malus*), Poiriers (*Pyrus*), ainsi que d'autres arbres et arbustes à feuilles caduques.
Cycle biologique. Deux générations par an. Comprenant de nombreux œufs, les pontes sont recouvertes de poils et elles se trouvent sur la face inférieure des feuilles (mai ; août). Les œufs éclosent au bout d'une à trois semaines. Les chenilles vivent dans une grande toile collective, tissée dans le feuillage de la plante-hôte. On les observe de mai à juillet, ainsi qu'en août-septembre. Faits de soie, les cocons sont construits à terre. Les chrysalides d'été donnent des imagos en juillet, tandis que celles d'automne permettent une émergence au printemps, après un hiver.

NOCTUIDAE

Très divers quant à leur taille et à leur aspect, les papillons de cette famille ont, pour la plupart, des mœurs nocturnes. A l'exception de quelques chenilles velues (*Nola, Colocasia, Arctomyscis, Acronicta,* etc.), le tégument larvaire ne porte que des soies primaires. Dans certains cas, les fausses pattes sont réduites ou absentes sur les segments 3 et 4 de l'abdomen (ou seulement sur le troisième segment) ; les chenilles en question se déplacent un peu comme les « arpenteuses » (Geometridae). Plusieurs chenilles de Noctuidae se révèlent nuisibles, notamment celles connues sous le nom de « vers gris » (avec cinq paires de fausses pattes bien développées). L'abdomen larvaire présente parfois des protubérances bien marquées (*Catocala, Amphipyra...*), mais il ne s'agit, toutefois, que de quelques exceptions. Quoique très variées, les espèces végétales consommées sont, le plus souvent, des plantes basses.

ZANCLOGNATHA TARSIPENNALIS (Treitschke),
la Patte plumeuse

Répartition géographique. Espèce largement répandue en Europe. En France : presque partout.
Description. Longueur maximale : 30 mm. Tégument gris, plus ou moins teinté de rosâtre ventralement. Les soies, peu nombreuses, s'insèrent sur de gros points noirs, cernés de beige ou de vert jaunâtre. Cinq paires de fausses pattes. Stigmates noirs. Tête brun noir.
Biotope. Bois clairs, buissons...
Plantes nourricières. Feuilles mortes d'espèces végétales variées : Chênes (*Quercus*), Saules (*Salix*), Framboisier (*Rubus idaeus*), Graminées...
Cycle biologique. Généralement une génération par an : chenilles de juillet à avril, nymphose vers la fin-avril, imagos en juin-juillet. On observe parfois quelques papillons en août-septembre (seconde génération partielle).

Chenille de *Zanclognatha tarsipennalis* (Treitschke)

HYPENA PROBOSCIDALIS (Linné), *la Noctuelle à museau* **Pl. 9**

Répartition géographique. Partout, en France comme dans les autres pays européens.
Description. Longueur maximale : 25 mm. Troisième segment abdominal sans fausses pattes, de sorte qu'il n'y a que quatre paires de fausses pattes (assez grêles). Corps vert jaunâtre à vert foncé, avec des bandes transversales, intersegmentaires, de couleur jaunâtre. Région dorsale habituellement pourvue de deux lignes longitudinales, d'un blanc verdâtre. Flancs longitudinalement rayés d'une bande blanche, située au niveau des stigmates. Des points vert clair, légèrement en relief. Tête verte, mouchetée de noir.
Biotopes. Bois clairs, haies, jardins et friches.
Plantes nourricières. Ortie dioïque (*Urtica dioica*), Houblon (*Humulus lupulus*) et Plantains (*Plantago*).
Cycle biologique. Une génération par an en Europe septentrionale ; une seconde génération partielle plus au Sud. Ponte en juillet-août. La plupart des chenilles hibernent et achèvent leur développement au printemps. Elles se nymphosent en avril-mai, ce qui permet l'apparition d'imagos dès le mois de mai. Les papillons de la seconde génération s'observent en automne.

TYTA LUCTUOSA (Denis & Schiffermüller), *la Funèbre* **Pl. 26**

Répartition géographique. Toute la France et presque toute l'Europe.
Description. Longueur maximale : 35 mm. Tégument ocre clair, tirant plus ou moins sur le roux. Région dorsale avec deux bandes discontinues, brun foncé et ornées de petites taches blanches. De chaque côté du corps, sous les stigmates, une large bande de couleur crème. Stigmates noirs. Cinq paires de fausses pattes. Tête crème, avec des lignes brun foncé.
Biotopes. Dunes, talus, friches sur terrains calcaires...
Plantes nourricières. Liseron des champs (*Convolvulus arvensis*), Grand Plantain (*Plantago major*)...
Cycle biologique. Une ou deux générations par an selon les régions. Dans le premier cas : ponte en juin, chenilles en juillet-août, nymphose en septembre, émergence l'année suivante, en juin. Les œufs sont déposés isolément sur les tiges et les boutons. Assez résistants, les cocons se trouvent en terre.

APOPESTES SPECTRUM (Esper), *le Spectre* **Pl. 33**

Répartition géographique. Europe méridionale, y compris le Sud de la France.
Description. Longueur maximale : 80 mm. Corps jaune, avec quatre bandes dorsales noires et diverses taches latérales noires entourées de blanc. Cinq paires de fausses pattes bien développées. Tête blanc jaunâtre, maculée de noir.
Biotopes. Collines, zones rurales ensoleillées...
Plantes nourricières. Genêt velu (*Genista pilosa*), Genêt à balais (*Cytisus scoparius*), ainsi que quelques plantes voisines.
Cycle biologique. Une génération par an. Les œufs sont pondus en mars, sur les tiges des plantes-hôtes. Les chenilles s'observent d'avril à juin-juillet. Elles consomment principalement les fleurs. Au repos sur les tiges, elles sont particulièrement repérables, ce qui suggère que les prédateurs ne peuvent les manger. D'un blanc grisâtre, les cocons se trouvent sur la plante nourricière. Le stade nymphal dure environ un mois. Les imagos hivernent et ne pondent qu'au printemps.

LYGEPHILA CRACCAE (Denis & Schiffermüller), *la Multiflore* **Pl. 20**

Répartition géographique. Espèce présente en divers endroits d'Europe moyenne et méridionale, ainsi que dans le Sud de l'Europe septentrionale. En France : presque partout.
Description. Longueur maximale : 36 mm. Corps assez mince, notamment vers l'avant. Tégument brun clair. Une bande dorsale formée de marbrures brun foncé et ornée d'une ligne médiane brun noir (à bords clairs). Longitudinalement, sur chaque flanc, une double ligne de couleur brun foncé. Cinq paires de fausses pattes. Tête brune.
Biotopes. Falaises et endroits rocailleux.
Plantes nourricières. Vesces (*Vicia*), Astragales (*Astragalus*), Dorycnium sous-arbrisseau (*Dorycnium suffruticosum*)...
Cycle biologique. Une génération par an. Déposés isolément sur les feuilles de la plante-hôte, les œufs sont pondus en été, mais ils n'éclosent qu'au printemps de l'année suivante. Les chenilles s'observent de mai à juin-juillet. Les cocons se trouvent à la surface du sol. Période de vol des imagos : juillet-août.

LASPEYRIA FLEXULA (Denis & Schiffermüller), *le Crochet* **Pl. 32**

Répartition géographique. Espèce largement répandue en Europe. En France : presque partout.
Description. Longueur maximale : 24 mm. Corps mince, d'un vert bleuté, avec des dessins assez complexes, noirs et blanc verdâtre. Huitième segment abdominal muni d'une paire de petites protubérances dorsales. Les deux premières paires de fausses pattes nettement réduites, les trois autres relativement longues. Tête blanc verdâtre, marquée de dessins noirs.
Biotopes. Bois et vergers mal entretenus.
Plantes nourricières. Lichens (*Physcia stellaris* et *Xanthoria parietana*).
Cycle biologique. Une génération par an. Les œufs sont déposés, isolément ou en petits groupes, sur les blanches et les lichens (août). Les chenilles hibernent lorsqu'elles sont encore petites, attendant le printemps pour se réalimenter. Nocturnes, elles consomment les lichens qui se développent sur divers arbres et arbustes ; le jour, elles restent sur ces lichens dont elles ont la coloration (de ce fait, elles sont difficiles à repérer). Fin de la croissance larvaire en mai. Nymphose dans un cocon gris jaunâtre, tissé parmi les lichens. Émergence en juin-juillet.

SCOLIOPTERYX LIBATRIX (Linné), *la Découpure* **Pl. 2**

Répartition géographique. Espèce largement répandue en Europe, quoique moins commune dans le Sud. En France : partout.
Description. Longueur maximale : 50 mm. Corps assez allongé. Tégument vert, d'aspect velouté. Une ligne médio-dorsale sombre, plutôt mal indiquée. Une paire de lignes latéro-dorsales blanchâtres ou jaune verdâtre, ventralement soulignées de noir. Flancs avec une strie claire, peu visible, au niveau des stigmates. Cinq paires de fausses pattes. Tête globuleuse, verte, marquée d'une ligne médiane noire.
Biotopes. Bois, landes, friches et jardins.

Plantes nourricières. Saules (*Salix*) et Peupliers (*Populus*).
Cycle biologique. Habituellement, deux générations par an. Les œufs sont pondus, isolément ou en petits groupes, sur les branches et les feuilles de la plante-hôte. Ils éclosent au bout d'une semaine. Les chenilles peuvent s'observer de mai à septembre. Faits de soie blanchâtre, les cocons sont généralement tissés entre les feuilles. Les papillons qui apparaissent en automne doivent hiverner avant de se reproduire. Les générations tendent à se superposer et l'on peut trouver des imagos pratiquement toute l'année.

EUCLIDIA GLYPHICA (Linné), *la Doublure jaune* — Pl. 21

Répartition géographique. Toute la France et presque toute l'Europe.
Description. Longueur maximale : 40 mm. Corps allongé, avec quatre paires de fausses pattes. Situées sur le quatrième segment abdominal, les premières fausses pattes sont réduites, mais non absentes (la figure 6 de la planche 21 se révèle donc assez inexacte). Tégument crème, avec des lignes longitudinales brunes ou brun jaunâtre. Flancs pourvus, sous les stigmates, d'une bande longitudinale blanchâtre ou d'un blanc rosé. Cette dernière quelquefois ventralement bordée de brun foncé. Les dessins du corps se prolongent sur la capsule céphalique.
Biotopes. Dunes, prés et bois clairs, principalement sur terrains calcaires.
Plantes nourricières. Luzernes (*Medicago lupulina, Medicago sativa*...), Trèfles (*Trifolium*), ainsi que quelques plantes voisines.
Cycle biologique. Une ou deux générations par an selon les régions. En Europe septentrionale : ponte en juin, éclosion au bout d'une quinzaine de jours, chenilles en été, nymphose vers la fin-septembre (en terre, au pied de la plante-hôte), émergence l'année suivante, en mai-juin. Les œufs sont déposés sur les feuilles, en petits groupes. Nocturnes, les chenilles se tiennent immobiles pendant la journée, le corps tendu et appliqué contre une tige.

CALLISTEGE MI (Clerck), *le Mi* — Pl. 21

Répartition géographique. Toute la France et pratiquement toute l'Europe.
Description. Longueur maximale : 40 mm. Corps long et mince, avec uniquement trois paires de fausses pattes (sur les segments abdominaux 5, 6 et 10). Tégument blanc ocreux ou jaune clair, habituellement avec de fines lignes longitudinales, brunes ou brun rougeâtre. Parfois, la région dorsale ne montre guère que deux bandes sombres, séparées par une ligne médiane de couleur ocre. Flancs marqués, au-dessous des stigmates, d'une large bande blanc jaunâtre. Tête avec des lignes et des bandes prolongeant celles du corps.
Biotopes. Dunes, prés et bois clairs.
Plantes nourricières. Trèfles (*Trifolium*), Mélilots (*Melilotus*), Luzernes (*Medicago*)...
Cycle biologique. Une génération par an. Ponte en juin ; éclosion environ trois semaines après. Les chenilles ont des mœurs diurnes et nocturnes. Quand on les inquiète, elles se laissent tomber à terre et s'enroulent de façon caractéristique. En septembre-octobre, elles se nymphosent non loin du sol, tissant leur cocon parmi les herbes et autres plantes basses. Émergence l'année suivante, en mai-juin.

CATOCALA NUPTA (Linné), *la Mariée* **Pl. 2**

Répartition géographique. Espèce largement répandue en Europe. En France, pratiquement partout.

Description. Longueur maximale : 70 mm. Corps allongé, rétréci à l'arrière. Tégument brun ou gris brunâtre, plus clair dans la région ventrale qui montre une rangée médiane de grosses taches brun noir. Parfois, deux bandes dorsales sombres, mal indiquées. Sur chaque segment, dorsalement, une paire de points ocreux. Un bourrelet dorsal, transversal, sur le cinquième segment abdominal et un autre, moins important, sur le huitième segment. Les deux premières paires de fausses pattes légèrement moins longues que les trois autres. Tête grise ou brun clair, avec une bande noire et deux petites gibbosités.

Biotopes. Bois, forêts, haies...

Plantes nourricières. Saules (*Salix*), Peupliers (*Populus*), Tremble (*Populus tremula*) et Prunier (*Prunus domestica*).

Cycle biologique. Une génération annuelle. Les œufs sont déposés, isolément ou en petits groupes, dans des anfractuosités de l'écorce. Pondus en septembre, ils n'éclosent que l'année suivante, au printemps. Les chenilles sont nocturnes. Le jour, elles se dissimulent là où l'écorce est fendue. Le développement larvaire s'achève en juin-juillet. Grossiers mais résistants, les cocons sont tissés entre des feuilles ou dans des anfractuosités de l'écorce. Les imagos volent de juillet à octobre.

LITHACODIA PYGARGA (Hufnagel), *l'Albule* **Pl. 31**

Répartition géographique. Espèce largement répandue en Europe. En France : partout.

Description. Longueur maximale : 20 mm. Corps assez mince, jaunâtre ou roux. Une ligne médio-dorsale sombre et deux lignes latéro-dorsales claires. Flancs pourvus, au niveau des stigmates, d'une ligne longitudinale rougeâtre. Stigmates noirs. Quatre paires de fausses pattes, mais la première très réduite (sur le quatrième segment abdominal). Tête globuleuse, de couleur brune.

Biotopes. Bois, bruyères, landes et marais, principalement sur sols acides.

Plantes nourricières. Graminées : *Molinia caerulea, Brachypodium sylvaticum...*

Cycle biologique. Une génération par an. Ponte en juin-juillet. Chenilles de juillet à septembre. Nymphose en automne, dans un cocon terreux. Émergence l'année suivante, en mai-juin. Les imagos peuvent voler jusqu'en septembre.

NOLA CUCULLATELLA (Linné), *la Nole-capuchon* **Pl. 17**

Répartition géographique. Espèce localisée, s'observant principalement en Europe moyenne et septentrionale. En France, presque partout.

Description. Longueur maximale : 14 mm. Corps assez trapu, avec des verrues grises, jaunâtres ou rosâtres. Sur celles-ci, des soies nombreuses, mais pas très longues, de couleur blanchâtre ou noirâtre. Tégument gris foncé. Région dorsale avec des taches blanc grisâtre entre lesquelles se trouve une ligne médiane blanchâtre. Uniquement quatre paires de fausses pattes (le troisième segment abdominal en étant dépourvu). Tête d'un noir luisant.

Biotopes. Bois, haies, vergers...

Plantes nourricières. Aubépine (*Crataegus monogyna*), Prunellier (*Prunus spinosa*), Prunier (*Prunus domestica*), Pommiers (*Malus*), Poiriers (*Pyrus*), etc.

Cycle biologique. Une génération par an. Les œufs sont pondus en juillet, sur la face inférieure des feuilles. Les chenilles naissent en août. L'hibernation a lieu lorsqu'elles sont encore jeunes : elles se cachent alors dans des anfractuosités de l'écorce, sous quelques fils de soie. Se réalimentant en avril-mai, elles achèvent leur croissance au début du mois de juin. La nymphose s'effectue sur une branche, dans un solide cocon recouvert de fragments d'écorce. Les imagos volent en juin-juillet.

NOLA CONFUSALIS (Herrich-Schäffer), *la Nole-aigrette* Pl. 16

Répartition géographique. Espèce largement répandue en Europe. En France : partout.
Description. Longueur maximale : 14 mm. Corps crème à brun jaunâtre clair, avec des verrues d'où partent des soies fines et modérément longues. Région dorsale ornée de deux bandes brun foncé, discontinues, et de trois dessins sombres, de forme triangulaire. Quatre paires de fausses pattes. Tête d'un brun jaunâtre.
Biotopes. Bois et vergers.
Plantes nourricières. La chenille se trouve sur les Chênes (*Quercus*), le Hêtre (*Fagus sylvatica*), le Prunellier (*Prunus spinosa*), les Pommiers (*Malus*), les Airelles (*Vaccinium*), etc. Elle semble toutefois consommer principalement les lichens qui se développent sur ces plantes.
Cycle biologique. Une ou deux générations par an selon les régions (la seconde, partielle). En Europe septentrionale : ponte en juin, chenilles de juillet à septembre, nymphose en automne, émergence l'année suivante, en mai. Le cocon est construit sur l'écorce de la plante-hôte.

NYCTEOLA REVAYANA (Scopoli), *la Noctuelle de Revay* Pl. 6

Répartition géographique. Espèce largement répandue en Europe, mais absente des régions les plus septentrionales. En France : presque partout.
Description. Longueur maximale : 20 mm. Corps vert vif, avec des soies éparses, fines et de couleur blanche. Limites intersegmentaires étroitement soulignées de jaune verdâtre. Stigmates jaunâtres, cerclés de noir. Cinq paires de fausses pattes. Tête d'un vert jaunâtre clair.
Biotopes. Bois et forêts.
Plantes nourricières. Chênes (*Quercus*).
Cycle biologique. Une ou deux générations par an selon les régions. Dans le premier cas : ponte au printemps, chenilles de mai à juillet, émergence des imagos vers la fin de l'été. Ces derniers hivernent avant de pondre. Construits sous les feuilles ou sur les branches, les cocons sont blanchâtres et ils ressemblent à des coques de navires.

EARIAS CLORANA (Linné), *la Halie du Saule* Pl. 2

Répartition géographique. Espèce relativement localisée, mais présente dans presque toute l'Europe. En France, pratiquement partout.
Description. Longueur maximale : 19 mm. Corps assez épais, plus étroit à l'arrière. Région ventrale d'un vert bleuté clair. Flancs et région dorsale blanchâtres, voire

blanc rosé, avec des lignes longitudinales brunes. Mésothorax, métathorax et segments abdominaux 2 et 8 pourvus chacun d'une paire de petites protubérances dorsales, de couleur brun foncé. Stigmates noirs. Cinq paires de fausses pattes. Tête vert clair, plus ou moins rétractile.
Biotopes. Bois humides et marais.
Plantes nourricières. Saules (notamment *Salix viminalis*, l'Osier blanc).
Cycle biologique. En général, une génération par an. Ponte en juin-juillet. Les chenilles s'observent en juillet-août. Elles réunissent les pousses avec de la soie, formant ainsi des abris où elles passent leur existence. D'aspect naviculaire, les cocons sont tissés sur les branches ou les ramilles de la plante nourricière. Habituellement, les chrysalides hivernent pour donner des imagos en mai-juin ; quelques imagos apparaissent cependant parfois en août (seconde génération partielle).

PSEUDOIPS FAGANA (Fabricius), *la Halie du Hêtre* — Pl. 6

Répartition géographique. Toute la France et presque toute l'Europe.
Description. Longueur maximale : 35 mm. Corps épais, effilé à l'arrière. Tégument vert, avec des points et des dessins blanc jaunâtre. Une paire de lignes latéro-dorsales bien marquées, de couleur blanc jaunâtre. Assez allongées, les fausses pattes anales sont rayées de rouge. Tête vert clair.
Biotopes. Endroits boisés.
Plantes nourricières. Chênes (*Quercus*), Hêtre (*Fagus sylvatica*), Bouleaux (*Betula*), Noisetier (*Corylus avellana*), ainsi que quelques autres arbres à feuilles caduques.
Cycle biologique. Une génération par an. Les œufs sont pondus isolément sur les feuilles (juin-juillet). Ils éclosent au bout d'environ une semaine. Les chenilles sont assez indolentes et on les trouve souvent au repos, sous les feuilles. Elles parviennent à leur taille maximale en septembre-octobre. Bruns, résistants et parcheminés, les cocons se trouvent sous les feuilles, dans des anfractuosités de l'écorce ou à terre, dans la litière. Les chrysalides hivernent et l'émergence a lieu en mai-juin.

ABROSTOLA TRIGEMINA (Werneburg), *la Noctuelle à lunettes* — Pl. 9

Répartition géographique. Toute la France et pratiquement toute l'Europe.
Description. Longueur maximale : 35 mm. Corps vert, brun verdâtre ou brun pourpré. Les deux premiers segments abdominaux ornés chacun d'un triangle dorsal noirâtre. Sur le huitième segment de l'abdomen, une gibbosité dorsale, elle aussi de couleur noirâtre. Une paire de lignes latérales blanchâtres. Cinq paires de fausses pattes bien développées. Tête verte ou brune, avec une bande sombre de chaque côté.
Biotopes. Haies, friches, etc.
Plantes nourricières. Ortie dioïque (*Urtica dioica*) et Houblon (*Humulus lupulus*).
Cycle biologique. Une ou deux générations par an selon les régions. En Europe septentrionale : ponte en juillet, chenilles en août-septembre, nymphose en automne, émergence l'année suivante, en juin. En France, les imagos peuvent s'observer jusqu'en octobre. Faits de soie, les cocons se trouvent dans des feuilles repliées.

ABROSTOLA TRIPLASIA (Linné), *la Noctuelle de l'Ortie* **Pl. 9**

Répartition géographique. Toute la France et presque toute l'Europe.
Description. Longueur maximale : 35 mm. Coloration variable, allant du vert au brun pourpré. Région dorsale marquée de blanchâtre, avec une série de dessins bruns ou vert foncé, en forme de « V ».Une gibbosité dorsale sur le huitième segment abdominal. Une paire de lignes latérales blanchâtres. Cinq paires de fausses pattes. Tête brune ou vert clair, avec une bande sombre de chaque côté.
Biotopes. Haies, friches, bois clairs, etc.
Plantes nourricières. Ortie dioïque (*Urtica dioica*), principalement.
Cycle biologique. Une ou deux générations par an selon les régions. Dans le premier cas : ponte en juillet, éclosion environ une semaine après, nymphose vers la fin de l'été, émergence l'année suivante, en mai-juin. Les œufs sont pondus isolément, sur les feuilles de la plante-hôte. Les chenilles ont des mœurs diurnes ; on les voit parfois au repos sur les feuilles supérieures. Les cocons sont tissés dans la litière, à la surface du sol. Quand il y a une seconde génération, on observe des émergences vers la fin de l'été.

DIACHRYSIA CHRYSITIS (Linné), *le Vert-doré* **Pl. 9**

Répartition géographique. Pratiquement partout, en France comme dans les autres pays européens.
Description. Longueur maximale : 35 mm. Corps légèrement aminci vers l'avant. Tégument d'un vert clair plus ou moins bleuté. Région dorsale avec une série de chevrons blanchâtres. Une paire de lignes latérales blanchâtres, dorsalement bordées de vert foncé. Uniquement trois paires de fausses pattes (sur les segments abdominaux 5, 6 et 10). Stigmates blanchâtres, finement cerclés de brun. Tête d'un vert jaunâtre.
Biotopes. Champs, friches, jardins, etc.
Plantes nourricières. Ortie dioïque (*Urtica dioica*), Lamiers (*Lamium*), Galéopsis (*Galeopsis*), Sauges (*Salvia*), Vipérines (*Echium*)...
Cycle biologique. Deux générations par an, sauf dans les régions les plus septentrionales. Les œufs sont pondus isolément sur les feuilles (juin ; août) ; ils éclosent environ une semaine après. Les chenilles de la seconde génération hibernent dans la litière, alors qu'elles sont encore très petites. Elles se réalimentent au printemps. Principalement nocturnes, elles se cachent le jour dans des feuilles repliées. Faits de soie et de couleur brun clair, les cocons sont tissés sur la face inférieure des feuilles. Nymphose en mai et en juillet ; émergence respectivement en juin et en août.

DIACHRYSIA CHRYSON (Esper), *la Noctuelle topaze* **Pl. 28**

Répartition géographique. Espèce localisée, présente en divers endroits d'Europe. En France, principalement dans le Midi.
Description. Longueur maximale : 30 mm. Corps aminci vers l'avant. Tégument d'un vert jaunâtre clair. Une ligne médio-dorsale discontinue, vert foncé à bords blancs. Deux séries latéro-dorsales de traits blancs légèrement obliques. Une paire de lignes latérales blanches. Uniquement trois paires de fausses pattes. Tête d'un vert brillant, parfois avec de grosses taches noires.
Biotopes. Vallées, marais...
Plantes nourricières. Chanvrine (*Eupatorium cannabinum*) et quelques autres plantes basses.

Cycle biologique. Une génération par an. Ponte en août. Les chenilles hibernent lorsqu'elles sont encore petites. Elles se réalimentent au printemps. Principalement nocturnes, elles se cachent sous les feuilles pendant la journée. La nymphose a lieu en juillet. Blanchâtres, les cocons sont tissés sur la face inférieure des feuilles. Émergence en juillet-août.

POLYCHRYSIA MONETA (Fabricius), *l'Écu* **Pl. 12**

Répartition géographique. Espèce largement répandue en Europe. En France, ne fait défaut que dans l'Ouest.
Description. Longueur maximale : 35 mm. Corps vert vif, avec les limites intersegmentaires blanchâtres. Une ligne médio-dorsale vert foncé. Flancs montrant, au-dessus du niveau des stigmates, une ligne longitudinale blanche qui tend à s'estomper vers la tête. Celle-ci d'un vert luisant. Trois paires de fausses pattes. Les jeunes chenilles sont d'un vert grisâtre foncé, avec de petites taches noires.
Biotope. Jardins.
Plantes nourricières. Dauphinelles (*Delphinium*), Aconits (*Aconitum*), Hélianthes (*Helianthus*), Boule d'or (*Trollius europaeus*)...
Cycle biologique. Une ou deux générations par an (la seconde, partielle). Ponte habituellement en juillet. Les chenilles se développent soit rapidement (fin de l'été), soit jusqu'au printemps, après hibernation (celle-ci s'effectuant au pied de la plante-hôte). Les chenilles attaquent feuilles, boutons et graines en formation. Nymphose en juin et, parfois, en août. Durée du stade nymphal : environ un mois. Jaune d'or, les cocons sont tissés sous les feuilles.

AUTOGRAPHA GAMMA (Linné), *le Lambda* **Pl. 13**

Répartition géographique. Espèce qui s'observe de façon permanente en Europe méridionale et qui migre régulièrement vers le Nord, pouvant atteindre les régions les plus septentrionales. En France : partout.
Description. Longueur maximale : 25 mm. Coloration variable, allant du vert jaunâtre au vert bleuté et au gris verdâtre foncé. Tégument parsemé de petits dessins annulaires. Région dorsale avec de fines lignes longitudinales, blanches ou blanchâtres. Une paire de lignes latérales bien marquées, blanches ou jaunâtres. Uniquement trois paires de fausses pattes. Tête habituellement verte, avec deux bandes latérales noires ; quelquefois entièrement verte ou entièrement noire.
Biotopes. Zones rurales, friches, jardins...
Plantes nourricières. Trèfles (*Trifolium*), Pois (*Pisum sativum*), Chou (*Brassica oleracea*), Laitue (*Lactuca sativa*), Ortie dioïque (*Urtica dioica*), ainsi que de nombreuses autres plantes, sauvages ou cultivées.
Cycle biologique. Généralement, deux générations par an. Les œufs sont pondus isolément ou en petits groupes (mai, août). Ils éclosent au bout d'une quinzaine de jours. Les chenilles s'observent au printemps, en été et en automne. Elles peuvent être très nuisibles pour les cultures. Translucides et blanchâtres, les cocons sont tissés parmi les feuilles. On trouve des imagos presque toute l'année.

AUTOGRAPHA JOTA (Linné), *l'Iota* **Pl. 26**

Répartition géographique. Presque partout, en France comme dans le reste de l'Europe.
Description. Longueur maximale : 38 mm. Corps vert vif. Dorsalement, quatre lignes claires mal indiquées. Flancs ornés, au-dessus des stigmates, d'une ligne longitudinale jaune. Trois paires de fausses pattes. Tête verte, avec une bande noire de chaque côté.
Biotopes. Haies, bois et friches.
Plantes nourricières. Lamiers (*Lamium*), Épiaire des bois (*Stachys sylvatica*), Orties (*Urtica*), Chèvrefeuilles (*Lonicera*), Menthes (*Mentha*), Violettes (*Viola*), etc.
Cycle biologique. Une génération par an. Les œufs sont pondus isolément, sur les feuilles (juillet). Ils éclosent au bout d'environ une semaine. Les chenilles entrent en hibernation alors qu'elles sont encore petites. Elles se réalimentent au printemps, atteignant leur taille maximale vers la fin-mai. Leurs mœurs sont principalement nocturnes. D'un blanc jaunâtre, les cocons sont tissés sous les feuilles. Émergence en juin-juillet, voire en mai.

AUTOGRAPHA BRACTEA (Denis & Schiffermüller), *la Feuille d'or* **Pl. 28**

Répartition géographique. Europe moyenne et septentrionale. Est de la France.
Description. Longueur maximale : 35 mm. Corps vert clair. Région dorsale marquée de six lignes blanches, assez irrégulières. Une paire de lignes latérales blanches. Uniquement trois paires de fausses pattes. Tête verte, avec une bande noire de chaque côté.
Biotopes. Haies, landes, friches...
Plantes nourricières. Orties (*Urtica*), Lamiers (*Lamium*), Pissenlit (*Taraxacum*), Séneçon commun (*Senecio vulgaris*), Chèvrefeuille (*Lonicera periclymenum*), Chanvrine (*Eupatorium cannabinum*), Épervières (*Hieracium*), Plantains (*Plantago*), etc.
Cycle biologique. Une seule génération annuelle. Ponte en juillet-août. Les chenilles hibernent lorsqu'elles sont encore petites et elles achèvent leur croissance au printemps. Nymphose en mai. Cocons sur les feuilles de la plante nourricière. Émergence en juillet.

PANTHEA COENOBITA (Esper), la Cénobite **Pl. 1**

Répartition géographique. Centre et Sud-Est de l'Europe. France orientale. Fait défaut en Grande-Bretagne.
Description. Longueur maximale : 60 mm. Tégument brun rougeâtre, avec des dessins noirs, dorsaux et latéraux. Des verrues brun jaunâtre d'où sont issues des touffes de soies, noires ou blanchâtres. Des taches blanches formant trois rangées longitudinales (une médio-dorsale et deux latérales). Cinq paires de fausses pattes bien développées. Tête noire.
Biotope. Forêts de conifères.
Plantes nourricières. Épicéa (*Picea*), Pins (*Pinus*), Sapin (*Abies alba*) et Mélèze (*Larix decidua*).
Cycle biologique. Une génération par an. Les chenilles s'observent d'août à début-octobre. Cocons parcheminés, situés au pied des arbres, sur ou dans le sol. Émergence en mai-juin, après hivernage de la chrysalide.

COLOCASIA CORYLI (Linné), *la Noctuelle du Noisetier* **Pl. 5**

Répartition géographique. Espèce assez largement répandue en Europe. En France : presque partout.
Description. Longueur maximale : 35 mm. Corps trapu, habituellement d'un rose orangé clair, mais parfois brun, ocre ou gris. Des touffes de fines soies blanchâtres. Mésothorax avec deux pinceaux latéro-dorsaux, noirâtres ou brun rougeâtre. Sur chacun des segments abdominaux 1, 2 et 8, une touffe dorsale de poils, eux aussi noirâtres ou brun rougeâtre. Une bande médio-dorsale sombre, parfois discontinue. Une paire de bandes latérales blanchâtres. Cinq paires de fausses pattes. Tête grisâtre, ocre ou brun rougeâtre.
Biotope. Endroits boisés.
Plantes nourricières. Hêtre (*Fagus sylvatica*), Noisetier (*Corylus avellana*), Bouleaux (*Betula*), Charme (*Carpinus betulus*), Érable champêtre (*Acer campestre*), Aubépine (*Crataegus monogyna*)...
Cycle biologique. Habituellement, deux générations par an (une seule dans les régions les plus septentrionales d'Europe). Oeufs pondus isolément, sur les feuilles (mai ; août). Chenilles en juin-juillet et de septembre à début-octobre. Au repos, celles-ci se dissimulent entre des feuilles réunies par de la soie. Les cocons se trouvent au pied des arbres. Les chrysalides formées en juillet et en octobre donnent, respectivement, des imagos en août et en avril.

SUBACRONICTA MEGACEPHALA (Denis & Schiffermüller), *la Grosse Tête* **Pl. 3**

Répartition géographique. Toute la France et presque toute l'Europe.
Description. Longueur maximale : 35 mm. Corps d'un blanc grisâtre terne, avec des dessins gris foncé. Des touffes de longues soies gris clair. Région dorsale ornée de zones noirâtres portant des taches rougeâtres ou orangées ; sur le septième segment abdominal, une grande macule rosâtre ou d'un blanc ocreux. Pattes et fausses pattes ocre clair ; ces dernières au nombre de cinq. Capsule céphalique relativement grande, blanchâtre avec des dessins gris foncé d'extension variable.
Biotopes. Bois, haies, landes...
Plantes nourricières. Peupliers et Saules (notamment *Populus nigra* et *Salix caprea*). Également sur Bouleaux (*Betula*).
Cycle biologique. Une génération par an. Les œufs sont pondus isolément, sur les feuilles de la plante-hôte (juin-juillet). Ils éclosent au bout d'environ une semaine. Les chenilles se nourrissent pendant la journée. Lorsqu'on les trouve au repos, elles ont une position caractéristique, leur corps prenant plus ou moins la forme d'un point d'interrogation. Les cocons sont tissés dans des anfractuosités de l'écorce ou — parfois — à terre, au pied de la plante-hôte. Nymphose en septembre-octobre ; émergence l'année suivante, en mai-juin.

ARCTOMYSCIS ACERIS (Linné), *la Noctuelle de l'Érable* **Pl. 33**

Répartition géographique. Espèce largement répandue en Europe, mais faisant défaut dans les régions les plus septentrionales. En France : partout.
Description. Longueur maximale : 40 mm. Tégument brun grisâtre, densément recouvert de longs poils jaunes ou orange clair. Dorsalement, quatre paires de touffes rougeâtres et une rangée médiane de losanges blancs (bordés de noir). Cinq paires de fausses pattes. Tête brun foncé.

Biotopes. Zones rurales boisées, parcs, jardins, bords des routes...
Plantes nourricières. Marronnier (*Aesculus hippocastanum*), Érables (*Acer pseudoplatanus, Acer campestre...*), Chênes (*Quercus*), Tilleuls (*Tilia*)...
Cycle biologique. Une génération par an. Déposés isolément sur les feuilles, les œufs sont pondus en juillet et ils éclosent au bout d'environ une semaine. Au repos, les chenilles prennent la forme d'un « U ». Elles parviennent au terme de leur croissance en septembre (ou vers la fin-août). Faits de soie mêlée de poils larvaires, les cocons sont construits dans des anfractuosités de l'écorce. Émergence en mai-juin, après un hiver ou, plus rarement, deux.

ACRONICTA LEPORINA (Linné), *le Flocon de laine* Pl. 4

Répartition géographique. Toute la France et presque toute l'Europe.
Description. Longueur maximale : 37 mm. Tégument vert clair ou jaunâtre, densément couvert de longs poils recourbés. Ceux-ci blancs ou jaunes selon les individus (ils sont plutôt jaunes dans les régions septentrionales). Cinq paires de fausses pattes. Tête jaunâtre ou vert clair. Avant la nymphose, le tégument devient plus foncé et les soies noircissent.
Biotopes. Bois, bruyères, landes, bords des routes...
Plantes nourricières. Bouleau (*Betula pendula*), Aulne (*Alnus glutinosa*), Chênes (*Quercus*), Peupliers (*Populus*) et Saules (*Salix*).
Cycle biologique. Habituellement, une génération par an. Les œufs sont pondus isolément, sur les feuilles (juillet). Ils éclosent au bout d'environ sept jours. Les chenilles s'observent de juillet à octobre (voire jusqu'en novembre). Ne se cachant pas lorsqu'elles se nourrissent, elles sont difficiles à repérer quand elles sont au repos, sous les feuilles (avec le corps plus ou moins replié). Nymphose en automne, à l'intérieur de galeries creusées dans du bois en décomposition et fermées à l'aide de poils larvaires. Émergence en été, généralement l'année suivante (parfois, le stade nymphal dure deux ou trois ans).

JOCHEAERA ALNI (Linné), *la Noctuelle de l'Aulne* Pl. 5

Répartition géographique. Espèce largement répandue en Europe, mais souvent assez localisée. En France, plutôt dans la partie non méridionale.
Description. Longueur maximale : 35 mm. Corps noir, avec une rangée dorsale de grandes bandes transversales jaunes. Latéro-dorsalement, de longues soies noires, distinctement spatulées. Tête et pattes d'un noir luisant. Les jeunes chenilles n'ont pas de bandes jaunes et leurs soies sont moins développées ; en revanche, elles ont une grande tache dorsale d'un blanc grisâtre et elles ressemblent à des fientes d'oiseaux lorsqu'elles se tiennent au repos, le corps replié latéralement.
Biotopes. Bois et landes.
Plantes nourricières. Bouleaux (*Betula*), Aulne (*Alnus glutinosa*), Chênes (*Quercus*), Saules (*Salix*), Peupliers (*Populus*), Aubépine (*Crataegus monogyna*), ainsi que d'autres arbres et arbustes à feuilles caduques.
Cycle biologique. Une génération par an. Les œufs sont pondus isolément, sur les feuilles de la plante-hôte (juin). Ils éclosent au bout d'environ une semaine. Les chenilles s'observent en juillet-août. Elles creusent le bois pourri pour se nymphoser. Émergence d'avril à juin, après hivernage de la chrysalide.

TRIAENA TRIDENS (Denis & Schiffermüller), *le Trident* **Pl. 16**

Répartition géographique. Toute la France et pratiquement toute l'Europe.
Description. Longueur maximale : 38 mm. Une forte protubérance dorsale sur le premier segment abdominal et une autre, moins développée, sur le huitième. Corps gris noir, avec une large bande médio-dorsale, de couleur jaune orangé. Une paire de rangées latéro-dorsales de petites taches rouges. Flancs pourvus, longitudinalement, d'une large bande blanche, marquée de rouge et de rose. Tête d'un noir luisant.
Biotopes. Bois, haies, vergers...
Plantes nourricières. Aubépine (*Crataegus monogyna*), Prunellier (*Prunus spinosa*), Prunier (*Prunus domestica*), Poirier (*Pyrus communis*), Pommier (*Malus domestica*), Saules (*Salix*), Rosiers (*Rosa*) et quelques autres arbres et arbustes à feuilles caduques.
Cycle biologique. Une génération par an (du moins, en Europe septentrionale). Oeufs pondus isolément, sur les feuilles de la plante nourricière (juin). Éclosion au bout d'environ une semaine. Fin du développement larvaire en automne. Nymphose dans les anfractuosités de l'écorce. Émergence en mai-juin, après un hiver ou — plus rarement — deux.

TRIAENA PSI (Linné), *le Psi* **Pl. 16**

Répartition géographique. Toute la France et pratiquement toute l'Europe.
Description. Longueur maximale : 38 mm. Une protubérance dorsale, subconique, sur le premier segment abdominal et une autre, plus courte, sur le huitième. Corps gris bleuté, avec une large bande médio-dorsale de couleur jaune clair. Sur chaque flanc, une large bande blanche surmontée d'une rangée de taches rouges. Stigmates noirs. Tête d'un noir luisant.
Biotopes. Bois, haies, landes, jardins, etc.
Plantes nourricières. Bouleaux (*Betula*), Aulne (*Alnus glutinosa*), Charme (*Carpinus betulus*), Hêtre (*Fagus sylvatica*), Aubépine (*Crataegus monogyna*), Prunellier (*Prunus spinosa*), Prunier (*Prunus domestica*), Poiriers (*Pyrus*), Pommiers (*Malus*), ainsi que divers autres arbres et arbustes à feuilles caduques.
Cycle biologique. Généralement, une génération par an (il y a une deuxième génération partielle dans les régions méridionales). Les œufs sont pondus isolément, sur les feuilles (juillet-août). Ils éclosent au bout d'environ une semaine. Les chenilles s'observent d'août à début-octobre. En automne, on les voit souvent errer sur les troncs. Les cocons sont tissés dans des anfractuosités de l'écorce ou dans du bois pourri, parfois même dans le sol. Nymphose en octobre. Émergence l'année suivante, en mai-juin (voire en avril).

VIMINIA MENYANTHIDIS (Esper), *l'Acronycte de la Menyanthe* **Pl. 5**

Répartition géographique. Europe septentrionale et régions montagneuses d'Europe moyenne. En France : dans l'Est.
Description. Longueur maximale : 40 mm. Tégument noir ou brun noirâtre. Régions dorsale et latérales avec des touffes de soies noires. De chaque côté du corps, une rangée longitudinale de taches rouges. Stigmates blancs. Tête et pattes d'un noir brillant. Cinq paires de fausses pattes.
Biotopes. Bruyères, landes, marais et zones montagneuses.

Plantes nourricières. Trèfle d'eau (*Menyanthes trifoliata*), Tussilage (*Tussilago farfara*), Callune (*Calluna vulgaris*), Galé odorant (*Myrica gale*), Airelle-myrtille (*Vaccinium myrtillus*), Saules (*Salix*), Bouleaux (*Betula*), etc.
Cycle biologique. Une génération par an. Pondus sur la plante-hôte, en juin, les œufs tendent à se superposer et ils forment des groupes d'une vingtaine d'unités (voire plus). Ils éclosent au bout d'environ une semaine. Les chenilles ont une activité diurne. Dans les landes, elles consomment plutôt les parties supérieures des plantes basses. Nymphose en automne, au pied de la plante nourricière. Émergence l'année suivante, en mai-juin.

VIMINIA AURICOMA (Denis & Schiffermüller), **Pl. 15**
la Chevelure dorée

Répartition géographique. Toute la France et une grande partie de l'Europe.
Description. Longueur maximale : 40 mm. Corps gris foncé, avec de larges bandes dorsales d'un noir velouté. Sur chacune de celles-ci, quatre verrues rouge orangé qui portent d'assez longues soies rougeâtres. Stigmates blancs, cerclés de noir. Tête d'un noir brillant.
Biotope. Endroits boisés.
Plantes nourricières. Ronce (*Rubus fructicosus*), Framboisier (*Rubus idaeus*), Bouleaux (*Betula*), Saules (*Salix*), Noisetier (*Corylus avellana*), Chênes (*Quercus*), Airelle-myrtille (*Vaccinium myrtillus*)...
Cycle biologique. Deux générations par an. Les œufs sont pondus en petits groupes (mai ; août). Les chenilles s'observent en juin-juillet et en septembre-octobre. Les cocons sont tissés sur la face inférieure des feuilles. Certains imagos émergent en juillet-août ; les chrysalides qui hivernent donnent des imagos en avril-mai.

VIMINIA EUPHORBIAE (Denis & Schiffermüller), **Pl. 5**
l'Acronycte de l'Euphorbe

Répartition géographique. Espèce largement répandue en Europe. En France : pratiquement partout.
Description. Longueur maximale : 36 mm. Tégument habituellement gris foncé, avec deux rangées latéro-dorsales de taches jaune clair. Parfois celles-ci sont réunies transversalement, formant ainsi une série unique de dessins jaunes. Dans d'autres cas, les flancs sont entièrement jaune clair. Une zone dorsale rouge sur le mésothorax et une paire de bandes latérales rougeâtres. Des touffes de soies, blanchâtres ou brun clair selon leur emplacement. Stigmates blancs. Tête d'un noir brillant.
Biotopes. Landes, bruyères, buissons...
Plantes nourricières. Galé odorant (*Myrica gale*), Callune (*Calluna vulgaris*), Euphorbes (*Euphorbia*), Saules (*Salix*), Bouleaux (*Betula*), Ronce (*Rubus fruticosus*), Plantains (*Plantago*), etc.
Cycle biologique. Deux générations par an, sauf dans les régions les plus septentrionales. Pondus isolément ou en petits groupes, les œufs se trouvent sur la plante-hôte et même, parfois, sur le sol. S'alimentant en plein soleil, les chenilles s'observent de juillet à octobre. Résistants, les cocons sont construits sous des pierres. Émergence en juillet-août ou en avril-mai, après hivernage de la chrysalide.

VIMINIA RUMICIS (Linné), *la Cendrée noirâtre* **Pl. 33**

Répartition géographique. Toute la France et presque toute l'Europe.
Description. Longueur maximale : 38 mm. Tégument noirâtre, avec des touffes de soies brunes ou rousses. Région dorsale ornée de grandes taches blanches. Flancs pourvus d'une bande longitudinale blanchâtre, entrecoupée de taches rouge orangé. Stigmates blancs. Tête noire, marquée de brun.
Biotopes. Haies, friches, prés...
Plantes nourricières. Plantains (*Plantago*), Patiences (*Rumex*), Ronce (*Rubus fruticosus*), Chardons (*Cirsium* et *Carduus*), Houblon (*Humulus lupulus*), Saules (*Salix*), Aubépine (*Crataegus monogyna*), etc.
Cycle biologique. Une ou deux générations par an. Pondus en groupes sur la plante-hôte (mai ; août), les œufs éclosent au bout d'environ une semaine. Les chenilles peuvent s'observer de juin à septembre. Faits de soie mêlée de poils larvaires, les cocons sont tissés non loin du sol. Émergence en août ou en avril-mai, après hivernage des chrysalides formées en automne.

BRYOPHILA DOMESTICA (Hufnagel), *la Perle* **Pl. 32**

Répartition géographique. Presque partout, en France, comme dans le reste de l'Europe.
Description. Longueur maximale : 20 mm. Tégument gris bleuté, parfois pratiquement noirâtre. Une bande médio-dorsale orange, composée de chevrons subtriangulaires. Région ventrale d'un gris bleuté clair. Cinq paires de fausses pattes. Tête d'un noir luisant.
Biotopes. Jardins, parcs, falaises, etc.
Plantes nourricières. Lichens des murs et des rochers (notamment *Lecidea confluens*).
Cycle biologique. Une génération par an. Déposés isolément ou en petits groupes, les œufs sont pondus en août, près des lichens. Ils éclosent au bout d'environ trois semaines. Le développement larvaire est interrompu par une période d'hibernation. Pendant le jour, les chenilles restent cachées dans des tunnels de soie qu'elles construisent parmi les lichens. Ce n'est que la nuit qu'elles sortent pour s'alimenter. Nymphose en juin, dans les tunnels en question. Émergence en juillet.

AMPHIPYRA PYRAMIDEA (Linné), *la Pyramide* **Pl. 6**

Répartition géographique. Espèce largement répandue en France, ainsi que dans les autres pays européens.
Description. Longueur maximale : 42 mm. Corps épais, vert vif ou d'un bleu verdâtre clair (dans ce dernier cas, le thorax est en grande partie vert jaunâtre). Tégument parsemé de points blanchâtres. Huitième segment abdominal pourvu d'une forte protubérance conique, à apex jaune. Une ligne médio-dorsale blanche et quelques traits latéraux-dorsaux de la même couleur. Une paire de lignes latérales blanches, bien indiquées. Stigmates blancs, cerclés de noir. Tête verte, avec deux stries latérales blanches.
Biotopes. Haies, bois et forêts.
Plantes nourricières. Chênes (*Quercus*), Charme (*Carpinus betulus*), Frêne (*Fraxinus excelsior*) et probablement d'autres arbres à feuilles caduques.

Cycle biologique. Une génération par an. Les œufs sont pondus, isolément ou en petits groupes, en septembre-octobre. Ils n'éclosent que l'année suivante, au printemps. Les chenilles s'observent en avril-mai. La nymphose a lieu dans le sol, en juin. Émergence de juillet à septembre.

AMPHIPYRA BERBERA Rungs, *la Pyramide de Rungs* Pl. 6

Répartition géographique. Cette espèce, longtemps confondue avec la précédente, semble assez largement répandue en Europe. Sa répartition exacte reste toutefois à préciser.
Description. Longueur maximale : 42 mm. Chenille ressemblant à celle de la Pyramide, mais avec, sur le huitième segment abdominal, une protubérance moins élevée et munie d'une pointe apicale rouge. Deux lignes latéro-dorsales ondulées. Pattes parfois noires.
Biotope. Endroits boisés.
Plantes nourricières. Chênes (*Quercus*), Tilleuls (*Tilia*), Saules (*Salix*) et probablement d'autres arbres à feuilles caduques.
Cycle biologique. Une génération par an. Ponte vers la fin de l'été ; éclosion l'année suivante, au printemps. Chenilles en avril-mai. Nymphose dans le sol, en juin. Émergence en juillet-août.

MORMO MAURA (Linné), *la Maure* Pl. 33

Répartition géographique. Europe, à l'exception des régions les plus septentrionales. En France : partout.
Description. Longueur maximale : 70 mm. Corps épais, ocre ou d'un gris brunâtre clair. Une ligne médio-dorsale plus ou moins composée de points blancs. Des dessins dorsaux et dorso-latéraux, noirâtres ou gris foncé. Une paire de lignes latérales ondulées, d'un blanc ocreux. Stigmates rouge orangé, cerclés de noir. Cinq paires de fausses pattes bien développées. Tête brun clair, avec des dessins sombres.
Biotopes. Haies, friches, jardins, endroits humides...
Plantes nourricières. Prunellier (*Prunus spinosa*), Aubépine (*Crataegus monogyna*), Bouleaux (*Betula*), Saules (*Salix*), Lierre (*Hedera helix*), Plantains (*Plantago*), Pissenlit (*Taraxacum*), Patiences (*Rumex*), etc.
Cycle biologique. Une génération par an. Ponte en juillet-août ; éclosion en septembre. Les chenilles vivent d'abord sur des plantes basses. Après hibernation, elles consomment les feuilles tendres de divers arbres et arbustes. Nocturnes, ces chenilles se cachent dans le sol pendant la journée. Nymphose en terre, vers la fin-juin. Émergence en juillet-août.

DYPTERYGIA SCABRIUSCULA (Linné), *l'Hérissée* Pl. 9

Répartition géographique. Espèce largement répandue en Europe. En France : partout.
Description. Longueur maximale : 35 mm. Corps assez épais, brun rougeâtre, tacheté de jaune et de noir. Une ligne médio-dorsale blanche ; de chaque côté de celle-ci, trois lignes brun foncé. Flancs montrant, sous les stigmates, une large bande longitudinale jaune. Tête petite, brune avec des stries noires.
Biotope. Endroits boisés.

Plantes nourricières. Renouée des oiseaux (*Polygonum aviculare*), Patiences (*Rumex*) et probablement d'autres plantes basses.
Cycle biologique. Une ou deux générations par an. Dans le premier cas : ponte en juin (sur la plante-hôte), éclosion au bout d'environ une semaine, chenilles en juillet-août, nymphose en automne, émergence l'année suivante, en mai-juin. Les chenilles ont des mœurs nocturnes ; pendant la journée, elles se dissimulent dans la litière. Les cocons se trouvent en terre.

TRACHEA ATRIPLICIS (Linné), *la Noctuelle de l'Arroche* **Pl. 11**

Répartition géographique. Espèce assez largement répandue en Europe. En France : presque partout.
Description. Longueur maximale : 48 mm. Coloration variable : gris pourpré, vert grisâtre ou brun rougeâtre avec des points blancs. Une ligne médio-dorsale noire. Longitudinalement, sur chaque flanc, une large bande rougeâtre ou jaune orangé, parfois dorsalement bordée de noir. Huitième segment abdominal orné d'une grande macule rouge ou jaune. Tête brun rougeâtre.
Biotopes. Marais, bords des cours d'eau, prairies humides, etc.
Plantes nourricières. Arroches (*Atriplex*), Chénopodes (*Chenopodium*), Patiences (*Rumex*) et d'autres plantes basses.
Cycle biologique. Une ou deux générations par an. En Europe septentrionale : ponte en juin, chenilles de juillet à septembre, nymphose en automne, émergence l'année suivante, en juin. En France, on observe les chenilles de mai à octobre. Elles semblent avoir des mœurs nocturnes. Résistants, les cocons se trouvent dans le sol ; ils sont faits de soie, de terre et de petits cailloux.

EUPLEXIA LUCIPARA (Linné), *la Brillante* **Pl. 27**

Répartition géographique. Toute la France et presque toute l'Europe.
Description. Longueur maximale : 35 mm. Corps vert foncé ou brun pourpré. Région dorsale avec une série de dessins sombres en forme de « V ». Huitième segment abdominal orné de deux taches dorsales de couleur blanche. De chaque côté du corps, une ligne longitudinale blanche, située sous les stigmates. Région ventrale vert jaunâtre ou brun verdâtre. Tête brun clair ou brun verdâtre, avec des dessins noirs.
Biotopes. Bois, landes, friches, jardins...
Plantes nourricières. Fougère-aigle (*Pteridium aquilinum*), Épilobes (*Epilobium*), Plantains (*Plantago*), Pissenlit (*Taraxacum*), Patiences (*Rumex*), Bouleaux (*Betula*), Saules (*Salix*), etc.
Cycle biologique. Une ou deux générations par an selon les régions. Dans le premier cas : ponte en juillet, éclosion environ une semaine après, chenilles en août-septembre, nymphose en automne, émergence l'année suivante, en juin. Les chenilles sont nocturnes. Pendant la journée, elles se cachent sous des feuilles ou des pierres (à terre). Les cocons se trouvent dans le sol.

PHLOGOPHORA METICULOSA (Linné), *la Méticuleuse* **Pl. 22**

Répartition géographique. Toute la France et presque toute l'Europe.
Description. Longueur maximale : 40 mm. Coloration variable : vert vif, vert brunâtre, brune ou brun rosé. Une ligne médio-dorsale blanche, discontinue. Des stries

obliques, sombres, en position latéro-dorsale. Une paire de bandes latérales claires. Tête vert clair ou brune, avec des dessins brun foncé.
Biotopes. Parcs, jardins, bois, haies, etc.
Plantes nourricières. Mouron blanc (*Stellaria media*), Patiences (*Rumex*), Orties (*Urtica*), Mercuriale vivace (*Mercurialis perennis*), Ronce (*Rubus fruticosus*), Chênes (*Quercus*), Bouleaux (*Betula*), ainsi que d'autres arbres, arbustes et plantes basses (y compris des espèces cultivées).
Cycle biologique. Au moins deux générations par an. Celles-ci se superposent, de sorte que l'on peut trouver chenilles et imagos pratiquement toute l'année. Les œufs sont pondus sur les feuilles, isolément ou en petits groupes. Ils éclosent au bout d'une dizaine de jours. Les chenilles s'alimentent la nuit. Pendant la journée, elles se cachent généralement sous les plantes basses ; cependant, on les voit parfois se déplacer, notamment lorsqu'elles sont sur le point de se nymphoser. Les cocons se trouvent dans le sol, à faible profondeur.

COSMIA TRAPEZINA (Linné), *le Trapèze* **Pl. 7**

Répartition géographique. Presque partout, en France comme dans les autres pays européens.
Description. Longueur maximale : 28 mm. Corps vert vif avec, là où s'insèrent les soies, des petits points sombres entourés de blanc. Limites intersegmentaires étroitement soulignées de jaunâtre. Une large ligne médio-dorsale, de couleur blanc jaunâtre. Deux fines lignes latéro-dorsales, blanchâtres et discontinues. Flancs montrant, au niveau des stigmates, une large bande blanc jaunâtre, teintée de vert et parfois pourvue d'un bord dorsal sombre. Tête vert clair.
Biotopes. Bois, haies...
Plantes nourricières. Ormes (*Ulmus*), Chênes (*Quercus*), Bouleaux (*Betula*), Saules (*Salix*), Aubépine (*Crataegus monogyna*) et de nombreux autres arbres et arbustes à feuilles caduques.
Cycle biologique. Une génération par an. Composée d'œufs regroupés, les pontes sont recouvertes d'écailles abdominales de la femelle-mère.Pondus en été, ces œufs n'éclosent qu'au printemps de l'année suivante. Les chenilles s'observent d'avril à début-juin. Elles consomment des plantes variées, mais elles dévorent également certaines chenilles (notamment celles d'*Operophtera brumata*). Les cocons se trouvent dans la litière ou dans le sol, à faible profondeur. Nymphose habituellement en juin. Émergence en juin-juillet.

HYPPA RECTILINEA (Esper), *la Noctuelle saxonne* **Pl. 15**

Répartition géographique. Europe septentrionale et certains massifs montagneux du reste de l'Europe. En France : Alpes, Vosges et Pyrénées.
Description. Longueur maximale : 45 mm. Tégument brun rougeâtre ou brun grisâtre. Région dorsale avec trois lignes longitudinales, grises à bords noirs ; parfois, des taches cunéiformes dessinant une série de losanges. Huitième segment abdominal pourvu d'une gibbosité dorsale bien développée. Stigmates blancs. Au niveau de ceux-ci, les flancs présentent une bande longitudinale de couleur brun foncé. Tête brillante, d'un brun noirâtre.
Biotopes. Bois clairs, landes...

Plantes nourricières. Ronce (*Rubus fruticosus*), Framboisier (*Rubus idaeus*), Saules (*Salix*), Airelle-myrtille (*Vaccinium myrtillus*) et Raisin d'ours (*Arctostaphylos uva-ursi*).
Cycle biologique. Une génération par an. Ponte sur les feuilles, en juin-juillet. Les chenilles s'alimentent en été. Elles atteignent leur taille maximale en octobre et elles construisent — à terre — des refuges pour l'hiver (refuges formés de débris et de soie). Sortant de leur hibernation au printemps, elles se nymphosent aussitôt. Les cocons se trouvent dans le sol. Les imagos émergent en mai-juin.

APAMEA MONOGLYPHA (Hufnagel), *la Monoglyphe* — Pl. 32

Répartition géographique. Toute la France et presque toute l'Europe.
Description. Longueur maximale : 45 mm. Corps épais, luisant et d'un gris brunâtre clair. Des soies isolées, s'insérant sur de gros points noirs. Tête, plaque pronotale, pattes et écusson anal d'un noir brillant. Cinq paires de fausses pattes.
Biotopes. Prés, landes et autres endroits herbeux.
Plantes nourricières. Dactyle aggloméré (*Dactylis glomerata*), Chiendent (*Agropyron repens*), ainsi que d'autres Graminées.
Cycle biologique. Une génération annuelle avec, parfois, une seconde génération partielle (donnant des imagos en automne). Ponte en juillet, éclosion une dizaine de jours après. Les chenilles s'observent d'août à juin. Elles s'alimentent la nuit, attaquant la base des brins d'herbe. Pendant la journée, elles se cachent dans de petites loges construites parmi les racines. Nymphose dans le sol ou sous des pierres (habituellement en mai). La plupart des imagos émergent en juin-juillet.

MESOLIGIA FURUNCULA (Denis & Schiffermüller), *la Furoncule* — Pl. 31

Répartition géographique. Toute la France et presque toute l'Europe.
Description. Longueur maximale : 20 mm. Corps épais. Coloration allant du jaune vif au blanc jaunâtre terne. Parfois, une ligne médio-dorsale de couleur rougeâtre. Tête et plaque pronotale assez petites, d'un brun rougeâtre. Stigmates noirs, très petits.
Biotopes. Falaises côtières, dunes sablonneuses, collines calcaires, bords des routes et des voies ferrées, etc.
Plantes nourricières. Fétuques (*Festuca pratensis, Festuca arundinacea*), Canche cespiteuse (*Deschampsia cespitosa*), ainsi que d'autres Graminées.
Cycle biologique. Une génération par an. Ponte en juillet-août. Les chenilles hibernent alors qu'elles sont encore jeunes ; elles se réalimentent au printemps et parviennent au terme de leur croissance en mai-juin. Ces chenilles vivent à l'intérieur des tiges ; elles se nymphosent dans des chambres creusées à la base des plantes nourricières. Les imagos volent de juin à août.

MESAPAMEA SECALIS (Linné), *l'Hiéroglyphe* — Pl. 30

Répartition géographique. Pratiquement partout, en France comme dans les autres pays européens.
Description. Longueur maximale : 25 mm. Corps vert vif ou vert grisâtre. Parfois, une bande médio-dorsale rosâtre. Stigmates noirs. Cinq paires de fausses pattes. Tête assez petite et de couleur brun clair.

Biotopes. Prairies et autres endroits herbeux.
Plantes nourricières. Dactyle aggloméré (*Dactylis glomerata*), Canche cespiteuse (*Deschampsia cespitosa*) et d'autres Graminées, sauvages ou cultivées. Également sur la Luzule poilue (*Luzula pilosa*).
Cycle biologique. Une génération par an. Disposés en rangées, les œufs sont pondus sur les feuilles, en août. Ils éclosent au bout d'environ une semaine. Les chenilles forent des galeries dans les pousses. Elles se nourrissent tout l'hiver, allant d'une plante à une autre. Au printemps, elles consomment les fleurs en formation dans les gaines foliaires. Les cocons se trouvent en terre (mai). Émergence en juin-juillet, voire en mai.

PHOTODES CAPTIUNCULA (Treitschke), *la Captioncule* Pl. 30

Répartition géographique. Scandinavie, montagnes de France et certaines localités de Grande-Bretagne.
Description. Longueur maximale : 15 mm. Tégument légèrement ridé, ocreux, avec la région dorsale teintée de rouge purpurin. Stigmates noirs. Tête luisante, de couleur brun rougeâtre.
Biotopes. Marais, terrains calcaires...
Plantes nourricières. Laiche glauque (*Carex flacca*), Alpistes (*Phalaris*)...
Cycle biologique. Une génération par an. Ponte en juillet-août ; éclosion au bout d'une quinzaine de jours. Croissance larvaire interrompue par une période d'hibernation. Les chenilles forent les tiges en allant vers le bas ; dès que l'une de celles-ci est évidée, une autre est attaquée. Assez lâches, les cocons se trouvent juste sous la surface du sol. Nymphose en juin. Émergence en juin-juillet.

LUPERINA TESTACEA (Denis & Schiffermüller), *la Testacée* Pl. 33

Répartition géographique. Espèce largement répandue en Europe, sauf dans l'extrême Nord. En France : partout.
Description. Longueur maximale : 35 mm. Tégument ridé et luisant. Corps épais, d'un blanc jaunâtre sale (plus foncé dorsalement). Plaque pronotale et écusson anal brun jaunâtre. Stigmates rosâtres, cerclés de noir. Tête d'un brun jaunâtre brillant.
Biotopes. Dunes et falaises côtières, prés sur terrains calcaires ou sablonneux...
Plantes nourricières. Diverses Graminées.
Cycle biologique. Une ou deux générations par an. En Europe septentrionale : ponte vers la fin de l'été, éclosion au bout de deux à trois semaines, chenilles de septembre à juin, nymphose en juillet (dans le sol), émergence en août. Disposés en rangées irrégulières, les œufs sont pondus sur les tiges, à faible hauteur. Les chenilles vivent en terre ; elles consomment les racines et, parfois, la base des tiges.

HYDRAECIA MICACEA (Esper), *la Noctuelle de la Pomme de terre* Pl. 27

Répartition géographique. Presque partout, en France comme dans le reste de l'Europe.
Description. Longueur maximale : 37 mm. Corps d'un rose grisâtre terne, avec des

points bruns là où s'insèrent les soies. Une ligne médio-dorsale sombre. Plaque pronotale luisante, ocre pâle et pourvue d'un bord antérieur brun foncé. Tête brun jaunâtre.
Biotopes. Champs, friches, marais, falaises côtières, etc.
Plantes nourricières. Patiences (*Rumex*), Plantains (*Plantago*), Bardanes (*Arctium*), Prêles (*Equisetum*), Laiches (*Carex*), Épiaires (*Stachys*), etc. Également sur des plantes cultivées : céréales, Rhubarbe (*Rheum rhaponticum*) et Pomme de terre (*Solanum tuberosum*).
Cycle biologique. Une génération annuelle en Europe septentrionale : ponte en septembre, éclosion au printemps de l'année suivante, chenilles de mai à août, nymphose en août, émergence en septembre. En France, les imagos volent de juillet à octobre. Les œufs sont déposés sur les feuilles basses de la plante-hôte. Les chenilles forent tiges et racines. La nymphose s'effectue dans le sol, parmi les racines de la plante nourricière.

GORTYNA FLAVAGO (Denis & Schiffermüller), *le Drap d'or* **Pl. 27**

Répartition géographique. Toute la France et presque toute l'Europe.
Description. Longueur maximale : 35 mm. Corps blanc jaunâtre, parfois avec une nuance rougeâtre ou pourprée. De gros points brun foncé. Plaque pronotale de la même couleur que ceux-ci. Tête brun ocre ou brun rougeâtre.
Biotopes. Prés, friches, marais, bois clairs...
Plantes nourricières. Digitale pourpre (*Digitalis purpurea*), Bardanes (*Arctium*), Chardons (*Cirsium* et *Carduus*), Molènes (*Verbascum*) et de nombreuses autres plantes, sauvages ou cultivées. Parmi ces dernières, il faut citer la Pomme de terre (*Solanum tuberosum*) et la Rhubarbe (*Rheum rhaponticum*).
Cycle biologique. Une génération par an. Les œufs sont pondus en groupes, sur la partie inférieure des tiges (août-septembre). Ils éclosent l'année suivante, au printemps. Les chenilles se développent de mars à juillet. Elles forent les tiges (contrairement à ce que suggère la figure 13 de la planche 27) ; lorsqu'une tige est évidée, elle est abandonnée pour une autre. Nymphose en juillet-août, en bas des galeries creusées dans les tiges. Émergence en août-septembre.

CELAENA HAWORTHII (Curtis), *la Noctuelle d'Haworth* **Pl. 30**

Répartition géographique. Espèce assez largement répandue en Europe. En France : principalement dans l'Ouest.
Description. Longueur maximale : 18 mm. Corps d'un brun purpurin, plus clair ventralement. Des points luisants, brun noir, là où s'insèrent les soies. Plaque pronotale et écusson anal de couleur ocre clair. Tête rousse.
Biotopes. Marais, landes et bruyères marécageuses...
Plantes nourricières. Linaigrette à larges gaines (*Eriophorum vaginatum*), Joncs (*Juncus*), Scirpes (*Scirpus*)...
Cycle biologique. Une génération par an. Ponte vers la fin de l'été ; éclosion l'année suivante, au printemps. Les chenilles se développent d'avril à juillet, à l'intérieur des tiges. Elles ne quittent celles-ci que pour se nymphoser. Assez légers, les cocons se trouvent au pied des plantes nourricières ou sous des pierres. Émergence en juillet-août.

CELAENA LEUCOSTIGMA (Hübner), **Pl. 30**
la Noctuelle fibreuse

Répartition géographique. Europe moyenne et une partie de l'Europe septentrionale. En France : dans la zone non méridionale.
Description. Longueur maximale : 32 mm. Tégument lisse et légèrement luisant. Corps brun grisâtre, parfois teinté de verdâtre. Région dorsale avec trois lignes claires. Des points bien nets, brun foncé, là où naissent les soies. Plaque pronotale brillante, noirâtre. Tête d'un brun luisant.
Biotopes. Marais ; landes et bois humides.
Plantes nourricières. Iris jaune (*Iris pseudacorus*), Marisque (*Cladium mariscus*), Laiche-queue-de-renard (*Carex vulpina*)...
Cycle biologique. Une génération par an. Les œufs sont déposés, en longues rangées, sur les tiges mortes des roseaux. Pondus vers la fin de l'été, ils n'éclosent que l'année suivante, au printemps. Les chenilles se développent de mars à juillet. Elles vivent dans les feuilles ou à l'intérieur des tiges. Parvenues au terme de leur croissance, elles descendent à terre pour se nymphoser. Relativement lâches, les cocons sont tissés dans la litière. Émergence vers la fin-juillet ou en août.

NONAGRIA TYPHAE (Thunberg), **Pl. 30**
la Noctuelle de la Massette

Répartition géographique. Espèce largement répandue en Europe, quoique faisant défaut dans les régions les plus septentrionales. En France : presque partout.
Description. Longueur maximale : 60 mm. Corps allongé, d'un brun jaunâtre clair légèrement teinté de rougeâtre. Région dorsale un peu plus foncée. Flancs montrant une bande longitudinale claire, placée au niveau des stigmates. Ces derniers de couleur noire. Tête et plaque pronotale d'un brun rougeâtre.
Biotope. Roselières.
Plantes nourricières. Massettes (*Typha latifolia, Typha angustifolia*).
Cycle biologique. Une génération par an. Ponte vers la fin de l'été ; éclosion l'année suivante, au printemps. Contrairement à ce que suggère la figure 9 de la planche 30, les chenilles forent les tiges, commençant par leur partie supérieure et creusant ensuite une large galerie dans leur partie inférieure. Nymphose dans les tiges, en juillet-août. Les imagos volent de juillet à septembre-octobre.

ARCHANARA SPARGANII (Esper), **Pl. 30**
la Noctuelle du Rubanier

Répartition géographique. Espèce largement répandue en Europe. En France : principalement dans la partie non méridionale.
Description. Longueur maximale : 50 mm. Corps long et mince. Tégument translucide, vert jaunâtre. Région dorsale avec quatre lignes longitudinales vert foncé. De chaque côté du corps, au niveau des stigmates, une ligne longitudinale également de couleur vert foncé. Stigmates rosâtres, cerclés de noir. Tête d'un brun clair luisant.
Biotopes. Endroits marécageux, notamment dans les régions côtières.
Plantes nourricières. Iris jaune (*Iris pseudacorus*), Massettes (*Typha latifolia, Typha angustifolia*) et Rubaniers (*Sparganium*).

Cycle biologique. Une génération par an. Pondus vers la fin de l'été, les œufs n'éclosent qu'au printemps de l'année suivante. Les chenilles vivent dans les feuilles et à l'intérieur des tiges. Elles parviennent au terme de leur développement en juillet-août. Nymphose dans les tiges. Durée du stade nymphal : quelques semaines.

ARCHANARA ALGAE (Esper), *la Nonagrie de la canne* Pl. 30

Répartition géographique. Espèce localisée, s'observant toutefois dans une grande partie de l'Europe. En France : dans la zone non méridionale.
Description. Longueur maximale : 50 mm. Tégument vert clair, translucide. Cette chenille est très semblable à la précédente ; elle en diffère par sa tête tachetée de brun foncé.
Biotopes. Marais, lacs et étangs.
Plantes nourricières. Scirpe lacustre (*Scirpus lacustris*), Massettes (*Typha*), Rubaniers (*Sparganium*) et Iris jaune (*Iris pseudacorus*).
Cycle biologique. Une génération par an. Ponte vers la fin de l'été ; éclosion l'année suivante, au printemps. Les chenilles vivent d'abord dans la partie supérieure des pousses. Ensuite, elles forent les tiges. La nymphose s'effectue à l'intérieur de celles-ci (juillet-août). Les imagos volent en été.

RHIZEDRA LUTOSA (Hübner), *la Noctuelle limoneuse* Pl. 30

Répartition géographique. Espèce assez largement répandue en Europe. En France : présente en divers endroits.
Description. Longueur maximale : 38 mm. Tégument ridé. Corps épais, d'un brun rosé clair. Une ligne médio-dorsale grisâtre, assez mal délimitée. Stigmates noirs. Plaque pronotale et écusson anal de couleur brun rougeâtre. Tête luisante, d'un brun rougeâtre clair.
Biotopes. Roselières, fossés et bords des cours d'eau.
Plante nourricière. Roseau (*Phragmites communis*).
Cycle biologique. Une génération par an. Ponte en automne ; éclosion l'année suivante, au printemps. Les chenilles forent les rhizomes et la partie inférieure des tiges (quand une plante est attaquée, ses feuilles blanchissent). Fin de la croissance larvaire en juillet. Nymphose en terre, parmi les rhizomes. Émergence en août-septembre.

COENOBIA RUFA (Haworth), *la Nonagrie méprisée* Pl. 30

Répartition géographique. Espèce répandue en Europe moyenne et occidentale, ainsi que dans certaines régions septentrionales. En France : presque partout.
Description. Longueur maximale : 22 mm. Tégument lisse et luisant. Corps long et mince, d'un blanc rosâtre. Région dorsale plus foncée, pratiquement rosée. Une ligne dorsale claire avec un filet médian relativement sombre. Flancs pourvus, au niveau des stigmates, d'une ligne longitudinale, claire et ondulée. Tête petite, globuleuse, d'un brun jaunâtre luisant.
Biotopes. Marais et endroits marécageux.
Plantes nourricières. Joncs (*Juncus articulatus, Juncus effusus*...).
Cycle biologique. Une génération par an. Ponte sur les vieilles tiges de joncs (août). Éclosion au bout d'environ trois semaines. Les jeunes chenilles forent la moelle des

tiges et elles passent l'hiver dans celles-ci. Au printemps, les chenilles attaquent les tiges en cours de croissance. Le développement larvaire s'achève en mai-juin. La nymphose s'effectue dans les tiges âgées. Émergence en juillet.

HOPLODRINA BLANDA (Denis & Schiffermüller), *la Noctuelle flatteuse* **Pl. 11**

Répartition géographique. Toute la France et presque toute l'Europe.
Description. Longueur maximale : 28 mm. Corps assez épais, gris brunâtre, avec une large bande dorsale d'un ocre rosâtre. Une ligne médio-dorsale claire, traversant des dessins noirâtres, mal définis, en forme de « V ». De chaque côté du corps, au-dessus des stigmates, une bande longitudinale d'un blanc grisâtre. Tête brun jaunâtre.
Biotopes. Landes, bruyères, jardins, friches, etc.
Plantes nourricières. Mouron blanc (*Stellaria media*), Patiences (*Rumex*), Plantains (*Plantago*), ainsi que d'autres plantes basses.
Cycle biologique. En Europe septentrionale, une génération par an : ponte en juillet, éclosion environ une semaine après, fin de la croissance larvaire en avril-mai (pas d'hibernation), nymphose en mai, émergence en juin. En France, les imagos s'observent de juin à septembre. Principalement nocturnes, les chenilles se cachent, pendant la journée, parmi les racines de la plante-hôte. Les cocons se trouvent en terre.

CARADRINA MORPHEUS (Hufnagel), *la Noctuelle des haies* **Pl. 29**

Répartition géographique. Toute la France et presque toute l'Europe.
Description. Longueur maximale : 29 mm. Corps gris brunâtre. Dorsalement, une large bande claire, parfois teintée d'ocre. Dos du thorax avec une ligne blanche bien nette, quoique discontinue. Une rangée dorsale de chevrons noirâtres, comprise entre deux séries longitudinales de petites taches noires (celles-ci cunéiformes dans la région postérieure de l'abdomen). Une paire de bandes latérales blanchâtres, assez mal définies. Tête d'un brun foncé luisant.
Biotopes. Landes, haies, bois, marais salants, etc.
Plantes nourricières. Orties (*Urtica*), Pissenlit (*Taraxacum*), Mouron blanc (*Stellaria media*), Renouée des oiseaux (*Polygonum aviculare*), Armoise commune (*Artemisia vulgaris*), Bruyères (*Erica*), ainsi que d'autres plantes basses et quelques arbustes.
Cycle biologique. Une génération par an. Ponte en juillet-août ; éclosion au bout d'environ une semaine. Les chenilles ont des mœurs nocturnes. Le jour, elles se dissimulent dans la litière. Assez lente, la croissance larvaire s'arrête vers la fin de l'automne : les chenilles construisent alors — parmi les racines et les touffes d'herbe — de grands cocons faits de terre et de soie. Elles y passent l'hiver et s'y nymphosent au printemps. Émergence en juin-juillet.

ELAPHRIA VENUSTULA (Hübner), *la Noctuelle gracieuse* **Pl. 16**

Répartition géographique. Espèce localisée, mais présente dans une grande partie de l'Europe. En France : partout sauf dans la région méditerranéenne.
Description. Longueur maximale : 15 mm. Corps d'un brun purpurin assez foncé, avec une légère gibbosité vers l'arrière de l'abdomen. Dorsalement, une série médiane

de losanges rougeâtres (relativement sombres). Premier segment abdominal orné d'une paire de grandes taches dorsales, blanches ou rougeâtres. Région ventrale grise. Tête brune, avec des dessins clairs.
Biotope. Bois clairs.
Plantes nourricières. Potentilles (*Potentilla*), Ronce (*Rubus fruticosus*), Framboisier (*Rubus idaeus*), Millepertuis (*Hypericum*), Alchémilles (*Alchemilla*), Genêts (*Genista*) et Genêt à balais (*Cytisus scoparius*).
Cycle biologique. Une génération par an, du moins en Europe septentrionale. Les œufs sont pondus isolément, sur la face inférieure des feuilles (juin). Les chenilles s'observent de juin à août. Elles vivent sur les fleurs. Les cocons se trouvent en terre et l'émergence a lieu en mai-juin, après hivernage des chrysalides.

CUCULLIA ABSINTHII (Linné), *la Pointillée* — Pl. 28

Répartition géographique. Espèce largement répandue en Europe, mais souvent assez localisée. En France, principalement dans la partie non méridionale.
Description. Longueur maximale : 40 mm. Corps blanc grisâtre, avec des étranglements intersegmentaires bien nets. Dessins variables, comprenant des bandes transversales vert grisâtre et, entre celles-ci, des taches brunes ou brunâtres. Cinq paires de fausses pattes. Tête blanchâtre, mouchetée de brun clair.
Biotopes. Landes, friches, etc.
Plantes nourricières. Absinthe (*Artemisia absinthium*) et Armoise commune (*Artemisia vulgaris*).
Cycle biologique. Une génération par an. Les œufs sont pondus en juillet, sur les boutons de la plante-hôte. Les chenilles s'observent d'août à octobre. Diurnes, elles consomment les fleurs et les graines en formation. Lorsqu'elles se tiennent au repos sur leur plante nourricière, elles sont très difficiles à repérer. Nymphose en terre ou dans un cocon. Émergence en juin-juillet, après hivernage de la chrysalide.

CUCULLIA CHAMOMILLAE (Denis & Schiffermüller), *la Cucullie de la Camomille* — Pl. 28

Répartition géographique. Espèce largement répandue en Europe, mais absente des régions les plus froides. En France : principalement dans le Centre et le Midi.
Description. Longueur maximale : 45 mm. Corps vert jaunâtre à blanc verdâtre ; région ventrale un peu plus foncée. Dorsalement, une série de chevrons assez larges, verdâtres ou rosés ; entre ceux-ci, des taches d'un rose pourpré. Flancs ornés, au niveau des stigmates, d'une bande longitudinale discontinue, habituellement verte ; au-dessous de cette bande, une série de petites taches rose pourpré. Tête blanc verdâtre avec des dessins sombres.
Biotopes. Zones rurales ensoleillées, sur terrains calcaires ou sablonneux.
Plantes nourricières. Camomille romaine (*Chamaemelum nobile*), Camomille sauvage (*Anthemis arvensis*), Camomille puante (*Anthemis cotula*), Camomille commune (*Chamomilla recutita*), Matricaire inodore (*Matricaria perforata*), ainsi que des plantes voisines. Également sur la Tanaisie fébrifuge (*Tanacetum parthenium*).
Cycle biologique. Une génération par an. Les œufs sont pondus isolément, sur les tiges des plantes nourricières (avril-mai). A la fois diurnes et nocturnes, les chenilles se nourrissent de fleurs et de graines en formation. On les observe de mai à juillet. Assez grands, les cocons sont profondément enterrés. Émergence en avril-mai, après un hiver, voire deux.

CUCULLIA LACTUCAE (Denis & Schiffermüller), **Pl. 29**
la Cucullie de la Laitue

Répartition géographique. Espèce localisée, présente en divers endroits d'Europe moyenne et méridionale. En France, principalement dans la zone non septentrionale.
Description. Longueur maximale : 50 mm. Corps blanc jaunâtre, avec deux séries de grandes taches rectangulaires noires. Une ligne médio-dorsale et deux lignes latérales de couleur jaune vif ou jaune orangé. Cinq paires de fausses pattes. Tête et pattes noires.
Biotopes. Champs, friches...
Plantes nourricières. Laitues (*Lactuca*), Prénanthe (*Prenanthes purpurea*), Laiterons (*Sonchus*), Épervière-piloselle (*Hieracium pilosella*), etc.
Cycle biologique. Une génération par an. Les chenilles consomment fleurs et feuilles. Elles s'observent de juin à septembre. Émergence des imagos en mai-juin, après hivernage des chrysalides.

CUCULLIA ASTERIS (Denis & Schiffermüller), *l'Astrée* **Pl. 28**

Répartition géographique. Espèce largement répandue en Europe. En France : presque partout.
Description. Longueur maximale : 45 mm. Corps vert, rose ou rouge purpurin. Une large bande médio-dorsale, jaune à bords noirs. De chaque côté de celle-ci, des lignes longitudinales, fines et de couleur noire. Flancs montrant, au-dessous des stigmates, une bande jaune à bords noirs. Tête verte ou rose, tachetée de noir.
Biotopes. Marais salants, endroits boisés...
Plantes nourricières. Asters (*Aster*), Verge d'or (*Solidago virgaurea*), Chrysanthèmes (*Chrysanthemum*)...
Cycle biologique. Une génération par an. Les œufs sont pondus isolément, sur la plante-hôte (juin-juillet) ; ils éclosent au bout d'un temps assez bref. Diurnes, les chenilles ne se nourrissent que par temps ensoleillé. Celles qui vivent dans les endroits boisés achèvent leur croissance vers la fin-août, mais le développement larvaire dure un mois de plus dans le cas des chenilles qui habitent les marais salants. Les cocons se trouvent à terre ou dans le sol. Émergence en mai-juin, après un hiver passé au stade nymphal.

CUCULLIA GNAPHALII (Hübner), **Pl. 28**
la Cucullie du Gnaphale

Répartition géographique. Espèce localisée, présente en divers endroits d'Europe. En France, assez largement répandue, sauf dans la partie sententrionale.
Description. Longueur maximale : 42 mm. Corps vert mat ou vert jaunâtre, avec une large bande dorsale brun pourpré. Sur celle-ci, une série de dessins rhomboïdaux. Deux rangées latérales de taches obliques, rougeâtres ou brun pourpré. Tête verte avec des dessins brun pourpré.
Biotopes. Clairières des bois et des forêts.
Plantes nourricières. Verge d'or (*Solidago virgaurea*), Lychnis (*Lychnis*)...
Cycle biologique. Une génération par an. Les œufs sont pondus isolément, sur les feuilles de la plante-hôte (juin) ; ils éclosent au bout d'environ une semaine. Les

chenilles consomment habituellement les feuilles, notamment celles qui se trouvent sous les capitules. Le développement larvaire s'achève en août-septembre. Les cocons sont tissés à la surface du sol. Émergence l'année suivante, en mai-juin.

CUCULLIA LYCHNITIS Rambur, *la Bréchette* **Pl. 27**

Répartition géographique. Espèce assez largement répandue en Europe, mais relativement localisée. En France : plutôt dans la zone non septentrionale.
Description. Longueur maximale : 50 mm. Tégument vert clair. Une série de bandes transversales jaunes et, sur celles-ci, des lignes et des points noirs. Mouchetée de noir, la tête est d'un brun jaunâtre clair. Sur le corps, l'extension des bandes jaunes et des dessins noirs se révèle très variable.
Biotopes. Champs, friches, dunes, bords des routes...
Plantes nourricières. Molènes (*Verbascum nigrum, Verbascum lychnitis,* etc.). Parfois également sur Scrofulaires (*Scrophularia*).
Cycle biologique. Une génération par an. Les œufs sont pondus isolément, sur la face inférieure des feuilles (juillet). Les chenilles s'observent en août-septembre. Elles consomment les fleurs et se trouvent souvent sur des plantes déjà attaquées par *Cucullia verbasci* (Linné). Nymphose en automne, dans des cocons tissés sur ou dans le sol. Émergence habituellement l'année suivante, en juin. Parfois, le stade nymphal dure plusieurs années.

CUCULLIA SCROPHULARIAE (Denis & Schiffermüller), **Pl. 27**
la Cucullie de la Scrofulaire

Répartition géographique. Toute la France et une grande partie de l'Europe.
Description. Longueur maximale : 50 mm. Cette chenille ressemble à celle de *Cucullia lychnitis* d'une part, à celle de *Cucullia verbasci* d'autre part. Elle diffère de la première par la présence de filets intersegmentaires noirs, tandis que, contrairement à la seconde, elle s'orne de dessins épais et relativement simples (flancs sans stries verticales noires).
Biotopes. Champs, friches, bords des routes...
Plantes nourricières. Scrofulaires (*Scrophularia*) et, parfois, Molènes (*Verbascum*).
Cycle biologique. Une génération par an. Les chenilles s'observent de juin à août-septembre. Les chrysalides hivernent — une fois ou deux — avant l'émergence. Celle-ci a généralement lieu en avril.

CUCULLIA VERBASCI (Linné), *la Brèche* **Pl. 27**

Répartition géographique. Espèce largement répandue en Europe et ne faisant pratiquement défaut que dans l'extrême Nord. En France : partout.
Description. Longueur maximale : 50 mm. Tégument blanc verdâtre à vert bleuté clair. Dorsalement, des bandes transversales jaunes avec des dessins noirs caractéristiques. Flancs ornés, eux aussi, de taches noires et jaunes. Tête jaune, mouchetée de noir.
Biotopes. Champs, jardins, bords des routes...
Plantes nourricières. Molènes (*Verbascum*), Scrofulaires (*Scrophularia*) et, parfois, *Buddleia.*

Cycle biologique. Une génération par an. Les œufs sont pondus isolément, sous les feuilles, en mai-juin. Les chenilles s'observent principalement en juin-juillet. Quelquefois assez nombreuses sur une même plante, elles sont particulièrement visibles lorsqu'elles se nourrissent. Nymphose en août, dans de grands cocons profondément enterrés. Émergence généralement l'année suivante, en avril-mai. Le stade nymphal dure parfois jusqu'à cinq ans.

DILOBA CAERULEOCEPHALA (Linné), *le Double Oméga* **Pl. 16**

Répartition géographique. Toute la France et presque toute l'Europe.
Description. Longueur maximale : 40 mm. Corps gris bleuté clair à gris foncé, avec les soies placées sur de gros points noirs, légèrement saillants. Une bande médio-dorsale jaune, discontinue, et deux bandes latérales similaires, situées au niveau des stigmates. Cinq paires de fausses pattes. Tête blanc grisâtre, avec des taches noires.
Biotopes. Haies, bois et vergers.
Plantes nourricières. Aubépine (*Crataegus monogyna*), Prunellier (*Prunus spinosa*), Pommiers (*Malus*) et divers autres arbres fruitiers.
Cycle biologique. Une génération par an. Groupés ou isolés, les œufs sont pondus sur les branches, en octobre. Ils n'éclosent qu'au printemps de l'année suivante. Les chenilles se développent d'avril à juin-juillet. Elles ne cherchent pas à se dissimuler et leur coloration vive indique aux oiseaux qu'ils doivent éviter de les consommer. Cocons dans ou sur le sol. Nymphose en juin-juillet. Émergence vers la fin de l'automne.

BRACHIONYCHA SPHINX (Hufnagel), *la Noctuelle-sphinx* **Pl. 7**

Répartition géographique. Europe, à l'exception des régions les plus septentrionales. En France : partout.
Description. Longueur maximale : 50 mm. Corps robuste, avec la partie dorsale du huitième segment abdominal fortement convexe. Tégument vert vif. Longitudinalement, trois lignes dorsales de couleur blanc jaunâtre. Stigmates blancs, cerclés de noir. Une bande transversale blanchâtre juste derrière la tête. Celle-ci d'un vert foncé.
Biotope. Endroits boisés.
Plantes nourricières. Chênes (*Quercus*), Hêtre (*Fagus sylvatica*), Saules (*Salix*), Ormes (*Ulmus*), Aubépine (*Crataegus monogyna*), ainsi que de nombreux autres arbres et arbustes à feuilles caduques.
Cycle biologique. Une génération par an. Les œufs sont pondus en automne, dans des anfractuosités des troncs. Ils éclosent l'année suivante, en avril. Les chenilles s'observent jusqu'à la fin du mois de juin. Elles se révèlent cannibales, notamment lorsqu'elles sont jeunes. Si on les inquiète, elles rejettent tête et thorax vers l'arrière. Les cocons sont profondément enterrés. Nymphose en été ; émergence en octobre-novembre.

DASYPOLIA TEMPLI (Thunberg), *la Noctuelle du temple* **Pl. 24**

Répartition géographique. Europe septentrionale et régions montagneuses d'Europe moyenne. En France : dans les Alpes.
Description. Longueur maximale : 50 mm. Corps épais, d'un gris ocreux clair. Région dorsale tirant sur le rose brunâtre. Tégument parsemé de gros points noirs. Tête brun rougeâtre.
Biotopes. Divers endroits rocailleux.
Plantes nourricières. Berce (*Heracleum sphondylium*), Angélique (*Angelica sylvestris*) et peut-être quelques espèces voisines.
Cycle biologique. Une génération par an. Les œufs sont pondus — isolément ou en petits groupes — sur les feuilles et les tiges de la plante-hôte (mars-avril). Ils éclosent au bout d'environ un mois. Les chenilles s'alimentent jusqu'en juillet-août ; elles forent les tiges et les racines. Parvenues au terme de leur croissance, elles quittent la plante nourricière et se nymphosent dans le sol ou parmi les racines de Graminées. Les imagos émergent en septembre-octobre ; ils hivernent et ne pondent qu'au printemps.

APOROPHYLA NIGRA (Haworth), *la Négresse* **Pl. 10**

Répartition géographique. Espèce largement répandue en Europe, sauf dans le Sud. En France : presque partout.
Description. Longueur maximale : 50 mm. Corps allongé. Coloration très variable : verte, brun rougeâtre, rose ou grise. Une série médio-dorsale de dessins sagittés sombres ; de chaque côté de celle-ci, une ligne brun foncé. Flancs avec une ligne blanche qui longe les stigmates et surmonte une bande vert jaunâtre. Les formes vertes ont souvent des zones brunes assez étendues. Tête brune ou vert brunâtre.
Biotopes. Bruyères, landes, régions côtières...
Plantes nourricières. Patiences (*Rumex*), Plantains (*Plantago*), Callune (*Calluna vulgaris*), Mouron blanc (*Stellaria media*), Épilobe tétragone (*Epilobium tetragonum*), Canche cespiteuse (*Deschampsia cespitosa*), Aubépine (*Crataegus monogyna*), etc.
Cycle biologique. Une génération par an. Les œufs sont pondus sur la plante-hôte, isolément ou en petits groupes (septembre-octobre). Ils éclosent au bout d'environ un mois. Les chenilles vivent d'abord sur des plantes basses ; au printemps, elles consomment plutôt les bourgeons et les feuilles tendres d'arbres ou d'arbustes. Fin de la croissance larvaire en mai-juin. Nymphose dans de grands cocons enterrés. Émergence en septembre-octobre.

LITHOPHANE SEMIBRUNNEA (Haworth), *la Xyline fauve* **Pl. 8**

Répartition géographique. Espèce largement répandue en Europe, quoique souvent localisée. En France : presque partout.
Description. Longueur maximale : 40 mm. Corps vert jaunâtre. Une ligne médio-dorsale d'un jaune blanchâtre ; de chaque côté de celle-ci, de fines lignes blanchâtres mal définies. Flancs montrant, au-dessous des stigmates, une bande longitudinale jaune clair. Tête d'un vert bleuté clair, avec des dessins foncés. La chenille brunit avant de se nymphoser.

Biotopes. Marais, prés humides...
Plantes nourricières. Frêne (*Fraxinus excelsior*), principalement. En élevage, accepte le Troène (*Ligustrum vulgare*) et le Prunier (*Prunus domestica*).
Cycle biologique. Une génération par an. Isolés, les œufs sont pondus au printemps, sur les branches de la plante-hôte. Les chenilles se développent en mai-juin. Nymphose dans le sol. Émergence en septembre-octobre. Les imagos hivernent avant de se reproduire.

LITHOPHANE LEAUTIERI (Boisduval), *la Xyline de Boisduval* **Pl. 1**

Répartition géographique. Europe occidentale et méridionale, ainsi que certaines régions d'Europe moyenne. Midi de la France.
Description. Longueur maximale : 38 mm. Tégument vert. Une large ligne médio-dorsale de couleur blanche. Deux séries latéro-dorsales de dessins blancs légèrement arqués. Flancs avec une ligne longitudinale ondulée — blanche — située sous les stigmates. Chacun de ces derniers se trouve au milieu d'une tache marron foncé. Tête verte, marquée de dessins clairs.
Biotopes. Parcs, jardins, haies...
Plantes nourricières. Cyprès (*Cupressus macrocarpa, Cupressus sempervirens*), Cyprès de Lawson (*Chamaecyparis lawsoniana*) et Genévrier commun (*Juniperus communis*).
Cycle biologique. Une génération par an. Les œufs sont pondus sous les jeunes ramilles de la plante-hôte ; ils éclosent en février-mars. Les chenilles consomment d'abord les organes floraux mâles (mûrs ou non), ensuite les éléments tendres du feuillage. Elles parviennent à leur taille maximale en juin-juillet et elles construisent alors de grands cocons de soie et de terre. Elles restent quelques semaines dans ces derniers avant de se nymphoser. Émergence en octobre.

XYLENA VETUSTA (Hübner), *l'Antique* **Pl. 9**

Répartition géographique. Toute la France et presque toute l'Europe.
Description. Longueur maximale : 60 mm. Tégument habituellement vert, parfois brun. Une large bande dorsale, d'un noir verdâtre, avec des points blancs et des bords blanc jaunâtre. Sur celle-ci, une ligne médiane d'un jaune verdâtre clair. Flancs montrant, au niveau des stigmates, une ligne longitudinale noire, ventralement bordée de blanc verdâtre. Stigmates rouges. Tête brune ou verte. Chez certaines formes, les dessins sont moins bien marqués.
Biotopes. Landes, marais, endroits humides...
Plantes nourricières. Iris jaune (*Iris pseudacorus*), Laiches (*Carex*) et de nombreuses autres plantes basses, ainsi que des arbres et des arbustes à feuilles caduques.
Cycle biologique. Une génération par an. Les œufs sont pondus en groupe, sur la plante-hôte (mars-avril). Ils éclosent au bout d'une dizaine de jours. A la fois diurnes et nocturnes, les chenilles consomment les feuilles d'espèces végétales variées. Elles achèvent leur développement en juin-juillet. Les cocons se trouvent en terre. Les imagos émergent en août-septembre, mais ils doivent hiverner avant de pondre.

XYLENA EXSOLETA (Linné), *le Bois sec* **Pl. 20**

Répartition géographique. Espèce largement répandue en Europe, mais parfois assez localisée. En France, plutôt dans la zone non septentrionale.

Description. Longueur maximale : 65 mm. Corps épais, vert vif, avec une paire de lignes latéro-dorsales jaunes. Entre celles-ci, il y a généralement des ocelles noirs à centre blanc. Flancs ornés d'une bande longitudinale blanche et rouge, ainsi que d'une série d'ocelles comparables aux précédentes. Capsule céphalique vert brunâtre à vert jaunâtre.
Biotopes. Landes, bois clairs, prairies...
Plantes nourricières. Un large éventail de plantes basses, ainsi que des arbres et arbustes à feuilles caduques.
Cycle biologique. Une génération par an. Pondus en groupes, en mars-avril, œufs éclosent au bout d'une dizaine de jours. Les chenilles s'observent de mai à juillet ; elles ont une activité diurne et nocturne. Nymphose dans ou sur le sol (juillet-août). Apparition des imagos en août-septembre, ces derniers hivernant avant de pondre.

XYLOCAMPA AREOLA (Esper), *la Noctuelle-lithorhize* — Pl. 28

Répartition géographique. Espèce largement répandue en Europe, sauf dans l'extrême Nord. En France : partout.
Description. Longueur maximale : 40 mm. Corps assez mince, ocre à gris clair. Une bande médio-dorsale blanchâtre à brun clair, interrompue par un carré noirâtre sur le quatrième segment abdominal. Des points blancs entourés de noir. Une bande longitudinale claire sur chaque flanc, au-dessous du niveau des stigmates. Tête brune ou gris clair.
Biotopes. Bois clairs et zones rurales arborées.
Plante nourricière. Chèvrefeuille (*Lonicera periclymenum*).
Cycle biologique. Une seule génération annuelle. Isolés, les œufs sont pondus sur les tiges et les ramilles, en avril ; ils éclosent au bout d'une dizaine de jours. Les chenilles s'alimentent la nuit. Le jour, elles restent au repos sur leur plante-hôte : maintenant leur corps tendu, elles sont particulièrement difficiles à repérer, car elles miment plus ou moins des brindilles. La croissance larvaire s'achève en juillet. Les cocons sont tissés dans le sol ou dans la litière. Émergence en mars-avril, après hivernage des chrysalides.

ALLOPHYES OXYACANTHAE (Linné), *la Noctuelle de l'Aubépine* — Pl. 17

Répartition géographique. Toute la France et pratiquement toute l'Europe.
Description. Longueur maximale : 45 mm. Quatre petites protubérances sur le huitième segment abdominal. Coloration très variable, allant du brun au gris pourpré ou au vert grisâtre. Des dessins dorsaux complexes qui décrivent des losanges. Partie dorsale du premier segment abdominal avec deux stries obliques claires. Des lignes latérales discontinues, ondulées et bordées de noir. Région ventrale d'un gris blanchâtre. Tête gris clair, avec des dessins foncés (dont une strie transversale noirâtre).
Biotopes. Lisières des bois, haies...
Plantes nourricières. Aubépine (*Crataegus monogyna*), Prunellier (*Prunus spinosa*) et divers arbres fruitiers.
Cycle biologique. Une génération par an. Déposés isolément ou en petits groupes, les œufs sont pondus sur les troncs, en automne. Ils n'éclosent que l'année suivante, au printemps, et les chenilles s'observent d'avril à juin. Celles-ci — nocturnes — restent sur l'écorce des branches pendant la journée ; elles sont difficiles à repérer sur un tel support. Lorsqu'il y a beaucoup de lichens, les chenilles vertes (homochromes) sont les plus fréquentes. Les cocons se trouvent en terre. Émergence à partir de septembre.

DICHONIA APRILINA (Linné), *la Runique* **Pl. 6**

Répartition géographique. Espèce assez largement répandue en Europe (quoique localisée). En France : presque partout.
Description. Longueur maximale : 45 mm. Corps relativement épais. Coloration variable, allant du brun rougeâtre au brun verdâtre et au vert grisâtre. Une ligne médio-dorsale blanchâtre, plus ou moins discontinue. Région dorsale généralement sombre, avec une série de losanges aux contours noirâtres (parfois mal indiqués). Une paire de bandes latérales sombres. Tête brune avec des taches claires.
Biotope. Endroits boisés.
Plantes nourricières. Chênes (*Quercus*), Frêne (*Fraxinus excelsior*) et divers arbres fruitiers.
Cycle biologique. Une génération par an. Les œufs sont déposés, isolément ou en petits groupes, sur les branches ou dans des anfractuosités de l'écorce. Ponte en automne ; éclosion l'année suivante, au printemps. Les chenilles s'observent de mars à juin. Jeunes, elles forent les bourgeons ; ensuite, elles se nourrissent de feuilles. Ces chenilles sont nocturnes et, pendant la journée, elles se cachent dans des anfractuosités de l'écorce. Nymphose dans de grands cocons, situés dans le sol, parmi les racines des arbres. Émergence en septembre-octobre, voire en août.

MNIOTYPE ADUSTA (Esper), *l'Indifférente* **Pl. 5**

Répartition géographique. Espèce largement répandue en Europe. En France : plutôt dans la partie non septentrionale.
Description. Longueur maximale : 45 mm. Coloration très variable, habituellement verte (avec ou sans ombres dorsales brunes), mais parfois jaune ou rosâtre. Dorsalement, trois lignes longitudinales sombres ; celle du milieu plus épaisse et quelquefois scindée en une série de dessins rhomboïdaux. Tête brun jaunâtre ou brun verdâtre.
Biotopes. Dunes, landes, bruyères, marais, régions montagneuses...
Plantes nourricières. Galé odorant (*Myrica gale*), Saule-marsault (*Salix caprea*), Aulne (*Alnus glutinosa*), Aubépine (*Crataegus monogyna*), Renouée des oiseaux (*Polygonum aviculare*), Silène enflé (*Silene vulgaris*), Verge d'or (*Solidago virgaurea*), Orpins (*Sedum*), etc.
Cycle biologique. Une génération par an, du moins en Europe septentrionale. Les œufs sont pondus sur les feuilles, en petits groupes (juin). Ils éclosent au bout d'une quinzaine de jours. Nocturnes, les chenilles se cachent parmi les racines pendant la journée. Atteignant leur taille maximale en août, elles prennent alors une couleur plus foncée et construisent leur cocon en terre ou sous des mousses ; elles y passent l'hiver et ne se nymphosent qu'au printemps. Émergence en mai-juin.

TRIGONOPHORA FLAMMEA (Esper), **Pl. 12**
la Noctuelle embrasée

Répartition géographique. Europe occidentale et méridionale. En France : dans la zone non septentrionale.
Description. Longueur maximale : 55 mm. Corps vert ou brun. Une ligne médio-dorsale claire, à bords vert foncé ou brun foncé. Flancs avec une ligne longitudinale sombre au niveau des stigmates. Tête beige avec des dessins bruns.
Biotopes. Terrains calcaires et endroits marécageux.
Plantes nourricières. Renoncule ficaire (*Ranunculus ficaria*) et d'autres Ranunculaceae ; Genêt à balais (*Cytisus scoparius*), Prunellier (*Prunus spinosa*), Frêne (*Fraxinus excelsior*) et Troène (*Ligustrum vulgare*).

Cycle biologique. Une seule génération annuelle. Le cycle de cette espèce est mal connu. Les chenilles entrent en hibernation lorsqu'elles sont encore petites. Elles se réalimentent vers la fin de l'hiver et poursuivent leur croissance au printemps, jusqu'en avril. Les imagos volent de septembre à novembre.

EUMICHTIS LICHENEA (Hübner), **Pl. 13**
la Noctuelle-couleur-de-lichen

Répartition géographique. Espèce présente en divers endroits d'Europe, France comprise.
Description. Longueur maximale : 45 mm. Coloration variable, allant du vert au gris ou au brun rosé. Région ventrale gris clair. Dorsalement, une série de losanges à bords bruns ou gris foncé, ainsi qu'une ligne médiane claire, bordée de gris ou de vert foncé. Une paire de bandes latérales claires. Tête brun clair.
Biotopes. Falaises, dunes sablonneuses, collines calcaires, haies...
Plantes nourricières. Poivre de muraille (*Sedum acre*), Arméria maritime (*Armeria maritima*), Plantain maritime (*Plantago maritima*), Chou (*Brassica oleracea*), Jacobée (*Senecio jacobaea*), Patiences (*Rumex*), Digitales (*Digitalis*), Chèvrefeuilles (*Lonicera*), etc.
Cycle biologique. Une génération par an. Les œufs sont pondus sur la plante-hôte, isolément ou en petits groupes (septembre) ; ils éclosent au bout d'environ trois semaines. Les chenilles hivernent alors qu'elles sont encore petites et elles achèvent leur développement au printemps. Nocturnes, elles se dissimulent, le jour, parmi les racines de leurs plantes nourricières. Nymphose en mai, dans des cocons enterrés. Émergence en août-septembre.

EUPSILIA TRANSVERSA (Hufnagel), *la Noctuelle-satellite* **Pl. 7**

Répartition géographique. Toute la France et presque toute l'Europe.
Description. Longueur maximale : 45 mm. Corps d'un brun noir velouté. Région ventrale plus claire, brun grisâtre. Région dorsale longitudinalement marquée de trois fines lignes grisâtres, plutôt mal indiquées. Prothorax parfois orné de deux traits orangés. Sur chaque flanc, au niveau des stigmates, une ligne longitudinale blanchâtre, discontinue, qui forme par endroits des taches blanches assez étendues : deux ou trois vers l'avant, une à l'arrière. Tête brun rougeâtre, mais largement marquée de noir.
Biotopes. Bois, parcs, haies...
Plantes nourricières. Chênes (*Quercus*), Hêtre (*Fagus sylvatica*), Bouleau (*Betula pendula*), Ormes (*Ulmus*), Saules (*Salix*), Peupliers (*Populus*), Érable champêtre (*Acer campestre*), Prunellier (*Prunus spinosa*), ainsi que d'autres arbres et arbustes à feuilles caduques.
Cycle biologique. Une génération par an. Isolés ou groupés, les œufs sont pondus sur la plante-hôte, en mars ; ils éclosent au bout d'une quinzaine de jours. Les chenilles ont une activité nocturne. Le jour, elles se cachent dans des pousses recouvertes de soie. Elles ne se contentent pas de consommer le feuillage ; en effet, elles attaquent volontiers d'autres chenilles, y compris celles de leur propre espèce. Le développement larvaire s'achève vers la fin-juin. Les cocons sont construits dans le sol et les chenilles y restent une quinzaine de jours avant de se nymphoser. Les imagos émergent en septembre-octobre, mais ils doivent passer l'hiver avant de pondre.

CONISTRA VACCINII (Linné), *la Noctuelle de l'Airelle* **Pl. 6**

Répartition géographique. Europe, à l'exception des régions les plus septentrionales. En France : partout.
Description. Longueur maximale : 34 mm. Corps brun purpurin à gris verdâtre. Tégument finement moucheté de blanc grisâtre. Dorsalement, trois lignes claires, relativement mal indiquées. Celles-ci blanches et bien nettes sur la plaque pronotale (qui est brun noir). Une paire de bandes latérales claires, généralement mal marquées. Tête brune avec des taches brun clair.
Biotopes. Bois, forêts...
Plantes nourricières. Chênes (*Quercus*), Bouleau (*Betula pendula*), Ormes (*Ulmus*), etc. Également sur plantes basses.
Cycle biologique. Une génération par an. Isolés ou groupés, les œufs sont pondus sur la plante nourricière, en mars-avril. Ils éclosent au bout d'environ deux semaines. Les chenilles consomment d'abord les fleurs et les feuilles d'arbres ou d'arbustes ; ensuite, elles se nourrissent généralement de plantes basses. Elles parviennent au terme de leur développement vers la fin-juin et elles construisent alors, dans le sol, de grands cocons où elles passent quelques semaines avant de se nymphoser. L'émergence s'effectue en septembre-octobre. Les imagos hivernent, attendant le printemps pour pondre.

DASYCAMPA RUBIGINEA (Denis & Schiffermüller), **Pl. 18**
la Noctuelle tigrée

Répartition géographique. Espèce largement répandue en Europe, quoique souvent localisée. En France : presque partout.
Description. Longueur maximale : 40 mm. Tête et corps recouverts de nombreuses soies secondaires, fines et d'un brun rougeâtre. Tégument mou, brun ou gris, plus foncé dorsalement. Une série médio-dorsale de taches noires, carrées ou rectangulaires. Plaque pronotale noirâtre. Capsule céphalique d'un noir luisant.
Biotopes. Bois, bruyères arborées...
Plantes nourricières. Pommier (*Malus sylvestris*), Prunier (*Prunus domestica*), Prunellier (*Prunus spinosa*), Chênes (*Quercus*), ainsi que d'autres arbres et arbustes à feuilles caduques. Également sur plantes basses.
Cycle biologique. Une génération par an. Oeufs pondus en avril, isolément ou en petits groupes. Éclosion au bout d'environ trois semaines. Le comportement larvaire reste apparemment mal connu. Les chenilles semblent se nourrir d'abord de feuilles de divers arbres et arbustes, ensuite de plantes basses et même d'autres chenilles. Fin du développement larvaire en juin-juillet. Cocons tissés à la surface du sol. Émergence en septembre-octobre. Hivernage des imagos avant la ponte.

AGROCHOLA CIRCELLARIS (Hufnagel), *la Fauvette* **Pl. 7**

Répartition géographique. Toute la France et presque toute l'Europe.
Description. Longueur maximale : 35 mm. Corps brun rougeâtre à brun grisâtre. Une ligne dorsale gris clair, généralement placée au milieu d'une série de taches anguleuses brun chocolat. Région ventrale d'un brun grisâtre clair. Tête brune avec des dessins sombres.
Biotope. Endroits boisés.
Plantes nourricières. Orme blanc (*Ulmus glabra*), Peupliers (*Populus*), Saules (*Salix*), Frêne (*Fraxinus excelsior*) et diverses plantes basses.

Cycle biologique. Une génération par an. Isolés ou en petits groupes, les œufs se trouvent à proximité des bourgeons. Ponte en automne ; éclosion l'année suivante, au printemps. Préférant les fleurs et les graines, les chenilles se nourrissent également de feuilles. Parvenues à leur taille maximale en juin, elles s'enterrent pour construire leurs cocons ; elles restent quelques semaines dans ces derniers, puis se nymphosent. Émergence août-septembre.

AGROCHOLA LITURA (Linné), *la Liture* — Pl. 14

Répartition géographique. Espèce largement répandue en Europe, quoique relativement localisée et peu commune. En France : presque partout.
Description. Longueur maximale : 40 mm. Corps vert grisâtre ou brun, avec des points blancs. Une ligne médio-dorsale claire, à bords vert foncé ou brun foncé ; souvent, deux lignes latéro-dorsales moins bien indiquées. Flancs ornés, au niveau des stigmates, d'une ligne longitudinale blanche, dorsalement bordée de noir ou de brun foncé. Région ventrale vert jaunâtre. Tête brune, avec de légers dessins.
Biotopes. Bois, landes, bruyères...
Plantes nourricières. Reine des prés (*Filipendula ulmaria*), Patiences (*Rumex*), Mouron blanc (*Stellaria media*), Lamiers (*Lamium*), Rosiers (*Rosa*), Ronce (*Rubus fruticosus*), Chênes (*Quercus*), Saules (*Salix*), etc.
Cycle biologique. Une génération par an. Ponte en octobre ; éclosion l'année suivante, au printemps. Les chenilles vivent d'abord sur plantes basses. Ensuite, il est fréquent qu'elles consomment le feuillage d'arbres ou d'arbustes, mais elles peuvent aussi se développer uniquement sur plantes basses. Les cocons sont construits dans le sol, en juin. Les chenilles y restent quelques semaines avant de s'y nymphoser. Émergence en septembre-octobre.

AGROCHOLA LYCHNIDIS (Denis & Schiffermüller), *la Noctuelle de la Lychnide* — Pl. 12

Répartition géographique. Toute la France et presque toute l'Europe.
Description. Longueur maximale : 45 mm. Tégument brun pourpré clair ou vert vif. Dans ce dernier cas, limites intersegmentaires finement soulignées de jaune. Dorsalement, trois lignes longitudinales mal indiquées. De chaque côté du corps, au-dessous des stigmates, une large bande blanc jaunâtre. Tête verte ou brune.
Biotopes. Lisières des bois, haies, friches...
Plantes nourricières. Renoncules (*Ranunculus*), Mouron blanc (*Stellaria media*), Patiences (*Rumex*), Pissenlit (*Taraxacum*), Jacobée (*Senecio jacobaea*), Molènes (*Verbascum*) et d'autres plantes basses, ainsi que des arbres et des arbustes à feuilles caduques : Saules (*Salix*), Aubépine (*Crataegus monogyna*), Prunellier (*Prunus spinosa*)...
Cycle biologique. Une génération par an. Ponte en automne ; éclosion l'année suivante, au printemps. Les chenilles vivent d'abord sur des plantes basses. Ensuite, elles consomment le feuillage d'arbres ou d'arbustes. Elles sont actives la nuit ou en début de matinée ; le reste du temps, elles se dissimulent à proximité du sol. En juin, elles s'enterrent pour construire des cocons où elles séjournent quelques semaines (avant de se nymphoser). Émergence en septembre.

ATETHMIA CENTRAGO (Haworth), **Pl. 8**
la Xérampeline d'Hübner

Répartition géographique. Espèce largement répandue en Europe moyenne et occidentale. En France : partout.
Description. Longueur maximale : 30 mm. Corps gris, dorsalement tacheté de noirâtre. Une rangée médio-dorsale de taches blanchâtres et deux lignes latéro-dorsales — moins nettes — composées de petites taches claires. Une paire de lignes latérales ondulées, de couleur noire. Tête noire avec des dessins brun grisâtre.
Biotopes. Haies, bois et forêts.
Plantes nourricières. Frêne (*Fraxinus excelsior*) et Sycomore (*Acer pseudoplatanus*).
Cycle biologique. Une génération par an. Les œufs sont pondus en petits groupes, près des bourgeons ou dans des anfractuosités de l'écorce (septembre). Ils n'éclosent qu'au printemps de l'année suivante. Les chenilles vivent d'abord dans les bourgeons ; lorsqu'elles sont plus âgées, elles consomment les pousses et les inflorescences. Nocturnes, elles se cachent, pendant la journée, à terre ou dans des fissures de l'écorce. Parvenues au terme de leur croissance en juin, elles construisent — dans le sol — des cocons où elles ne se nymphosent qu'au bout de quelques semaines. Émergence en août, voire en juillet.

XANTHIA CITRAGO (Linné), *la Citronnelle* **Pl. 8**

Répartition géographique. Presque partout, en France comme dans les autres pays européens.
Description. Longueur maximale : 35 mm. Corps trapu. Coloration variable : brun verdâtre, brun pourpré ou brun grisâtre foncé. Tégument avec des points blanchâtres. Une ligne médio-dorsale, claire, et deux bandes latéro-dorsales noirâtres, plus ou moins discontinues et parfois assez floues. Flancs pourvus, au-dessous des stigmates, d'une large bande crème ou blanchâtre. Région ventrale pâle, grise ou brune. Tête brune.
Biotopes. Bois, haies, parcs...
Plantes nourricières. Tilleuls (*Tilia*).
Cycle biologique. Une génération par an. Les œufs sont pondus à proximité des bourgeons, isolément ou en petits groupes (septembre). Ils éclosent au printemps. Nocturnes, les chenilles se cachent pendant la journée. Lorsqu'elles sont petites, elles se dissimulent entre des feuilles réunies par de la soie. Quand elles sont plus âgées, elles restent, le jour, au pied des tilleuls ; au crépuscule, on peut les voir grimper le long des troncs. La croissance larvaire s'achève en juin. Les chenilles construisent alors, dans le sol, des cocons où elles séjournent plusieurs semaines avant de se nymphoser. Émergence en août-septembre (voire fin-juillet).

XANTHIA AURAGO (Denis & Schiffermüller), **Pl. 8**
la Xanthie dorée

Répartition géographique. Espèce largement répandue en Europe. En France : presque partout.
Description. Longueur maximale : 25 mm. Corps ocre clair ou brun purpurin ; limites intersegmentaires plus claires. Tégument marqué de points blancs. Une ligne médio-dorsale blanchâtre et deux lignes latéro-dorsales de la même couleur, mais plus minces et moins bien indiquées. Une paire de lignes latérales blanchâtres ou brun clair. Région ventrale ocre clair ou d'un blanc grisâtre. Tête brune, assez petite.

Biotopes. Bois, haies, dunes...
Plantes nourricières. Érable champêtre (*Acer campestre*), Hêtre (*Fagus sylvatica*) et Chênes (*Quercus*).
Cycle biologique. Une génération par an. Isolés, les œufs sont pondus en automne, sur les branches. Ils éclosent l'année suivante, au printemps. Lorsqu'elles sont petites, les chenilles forent les bourgeons. Ensuite, elles consomment les feuilles et les inflorescences (tout d'abord en se cachant entre des feuilles réunies par de la soie, puis sans se dissimuler). Atteignant leur taille maximale en juin, ces chenilles s'enterrent pour construire les cocons dans lesquels elles se nymphosent quelques semaines plus tard. Émergence en septembre-octobre, voire en août.

XANTHIA ICTERITIA (Hufnagel), *la Xanthie cirée* Pl. 2

Répartition géographique. Presque partout, en France comme dans le reste de l'Europe.
Description. Longueur maximale : 30 mm. Coloration variable, grisâtre, brun rougeâtre ou brun purpurin. Une ligne médio-dorsale blanchâtre ou brun clair, parfois discontinue ou effacée. Flancs nettement plus clairs au-dessous du niveau des stigmates. Ces derniers de couleur noirâtre. Région ventrale d'un gris pâle. Tête brun rougeâtre ou brun foncé.
Biotopes. Bois humides, landes, bruyères, etc.
Plantes nourricières. Saule-marsault (*Salix caprea*), Saule cendré (*Salix cinerea*), Peuplier noir (*Populus nigra*), ainsi que diverses plantes basses.
Cycle biologique. Une seule génération annuelle. Déposés isolément ou en courtes rangées, près des bourgeons, les œufs sont couverts d'écailles abdominales de la femelle-mère. La ponte s'effectue en automne et l'éclosion a lieu l'année suivante, au printemps. Les chenilles vivent d'abord dans les chatons ; ensuite, elles se nourrissent soit de feuilles de Salicaceae, soit de plantes basses. Fin du développement larvaire en mai-juin. Les cocons se trouvent dans le sol ; les chenilles y restent pendant quelques semaines avant de s'y nymphoser. Émergence en août-septembre.

XANTHIA OCELLARIS (Borkhausen), *la Xanthie paillée* Pl. 3

Répartition géographique. Espèce assez largement répandue en Europe. En France : presque partout.
Description. Longueur maximale : 30 mm. Corps épais, brun foncé à brun purpurin et finement moucheté de blanc crème. Limites intersegmentaires soulignées de brun orangé. Région dorsale avec une ligne médiane blanchâtre, mal indiquée ; parfois aussi avec une série de chevrons brun noir. Plaque prothoracique brun noir et ornée de deux bandes blanches. Tête brun rougeâtre.
Biotopes. Haies, bords des routes, parcs, etc.
Plantes nourricières. Peuplier noir (*Populus nigra*) et diverses plantes basses.
Cycle biologique. Une seule génération annuelle. Les œufs sont pondus, isolément ou en petits groupes, à proximité des bourgeons (en automne). Ils éclosent au printemps. Lorsqu'elles sont jeunes, les chenilles vivent dans les chatons. Elles consomment ensuite le feuillage des peupliers, puis des feuilles de plantes basses (elles sont alors nocturnes, se cachant dans la litière pendant la journée). Parvenues au terme de leur développement en mai-juin, elles construisent — dans le sol — des cocons où elles ne se nymphosent qu'au bout de plusieurs semaines. Émergence en septembre-octobre.

ANARTA MYRTILLI (Linné), *la Noctuelle de la Myrtille* **Pl. 24**

Répartition géographique. Pratiquement partout, en France comme dans les autres pays européens.
Description. Longueur maximale : 30 mm. Tégument vert foncé à vert jaunâtre clair, avec des points blancs. Une bande médio-dorsale jaunâtre, discontinue. Deux séries latéro-dorsales de taches jaunâtres, légèrement arquées. Deux rangées latérales de chevrons blanchâtres (à concavité ventrale). Cinq paires de fausses pattes. Tête brune ou verte avec des taches brun clair.
Biotopes. Landes et bruyères.
Plantes nourricières. Callune (*Calluna vulgaris*), Bruyère cendrée (*Erica cinerea*) et Airelle-myrtille (*Vaccinium myrtillus*).
Cycle biologique. Une génération par an dans le Nord de l'Europe, deux dans le Sud. Les œufs sont pondus sur les feuilles, isolément ou par deux (mai ; août) ; ils éclosent au bout d'une quinzaine de jours. Les chenilles s'observent d'avril à octobre ; elles sont toutefois plus communes en été. A la fois diurnes et nocturnes, elles fréquentent plutôt la partie haute de leur plante nourricière. Nymphose à la surface du sol, dans des cocons faits de soie et de terre (juillet ; automne). Les chrysalides formées en juillet donnent des imagos en août. Les autres hivernent, ce qui permet l'apparition d'imagos au printemps. En Europe septentrionale, l'émergence a lieu en juin.

ANARTA CORDIGERA (Thunberg), *la Noctuelle cordigère* **Pl. 25**

Répartition géographique. Europe septentrionale et régions montagneuses d'Europe moyenne et méridionale. En France : dans les Alpes.
Description. Longueur maximale : 30 mm. Corps allongé, d'aspect velouté. Coloration variable : brun rougeâtre, brun purpurin ou noirâtre. Une ligne médio-dorsale blanchâtre, bien indiquée. Flancs montrant, au-dessous des stigmates, une bande longitudinale brune ou jaunâtre. Tête d'un brun pourpré.
Biotopes. Endroits rocailleux des montagnes. En Scandinavie, toutefois, l'espèce s'observe dans des localités de basse altitude.
Plantes nourricières. Raisin d'ours (*Arctostaphylos uva-ursi*) et Airelles (*Vaccinium*).
Cycle biologique. Une génération par an. Isolés, les œufs sont pondus sur la plante-hôte, en mai-juin. Ils éclosent au bout d'une quinzaine de jours. Les chenilles s'alimentent la nuit. Le jour, elles restent cachées vers le bas de leur plante nourricière. La croissance larvaire s'achève habituellement en août. Faits de soie, les cocons se trouvent à terre. Les imagos émergent en mai-juin, après hivernage des chrysalides.

ANARTA MELANOPA (Thunberg), *la Noctuelle-mélanope* **Pl. 25**

Répartition géographique. Europe septentrionale et régions montagneuses d'Europe moyenne et méridionale. En France : dans les Alpes.
Description. Longueur maximale : 32 mm. Corps brun grisâtre, teinté latéralement de blanchâtre et, dorsalement, de brun rougeâtre et de brun pourpré. Région ventrale grise. Une ligne médio-dorsale sombre, mal indiquée ; de chaque côté de celle-ci, une rangée de taches blanc jaunâtre. Tête brun jaunâtre, avec des dessins brun foncé.
Biotopes. Landes et endroits montagneux.

Plantes nourricières. Camarine noire (*Empetrum nigrum*), Airelle-myrtille (*Vaccinium myrtillus*), Airelle rouge (*Vaccinium vitis-idaea*), Saule-marsault (*Salix caprea*)...
Cycle biologique. Une génération par an. Les œufs sont pondus, isolément ou par deux, sur les feuilles de la plante-hôte (mai-juin). Ils éclosent au bout d'environ deux semaines. Les chenilles s'observent de juin à août. Nocturnes, elles se cachent sous les feuilles de la plante-hôte pendant la journée. Les cocons se trouvent à terre, sous des mousses. Nymphose en août ; émergence l'année suivante, en mai-juin.

DISCESTRA TRIFOLII (Hufnagel), *la Noctuelle du Trèfle* **Pl. 11**

Répartition géographique. Toute la France et presque toute l'Europe.
Description. Longueur maximale : 40 mm. Coloration variable, verte à brun pourpré. Dorsalement, deux rangées longitudinales de traits noirs. Chacune de celles-ci est souvent bordée d'une ligne externe de couleur claire. Flancs ornés, au-dessous des stigmates, d'une large bande rosâtre à bord blancs. Stigmates blancs, finement cerclés de noir. Tête verte ou brune.
Biotopes. Prés, friches, champs, dunes sablonneuses...
Plantes nourricières. Chénopodes (*Chenopodium*), Arroches (*Atriplex*), Betterave (*Beta vulgaris*), Renouée des oiseaux (*Polygonum aviculare*), Oignon (*Allium cepa*), ainsi que d'autres plantes basses.
Cycle biologique. Une génération par an dans le Nord de l'Europe, deux ou trois dans le Sud. Les œufs sont pondus isolément, sur les tiges et les feuilles des plantes-hôtes (mai ; août). Ils éclosent au bout d'une semaine (voire plus rapidement). Les chenilles peuvent s'observer de juin à octobre. Elles s'alimentent la nuit. Pendant la journée, elles restent à terre, au pied de leurs plantes nourricières. Nymphose en été et en automne, dans le sol. Émergence habituellement en mai et en août. En Europe septentrionale, les imagos apparaissent vers la fin-juin (une seule génération).

POLIA NEBULOSA (Hufnagel), *la Brodée* **Pl. 15**

Répartition géographique. Toute la France et pratiquement toute l'Europe.
Description. Longueur maximale : 50 mm. Corps brun jaunâtre à brun grisâtre. Une série médio-dorsale de losanges noirâtres. Flancs marqués de stries obliques sombres. Stigmates orange. Tête brun jaunâtre, avec des dessins sombres.
Biotopes. Bois et forêts.
Plantes nourricières. Patiences (*Rumex*), Bouillon blanc (*Verbascum thapsus*), Ronce (*Rubus fruticosus*), Aubépine (*Crataegus monogyna*), Chèvrefeuille (*Lonicera periclymenum*), Saules (*Salix*), Bouleaux (*Betula*), etc.
Cycle biologique. Une génération par an. Ponte sur des plantes basses, en juin-juillet ; éclosion une quinzaine de jours après. Les chenilles vivent d'abord sur diverses plantes basses, puis elles entrent en hibernation. Au printemps, elles consomment les feuilles tendres d'arbres ou d'arbustes à feuilles caduques. Nocturnes, ces chenilles se dissimulent pendant la journée (au pied de la plante-hôte). Les cocons se trouvent en terre. Nymphose habituellement en mai. Émergence en juin, voire en mai.

PACHETRA SAGITTIGERA (Hufnagel), *la Coureuse* **Pl. 31**

Répartition géographique. Espèce largement répandue en Europe. En France : presque partout.

Description. Longueur maximale : 40 mm. Corps d'un brun ocreux. Certaines formes sont presque unicolores, mais on observe habituellement les dessins suivants : une ligne dorsale claire, située au milieu d'une rangée de taches noires ; une paire de larges bandes latérales, de couleur brun foncé. Tête brune. Les jeunes chenilles sont vertes.
Biotopes. Friches et endroits herbeux, sur terrains calcaires.
Plantes nourricières. Achillées (*Achillea*), Genêt à balais (*Cytisus scoparius*) et diverses Graminées : Pâturins (*Poa annua, Poa nemoralis*), Brachypode des bois (*Brachypodium sylvaticum*), Dactyle aggloméré (*Dactylis glomerata*), etc.
Cycle biologique. Une génération par an. Ponte sur les plantes-hôtes, en juin ; éclosion environ douze jours après. Nocturnes, les chenilles se cachent dans les touffes d'herbe pendant la journée (à proximité du sol). Elles semblent pouvoir s'alimenter en hiver, par temps doux. Fin de la croissance larvaire en mars-avril. Cocons assez légers, tissés à terre, sous des mousses. Nymphose en avril ; émergence en mai.

MAMESTRA BRASSICAE (Linné), *la Noctuelle du Chou* **Pl. 13**

Répartition géographique. Partout, en France comme dans le reste de l'Europe.
Description. Longueur maximale : 45 mm. Coloration très variable : vert pâle, vert grisâtre, brun clair ou brun noirâtre. Région dorsale avec deux rangées longitudinales de traits noirs. Sur le huitième segment abdominal, ceux-ci se rejoignent pour former un dessin anguleux. De chaque côté du corps, au-dessous des stigmates, une large bande longitudinale de couleur orangée, jaune ocre ou vert clair. Tête verdâtre, brun orangé ou brun foncé et ornée de dessins clairs. Les jeunes chenilles sont vertes avec les limites intersegmentaires soulignées de jaune.
Biotopes. Champs, jardins, friches, etc.
Plantes nourricières. De très nombreuses espèces de plantes basses, dont le Chou (*Brassica oleracea*). Également sur divers arbres et arbustes à feuilles caduques : Chênes (*Quercus*), Bouleaux (*Betula*)...
Cycle biologique. Une à trois générations annuelles. En Europe septentrionale : ponte en été, éclosion au bout d'environ huit jours, nymphose en automne, émergence l'année suivante, en juin. En France, les imagos volent de mai à octobre. Les œufs sont déposés en groupes, sur la face inférieure des feuilles. Les chenilles sont nocturnes. Pendant la journée, elles restent à terre, plus ou moins dissimulées. Parfois très nuisibles, elles attaquent d'abord le cœur des choux ; de ce fait, elles ne sont détectables qu'assez tardivement. Les cocons — rudimentaires — se trouvent dans le sol.

MELANCHRA PERSICARIAE (Linné), *la Polygonière* **Pl. 27**

Répartition géographique. Espèce largement répandue en Europe. En France : presque partout.
Description. Longueur maximale : 40 mm. Corps vert ou brun pourpré. Huitième segment abdominal avec une forte gibbosité dorsale. Une ligne médio-dorsale, blanche, traversant une série de dessins foncés en forme de « V ». Ces derniers plus épais sur les segments abdominaux 1, 2 et 8. Une paire de rangées latéro-ventrales de stries obliques noirâtres ou vert foncé. Tête brun jaunâtre ou brun verdâtre.

Biotopes. Haies, friches, jardins, etc.
Plantes nourricières. Orties (*Urtica*), Plantains (*Plantago*), Renouée persicaire (*Polygonum persicaria*), Anémones (*Anemone*), ainsi que de nombreuses autres plantes basses. Également sur le Sureau noir (*Sambucus nigra*), les Saules (*Salix*) et divers autres arbres et arbustes à feuilles caduques.
Cycle biologique. Une génération par an. 0eufs pondus sur la plante-hôte, isolément ou en groupes (juin-juillet). Éclosion au bout d'environ une semaine. Les chenilles s'alimentent principalement de nuit. Le jour, elles se cachent sous les feuilles de leur plante nourricière. Cocons enterrés. Nymphose en automne ; émergence l'année suivante, en mai-juin.

CERAMICA PISI (Linné), *la Noctuelle des pois* — Pl. 32

Répartition géographique. Presque partout, en France comme dans le reste de l'Europe.
Description. Longueur maximale : 45 mm. Coloration variable : verte, brun rougeâtre ou brun pourpré foncé ; région ventrale plus claire. Deux larges bandes latéro-dorsales, jaunes à bords noirs. Une paire de larges bandes latérales, jaunes ou jaunes et blanches (elles sont dorsalement bordées de noir). Tête essentiellement brune ou verdâtre.
Biotopes. Landes, bruyères, zones rurales semi-boisées...
Plantes nourricières. Fougère-aigle (*Pteridium aquilinum*), Genêt à balais (*Cytisus scoparius*), Pois (*Pisum*), Haricots (*Phaseolus*), Scabieuses (*Scabiosa*), Ronce (*Rubus fruticosus*), Saules (*Salix*), Mélèze (*Larix decidua*), etc.
Cycle biologique. Une génération par an. Les œufs sont pondus en groupes sur la plante-hôte (juin-juillet) ; ils éclosent au bout d'une dizaine de jours. Quoique principalement nocturnes, les chenilles s'observent parfois pendant la journée, sur les frondes de fougères. Fin du développement larvaire généralement en septembre. Loge nymphale dans le sol. Émergence habituellement de mai à juillet.

LACANOBIA CONTIGUA (Denis & Schiffermüller), *la Noctuelle contiguë* — Pl. 5

Répartition géographique. Espèce largement répandue en Europe, mais relativement localisée. En France : presque partout.
Description. Longueur maximale : 40 mm. Coloration variable, verte à brun rougeâtre teinté de vert. Dorsalement, trois rangées longitudinales de taches noirâtres ou brun pourpré. Stigmates blancs. Deux lignes latérales brun pourpré. Sous chacune de celles-ci, une bande plus ou moins large, blanchâtre ou vert clair. Capsule céphalique d'un brun verdâtre.
Biotopes. Landes et bruyères arborées.
Plantes nourricières. Galé odorant (*Myrica gale*), Saules (*Salix*), Bouleaux (*Betula*), Noisetier (*Corylus avellana*), Chênes (*Quercus*), Patiences (*Rumex*), Verge d'or (*Solidago virgaurea*), Jacobée (*Senecio jacobaea*), Genêts (*Genista*), Fougère-aigle (*Pteridium aquilinum*), etc.
Cycle biologique. Une génération par an. Les œufs sont pondus sur la plante-hôte, en groupes assez importants (juin). Ils éclosent au bout d'une semaine, approximativement. Les chenilles ont une activité principalement nocturne. Le jour, elles se dissimulent en restant à terre. Elles parviennent au terme de leur développement vers la fin-septembre. Les cocons se trouvent dans le sol. Émergence en mai-juin, après hivernage des chrysalides.

LACANOBIA W-LATINUM (Hufnagel), *la Dryade* **Pl. 19**

Répartition géographique. Toute la France et presque toute l'Europe.
Description. Longueur maximale : 45 mm. Corps épais. Coloration variable, allant du brun terne au gris et au vert olive. Région dorsale ornée d'une série de dessins brun foncé, rhomboïdaux ou cunéiformes. Stigmates blanchâtres. Une paire de bandes latérales claires. Région ventrale d'un brun grisâtre pâle. Tête brune, avec deux stries noires.
Biotopes. Friches, collines... Principalement sur terrains calcaires.
Plantes nourricières. Genêt à balais (*Cytisus scoparius*), Genêt des teinturiers (*Genista tinctoria*), Renouée persicaire (*Polygonum persicaria*), Renouée des oiseaux (*Polygonum aviculare*), etc.
Cycle biologique. Une génération par an. Les œufs sont pondus sur la plante-hôte, en groupes importants (juin-juillet). Ils éclosent au bout d'une dizaine de jours. Nocturnes, les chenilles restent sur leur plante nourricière pendant la journée. La croissance larvaire s'achève vers la fin de l'été. Les cocons se trouvent en terre. Nymphose en automne ; émergence l'année suivante, en mai.

LACANOBIA OLERACEA (Linné), *la Potagère* **Pl. 11**

Répartition géographique. Toute la France ; pratiquement toute l'Europe.
Description. Longueur maximale : 45 mm. Coloration variable : verte, brune, grise ou rosâtre. Tégument finement moucheté de points blancs. Une paire de bandes latérales, blanchâtres ou jaune clair, le plus souvent dorsalement bordées de brun ou de vert foncé. Tête brun jaunâtre ou vert olive, avec des taches claires.
Biotopes. Champs, jardins, friches, marais salants, etc.
Plantes nourricières. Chénopodes (*Chenopodium*), Arroches (*Atriplex*), Ortie dioïque (*Urtica dioica*), Patiences (*Rumex*), Asperges (*Asparagus*), Choux (*Brassica*), ainsi que d'autres plantes basses, sauvages ou cultivées.
Cycle biologique. Une, deux ou trois générations annuelles. Dans le premier cas : ponte en juin, éclosion environ une semaine après, nymphose en septembre ou vers la fin-août, émergence au mois de juin de l'année suivante. Les œufs sont déposés en groupes, sur la face inférieure des feuilles. Les chenilles sont principalement nocturnes. Le jour, elles se dissimulent généralement au pied de leur plante-hôte, mais on les voit parfois se chauffer au soleil sur les feuilles. Cocons frêles, situés en terre.

HECATERA DYSODEA (Denis & Schiffermüller), *la Cerisière* **Pl. 29**

Répartition géographique. Europe moyenne et méridionale, ainsi que certaines régions d'Europe septentrionale. En France : partout.
Description. Longueur maximale : 30 mm. Corps ocre ou roux clair, avec des points noirs ; région ventrale verdâtre. Parfois, trois fines lignes dorsales de couleur noirâtre. Tête d'un brun jaunâtre clair.
Biotopes. Champs, jardins...
Plantes nourricières. Laitues sauvages ou cultivées (*Lactuca*), Crépides (*Crepis*), Éperviètres (*Hieracium*), Laiterons (*Sonchus*)...
Cycle biologique. Une génération par an, du moins en Europe septentrionale. Ponte en juin ; éclosion en juillet. Principalement nocturnes, les chenilles consomment boutons, fleurs et fruits. Le jour, elles sont difficiles à voir, se tenant immobiles sur les tiges, le corps parfaitement droit. La croissance larvaire s'achève vers la fin-août. Nymphose dans le sol, en automne. Émergence l'année suivante, en mai-juin.

HADENA RIVULARIS (Fabricius), *la Sinuée* **Pl. 11**

Répartition géographique. Espèce largement répandue en Europe, sauf dans l'extrême Nord. En France : partout.
Description. Longueur maximale : 35 mm. Corps jaune brunâtre ou brun verdâtre clair, avec des zones teintées de brun pourpré, notamment la région antérieure et la partie ventrale. Quelques gros points blancs. Une série dorsale de chevrons brun foncé et deux rangées latérales de stries obliques, également brun foncé. Tête brun clair avec des dessins sombres.
Biotopes. Prés humides, friches...
Plantes nourricières. Lychnis (notamment *Lychnis flos-cuculi*), Silènes (*Silene inflata, Silene maritima*), Cucubale (*Cucubalus baccifer*), Mélampyre des bois (*Melampyrum sylvaticum*)...
Cycle biologique. Une génération par an en Europe septentrionale ; une seconde génération partielle en Europe moyenne ou méridionale. Isolés, les œufs sont pondus sur (ou dans) les fleurs et les boutons ouverts (juin). Ils éclosent au bout d'environ une semaine. Les chenilles consomment les graines en formation. Lorsque celles-ci deviennent trop dures, ce sont les feuilles qui sont attaquées. Nocturnes, les chenilles se dissimulent pendant la journée, restant soit parmi les feuilles basses de la plante-hôte, soit à terre, dans la litière. Fin du développement larvaire généralement en août-septembre. Cocons situés dans le sol, à faible profondeur. Émergence essentiellement en mai-juin, éventuellement aussi vers la fin de l'été.

HADENA CONFUSA (Hufnagel), *la Noctuelle saupoudrée* **Pl. 11**

Répartition géographique. Espèce largement répandue en Europe. En France, principalement dans la partie non septentrionale.
Description. Longueur maximale : 30 mm. Corps terne, beige ou roux. Région ventrale d'un grisâtre clair, parfois teinté de vert. Une rangée dorsale de chevrons brun grisâtre. Tête brun rougeâtre avec des dessins sombres.
Biotopes. Prairies, régions côtières et terrains calcaires.
Plantes nourricières. Silènes (*Silene maritima, Silene vulgaris, Silene alba...*), Lychnis (notamment *Lychnis flos-cuculi*) et Stellaire graminée (*Stellaria graminea*).
Cycle biologique. Une génération par an. Les œufs sont pondus isolément, sur les boutons et les fleurs (juin-juillet). Ils éclosent approximativement au bout d'une semaine. Lorsqu'elles sont petites, les chenilles vivent dans les capsules. Plus grandes, elles se cachent au pied de leur plante-hôte pendant la journée et elles remontent la nuit, pour aller consommer les graines en formation. Le développement larvaire s'achève vers la fin-août. Assez rudimentaires, les cocons se trouvent en terre. Émergence en mai-juin, après un ou deux hivers passés à l'état nymphal.

HADENA BICRURIS (Hufnagel), *la Noctuelle capsulaire* **Pl. 11**

Répartition géographique. Toute la France et pratiquement toute l'Europe.
Description. Longueur maximale : 35 mm. Corps d'un brun ocreux. Une série dorsale de chevrons noirâtres. Sur chaque flanc, au niveau des stigmates, une bande longitudinale noirâtre. Tête brun clair avec des dessins brun foncé.
Biotopes. Bois, marais, prairies, bruyères, dunes sablonneuses.
Plantes nourricières. Silènes (*Silene inflata, Silene dioica...*), Lychnis (notamment *Lychnis flos-cuculi*), Œillet barbu (*Dianthus barbatus*), Saponaires (*Saponaria*)...
Cycle biologique. Une ou deux générations par an selon les régions. Œufs déposés isolément, sur les fleurs et les boutons. Éclosion moins d'une semaine après la ponte.

Les chenilles vivent d'abord dans les capsules. Plus grandes, elles se tiennent à découvert, n'introduisant que leur tete dans les capsules. Les cocons, relativement frêles, se trouvent en terre. Nymphose en juillet et en septembre ; émergence respectivement en août et en juin.

CERAPTERYX GRAMINIS (Linné), **Pl. 31**
la Noctuelle graminivore

Répartition géographique. Espèce largement répandue en Europe. En France, essentiellement dans les zones montagneuses.
Description. Longueur maximale : 35 mm. Région dorsale d'un brun bronzé foncé, région ventrale d'un brun orangé clair. Tégument ridé et luisant. Longitudinalement, trois bandes dorsales ocre clair et une paire de bandes latérales blanchâtres. Tête brun clair avec des dessins brun foncé.
Biotopes. Friches, landes, champs...
Plantes nourricières. Graminées (*Molinia caerulea, Nardus stricta, Alopecurus...*), Scirpes (*Scirpus*) et Joncs (*Juncus*).
Cycle biologique. Une génération par an. Pondus en août, les œufs n'éclosent que l'année suivante, en mars-avril. Ils sont dispersés au hasard lorsque la femelle-mère vole non loin du sol. Les chenilles ont une activité diurne et nocturne. Elles peuvent pulluler et former des colonies dévastant d'importantes étendues herbeuses. Faits de terre, les cocons se trouvent sous des pierres ou parmi les racines des touffes d'herbe. Habituellement : nymphose en mai-juin, émergence de juin à août.

PANOLIS FLAMMEA (Denis & Schiffermüller), **Pl. 1**
la Noctuelle du Pin

Répartition géographique. Presque partout, en France, comme dans les autres pays européens.
Description. Longueur maximale : 40 mm. Corps vert ou vert grisâtre, occasionnellement brun. Région dorsale longitudinalement marquée de trois lignes blanches. Une paire de larges bandes latérales bicolores (blanches dorsalement, orangées ventralement). Stigmates orange. Tête brun rougeâtre avec des dessins clairs.
Biotope. Forêts de conifères.
Plantes nourricières. Pins (*Pinus*), Épicéa (*Picea*), Sapin (*Abies*) et Cèdre (*Cedrus*). Parfois également sur Chênes (*Quercus*) et Bouleaux (*Betula*).
Cycle biologique. Une génération par an. Disposés en rangées, les œufs sont pondus en mai, sur les aiguilles d'arbres assez âgés. Ils éclosent au bout d'environ une semaine. Les chenilles consomment d'abord les jeunes pousses ; ensuite, elles vivent sur les aiguilles anciennement formées (dont elles sont homochromes). Le développement larvaire s'achève vers la fin-juillet. Assez lâches, les cocons sont tissés dans la litière ou dans des anfractuosités de l'écorce. Émergence en mars-avril, après hivernage des chrysalides.

BRITHYS CRINI (Fabricius), *la Noctuelle du Pancrais* **Pl. 30**

Répartition géographique. Espèce localisée, présente en divers endroits d'Europe méridionale. En France : dans la zone méditerranéenne.
Description. Longueur maximale : 49 mm. Corps d'un noir pourpré, avec de grandes macules blanches. Pattes et fausses pattes brun rougeâtre. Tête brun rougeâtre avec des taches noires.
Biotope. Régions côtières.

Plante nourricière. Pancrais maritime (*Pancratium maritimum*).
Cycle biologique. Les chenilles s'observent en juin-juillet. Elles consomment feuilles, boutons et tiges, pouvant même descendre pour forer les bulbes. Les imagos volent d'avril à juin.

ORTHOSIA CRUDA (Denis & Schiffermüller), **Pl. 14**
la Téniocampe ambiguë

Répartition géographique. Espèce largement répandue en Europe, sauf dans l'extrême Nord. En France, presque partout.
Description. Longueur maximale : 30 mm. Corps vert ou brun. Chez la forme verte : tégument finement tacheté de blanc ; limites intersegmentaires jaunâtres ; une ligne médio-dorsale blanche et deux larges bandes latérales blanchâtres, teintées de vert et de rose. Chez la forme brune : des points noirs bien nets ; trois lignes dorsales, blanches (celle du milieu plus large que les deux autres) ; une paire de bandes latérales, ocre et bordées de blanc. Les deux formes ont le huitième segment abdominal orné d'une strie transversale blanche. Tête verdâtre ou blanc ocreux, avec de petites taches sombres.
Biotopes. Bois et lisières des forêts.
Plantes nourricières. Chênes (*Quercus*), Saules (*Salix*), Noisetier (*Corylus avellana*), Ormes (*Ulmus*), Érables (*Acer*), Aubépine (*Crataegus monogyna*), Rosiers (*Rosa*)...
Cycle biologique. Une génération par an. Ponte en avril, éclosion environ une semaine après. Les chenilles s'observent en mai-juin. Elles sont principalement nocturnes et se dissimulent, le jour, entre deux feuilles réunies par de la soie. En élevage, ces chenilles se révèlent parfois cannibales. Les cocons se trouvent en terre. Nymphose en juillet ; émergence l'année suivante, en mars.

ORTHOSIA MINIOSA (Denis & Schiffermüller), **Pl. 6**
la Téniocampe peinte

Répartition géographique. Espèce largement répandue en Europe. En France, plutôt dans le Centre, l'Ouest et la zone septentrionale.
Description. Longueur maximale : 35 mm. Corps gris bleuté à brun, avec des points et des taches noirs. Deux lignes latéro-dorsales et une bande médio-dorsale de couleur jaune. Une paire de larges bandes latérales, jaunes, ponctuées de noir et bordées de blanc. Soies fines, courtes et peu nombreuses (la figure 11 de la planche 6 est assez inexacte). Cinq paires de fausses pattes. Tête grise ou brun clair, avec des taches sombres.
Biotopes. Bois, haies...
Plantes nourricières. Chênes (*Quercus*), Bouleaux (*Betula*), Saules (*Salix*), Aubépine (*Crataegus monogyna*), Prunellier (*Prunus spinosa*), Ronce (*Rubus fruticosus*) et diverses plantes basses.
Cycle biologique. Une génération par an. Les œufs sont pondus sur les branches, en petits groupes (avril). Ils éclosent au bout d'une quinzaine de jours. Lorsqu'elles sont jeunes, les chenilles vivent de façon grégaire, à l'intérieur d'une toile collective. Ensuite, elles deviennent solitaires ; plusieurs d'entre elles se nourrissent alors de plantes basses. Fin de la croissance larvaire en juin. Cocons situés dans le sol. Émergence en mars-avril, après hivernage des chrysalides.

ORTHOSIA OPIMA (Hübner), *la Téniocampe riche* **Pl. 14**

Répartition géographique. Europe moyenne et occidentale. En France : principalement dans le Centre.
Description. Longueur maximale : 40 mm. Corps vert grisâtre ou brun pourpré foncé, avec la région ventrale vert clair. Dorsalement, trois fines lignes blanchâtres. Tête brun ocre.
Biotopes. Collines, dunes sablonneuses, bruyères, marais...
Plantes nourricières. Saules (*Salix*), Bouleaux (*Betula*), Chênes (*Quercus*), Rosiers (*Rosa*), Genêt des teinturiers (*Genista tinctoria*), Jacobée (*Senecio jacobaea*), Langue de chien (*Cynoglossum officinale*), etc.
Cycle biologique. Une génération par an. Pondus en avril, en groupes importants, les œufs éclosent approximativement au bout d'une semaine. Les chenilles ont une activité nocturne ; le jour, elles se cachent sous les feuilles. Bien qu'elles consomment habituellement le feuillage de leur plante-hôte, elles peuvent également attaquer les fleurs de genêt. Le développement larvaire s'achève vers la fin-juin. Les cocons se trouvent dans le sol. Nymphose en juillet. Émergence l'année suivante, en mars-avril.

ORTHOSIA GRACILIS (Denis & Schiffermüller), **Pl. 23**
la Noctuelle grêle

Répartition géographique. Presque partout, en France comme dans le reste de l'Europe.
Description. Longueur maximale : 45 mm. Région dorsale brun rougeâtre ou vert grisâtre ; région ventrale verte, vert jaunâtre ou brun verdâtre. Flancs ornés, au niveau des stigmates, d'une bande longitudinale claire — brune ou verte — dorsalement bordée de noir. Tête brune.
Biotopes. Prairies, endroits marégaceux...
Plantes nourricières. Saules (*Salix*), Chênes (*Quercus*), Galé odorant (*Myrica gale*), Prunellier (*Prunus spinosa*), Salicaire (*Lythrum salicaria*), Lysimaque commune (*Lysimacha vulgaris*), Reine des prés (*Filipendula ulmaria*), Armoise commune (*Artemisia vulgaris*), Achillées (*Achillea*), Genêts (*Genista*), etc.
Cycle biologique. Une génération par an. Les œufs sont pondus en avril, en groupes importants. Ils éclosent au bout d'une dizaine de jours. Les chenilles attaquent d'abord les pousses, réunissant leurs feuilles avec de la soie (elles vivent à l'intérieur des abris ainsi formés). Devenues plus grandes, elles se tiennent à découvert pour s'alimenter, mais se dissimulent à terre pendant la journée. Nymphose dans le sol, en juillet. Émergence l'année suivante, au printemps.

ORTHOSIA CERASI (Fabricius), *la Noctuelle constante* **Pl. 6**

Répartition géographique. Espèce largement répandue en Europe, sauf dans l'extrême Nord. En France : pratiquement partout.
Description. Longueur maximale : 40 mm. Corps épais, vert, finement moucheté de blanc jaunâtre. Limites intersegmentaires soulignées de jaune. Longitudinalement, des lignes blanchâtres ou blanc jaunâtre : une au milieu de la région dorsale et deux en position latérale (il y a également, parfois, deux fines lignes latéro-dorsales). Deux stries transversales blanchâtres (ou jaunâtres) : une derrière la tête, l'autre sur le huitième segment abdominal. Tête d'un vert brunâtre clair.
Biotopes. Endroits boisés, lisières des bois, haies...

Plantes nourricières. Chênes (*Quercus*), Hêtre (*Fagus sylvatica*), Saules (*Salix*) et Ormes (*Ulmus*).
Cycle biologique. Une génération par an. Les œufs sont pondus sur les branches, en groupes assez irréguliers (avril). Ils éclosent au bout d'une dizaine de jours. Les chenilles vivent d'abord dans des pousses recouvertes de soie, ensuite sur les feuilles, à découvert. Elles ont une activité à la fois diurne et nocturne. Leur croissance s'achève vers la fin-juin. Les imagos émergent l'année suivante, habituellement au printemps (quelques papillons peuvent apparaître en hiver, par temps doux). Les cocons se trouvent dans le sol.

ORTHOSIA INCERTA (Hufnagel), *l'Inconstante* **Pl. 16**

Répartition géographique. Espèce largement répandue en Europe. En France : presque partout.
Description. Longueur maximale : 40 mm. Corps vert bleuté, vert jaunâtre ou vert grisâtre foncé. Tégument couvert de nombreux points blancs. Une large ligne médio-dorsale de couleur blanche ; deux fines lignes latéro-dorsales, blanches elles aussi. Flancs montrant, au niveau des stigmates, une bande blanche ou blanc jaunâtre, dorsalement bordée de noir. Tête vert clair ou brun verdâtre.
Biotopes. Bois et vergers.
Plantes nourricières. Chênes (*Quercus*), Saules (*Salix*), Pommiers (*Malus*), Aubépine (*Crataegus monogyna*), ainsi que d'autres arbres et arbustes à feuilles caduques. Également sur Houblon (*Humulus lupulus*).
Cycle biologique. Une génération par an. Les œufs sont pondus en groupes sur la plante-hôte (mars-avril). Ils éclosent au bout d'une dizaine de jours. Les chenilles s'alimentent la nuit. Pendant la journée, elles se cachent entre des feuilles réunies par de la soie. Fin du développement larvaire en juin-juillet. Cocons lâches, situés en terre. Émergence généralement en mars (quelques individus peuvent apparaître en hiver).

ORTHOSIA MUNDA (Denis & Schiffermüller), *la Noctuelle lavée* **Pl. 7**

Répartition géographique. Espèce largement répandue en Europe, sauf dans le Sud. En France : presque partout.
Description. Longueur maximale : 40 mm. Région dorsale essentiellement brun noirâtre, avec une large bande médiane de couleur ocre (cette bande porte généralement une série de dessins sagittés sombres). Une fine ligne médio-dorsale blanchâtre, plus ou moins nette, et deux lignes semblables en position latéro-dorsale. Une paire de larges bandes latérales, ocre et tachées de blanc sur les premiers segments abdominaux. Huitième segment abdominal dorsalement pourvu d'une bande transversale noirâtre. Région ventrale gris clair ou gris verdâtre. Capsule céphalique brun rougeâtre avec des points sombres.
Biotopes. Bois et forêts.
Plantes nourricières. Saules (*Salix*), Ormes (*Ulmus*), Chênes (*Quercus*), Hêtre (*Fagus sylvatica*), Tilleuls (*Tilia*), Tremble (*Populus tremula*), Prunellier (*Prunus spinosa*), Houblon (*Humulus lupulus*) et Chèvrefeuille (*Lonicera periclymenum*).
Cycle biologique. Une génération par an. Oeufs pondus en groupes, sur la plante nourricière (avril). Éclosion au bout d'une dizaine de jours. Chenilles nocturnes. Développement larvaire s'achevant vers la fin-juin. Cocons situés dans le sol. Nymphose en juillet. Émergence l'année suivante, généralement en mars.

ORTHOSIA GOTHICA (Linné), *la Gothique* **Pl. 29**

Répartition géographique. Toute la France et presque toute l'Europe.
Description. Longueur maximale : 40 mm. Corps vert jaunâtre ou vert grisâtre, parsemé de points blanchâtres. Limites intersegmentaires finement soulignées de jaune. Longitudinalement, trois lignes dorsales de couleur blanc jaunâtre. Flancs marqués, au niveau des stigmates, d'une bande blanche ou blanc verdâtre, dorsalement bordée de noir ou de vert foncé. Tête d'un vert jaunâtre.
Biotopes. Bois, haies, prairies...
Plantes nourricières. Chênes (*Quercus*), Saules (*Salix*), Prunellier (*Prunus spinosa*), Aubépine (*Crataegus monogyna*), Patiences (*Rumex*), Pissenlit (*Taraxacum*), Reine des prés (*Filipendula ulmaria*), Trèfles (*Trifolium*), etc.
Cycle biologique. Une génération par an. Les œufs sont pondus sur les feuilles, en groupes irréguliers (avril-mai) ; ils éclosent au bout d'une dizaine de jours. Nocturnes, les chenilles restent sur la plante-hôte pendant la journée (plus ou moins dissimulées). Fin du développement larvaire en juin-juillet. Cocons frêles, situés dans le sol. Émergence habituellement au printemps, après hivernage des chrysalides. Par temps doux, quelques individus peuvent émerger en hiver.

ALETIA FERRAGO (Fabricius), *l'Argentée* **Pl. 11**

Répartition géographique. Toute la France et presque toute l'Europe.
Description. Longueur maximale : 45 mm. Corps ocre ou roussâtre, avec la région ventrale plus pâle. Dorsalement, trois lignes blanches à bords noirs ou brun foncé. Flancs montrant, au niveau des stigmates, une bande longitudinale brunâtre. Cinq paires de fausses pattes. Tête ocre clair avec un réseau de dessins brun foncé.
Biotopes. Bois, lisières des forêts...
Plantes nourricières. Mouron blanc (*Stellaria media*), Pissenlit (*Taraxacum*), Plantains (*Plantago*), et diverses Graminées, dont le Pâturin des bois (*Poa nemoralis*).
Cycle biologique. Une génération par an. Disposés en rangées, les œufs sont pondus en juillet, généralement dans des feuilles enroulées. Ils éclosent au bout d'environ une semaine. Pendant la journée, les chenilles restent cachées dans les touffes d'herbe, non loin du sol. Elles s'alimentent la nuit, se tenant alors vers la partie supérieure des plantes nourricières. La croissance est lente avant l'hibernation, rapide après. Elle s'achève en mai. Les cocons se trouvent dans le sol et l'émergence a lieu en juin-juillet (voire en mai).

ALETIA PALLENS (Linné), *la Noctuelle pâle* **Pl. 31**

Répartition géographique. Espèce largement répandue en Europe. En France : presque partout.
Description. Longueur maximale : 40 mm. Corps ocre, avec la région ventrale pâle, grisâtre. Longitudinalement, trois lignes dorsales blanches, bordées de brun. Sur chaque flanc, juste au-dessus des stigmates, une large bande longitudinale brun foncé. Tête brun clair avec un réseau de dessins sombres.
Biotopes. Marais, prairies, friches...
Plantes nourricières. Pâturin annuel (*Poa annua*), Dactyle aggloméré (*Dactylis glomerata*), Chiendent (*Agropyron repens*) et d'autres Graminées. Également sur Pissenlit (*Taraxacum*) et Patiences (*Rumex*).
Cycle biologique. Habituellement deux générations par an ; une seule dans le Nord de l'Europe. Disposés en rangées, les œufs sont pondus sur les brins d'herbe (juillet ; septembre). Ils éclosent approximativement au bout d'une semaine. Noctur-

nes, les chenilles se dissimulent parmi les racines pendant la journée. Celles de la première génération se développent rapidement, achevant leur croissance en août. En revanche, celles de la seconde génération entrent en hibernation alors qu'elles sont encore petites ; elles se réalimentent au printemps et se nymphosent en mai. Les cocons se situent en terre. Émergence en août-septembre et en juin-juillet.

LEUCANIA COMMA (Linné), *le Comma blanc* **Pl. 31**

Répartition géographique. Espèce largement répandue en Europe. En France : presque partout.
Description. Longueur maximale : 40 mm. Corps épais, clair, brun rougeâtre à brun grisâtre. Région dorsale avec trois lignes claires à bords brun foncé. Flancs montrant, au-dessous du niveau des stigmates, une bande beige ou blanchâtre. Tête brun clair, ornée de stries brun foncé.
Biotopes. Marais, prairies...
Plantes nourricières. Graminées (notamment *Dactylis glomerata*) et Patiences (*Rumex*).
Cycle biologique. Une ou deux générations par an selon les régions. Dans le premier cas : ponte en juin, éclosion au bout d'environ une semaine, fin du développement larvaire en automne, nymphose en avril (après hivernage de la chenille en terre, dans le cocon), émergence en mai-juin. Les œufs sont disposés en rangées irrégulières, sur les limbes foliaires des plantes-hôtes. Les chenilles se cachent parmi les racines pendant la journée. Elles s'alimentent la nuit, fréquentant alors la partie supérieure des touffes d'herbe.

SENTA FLAMMEA (Curtis), *la Noctuelle de Curtis* **Pl. 30**

Répartition géographique. Espèce localisée, se trouvant en divers endroits de l'Ouest, du centre et du Nord de l'Europe. En France : dans la partie septentrionale.
Description. Longueur maximale : 30 mm. Corps ocre à brun rougeâtre. Limites intersegmentaires parfois soulignées de rougeâtre. Une ligne médio-dorsale ocre clair, à bords brun foncé. De chaque côté de celle-ci, deux lignes claires moins bien indiquées. Une paire de bandes latérales ocre clair, largement bordées de brun foncé vers le haut. Région ventrale d'un gris pâle. Tête mêlée de brun clair et de brun foncé.
Biotope. Endroits marécageux.
Plante nourricière. Roseau (*Phragmites communis*).
Cycle biologique. Une génération par an. Œufs pondus sur les feuilles, en rangées doubles (juin-juillet). Éclosion au bout d'une quinzaine de jours. La nuit, les chenilles consomment les feuilles. Le jour, elles se cachent dans les vieilles tiges creuses. Fin du développement larvaire en automne. Nymphose dans les tiges creuses des roseaux. Émergence l'année suivante, en mai-juin.

EUXOA NIGRICANS (Linné), *la Noctuelle sombre* **Pl. 10**

Répartition géographique. Espèce largement répandue en Europe. En France, presque partout.
Description. Longueur maximale : 40 mm. Corps ocre ou brun ocreux, avec les flancs teintés de gris verdâtre. Une fine ligne médio-dorsale grise à bords noirâtres. Celle-ci traverse parfois une série de dessins brun foncé, triangulaires ou rhomboïdaux. Flancs ornés d'une bande longitudinale sombre, généralement double. Soies courtes, peu nombreuses, issues de points noirs bien nets. Cinq paires de fausses pattes. Tête brun grisâtre, avec des taches et des traits noirs.

Biotopes. Champs, jardins, marais, friches, landes...
Plantes nourricières. Trèfles (*Trifolium*), Plantains (*Plantago*), Pissenlit (*Taraxacum*), Patiences (*Rumex*), Berce (*Heracleum sphondylium*), ainsi que de nombreuses autres plantes basses, sauvages ou cultivées.
Cycle biologique. Une génération par an. Ponte sur la plante-hôte, en août. Éclosion en principe l'année suivante, en février. Les chenilles s'observent de février à juin. Nocturnes, les chenilles mangent les feuilles et la base des tiges. Pendant la journée, elles se cachent en s'enterrant. Ces chenilles ravagent parfois les cultures de Betterave (*Beta vulgaris*). Les cocons se trouvent dans le sol. Nymphose en juin, émergence en juillet-août.

AGROTIS VESTIGIALIS (Hufnagel), *le Porte-flèches* — Pl. 26

Répartition géographique. Espèce assez largement répandue en Europe. En France : presque partout.
Description. Longueur maximale : 40 mm. Corps brun grisâtre à vert grisâtre. Région dorsale avec une nuance pourpre. Trois lignes dorsales sombres, souvent indistinctes. Région ventrale gris clair. Soies issues de points noirâtres. Tête brune avec des bandes noires.
Biotopes. Dunes sablonneuses, bruyères...
Plantes nourricières. Caille-lait jaune (*Galium verum*), Caille-lait blanc (*Galium mollugo*), Stellaires (dont *Stellaria media*), Graminées et diverses autres plantes basses.
Cycle biologique. Une génération par an. Ponte en août. Selon certains auteurs, les chenilles naîtraient en été et se nourriraient tout l'hiver, selon d'autres, elles ne naîtraient qu'en janvier. Nocturnes, ces chenilles se cachent dans le sol pendant la journée. Elles attaquent les racines et la base des tiges. Le développement larvaire s'achève vers la fin-mai. Nymphose en terre. Émergence en juillet-août.

AGROTIS SEGETUM (Denis & Schiffermüller), *la Moissonneuse* — Pl. 10

Répartition géographique. Toute la France et presque toute l'Europe.
Description. Longueur maximale : 47 mm. Corps luisant, gris clair ou brun grisâtre. Région dorsale légèrement pourprée ou verdâtre. Région ventrale blanc jaunâtre. Longitudinalement, des lignes dorsales sombres, le plus souvent mal indiquées. Soies courtes, issues de points noirâtres bien nets. Cinq paires de fausses pattes. Tête brun jaunâtre, avec des stries et des taches brun noir.
Biotopes. Champs, jardins, prés, friches, etc.
Plantes nourricières. Patiences (*Rumex*), Moutarde des champs (*Sinapis arvensis*), Rave (*Brassica rapa*), Panais (*Pastinaca sativa*), Carotte (*Daucus carota*) et de nombreuses autres plantes basses, sauvages ou cultivées.
Cycle biologique. Une ou deux générations annuelles selon les régions. Dans le premier cas : ponte en juin, éclosion en juillet, fin du développement larvaire en octobre, nymphose en mai (après hivernage de la chenille dans le sol), émergence en mai-juin. Les œufs sont pondus en petits groupes, sur les tiges ou dans la litière. Les chenilles forent les racines et attaquent la base des tiges, entraînant ainsi le flétrissement et la mort des plantes-hôtes. Elles peuvent être très nuisibles pour les cultures. Les cocons se trouvent dans le sol.

AGROTIS EXCLAMATIONIS (Linné), *le Point d'exclamation* **Pl. 13**

Répartition géographique. Espèce largement répandue en Europe. En France : partout.
Description. Longueur maximale : 38 mm. Corps brun roux ou brun grisâtre. Région ventrale gris clair. Région dorsale longitudinalement marquée de trois lignes sombres, brunâtres ou noirâtres (il y a parfois également une série de dessins cunéiformes sombres). Soies courtes, issues de points brun foncé ou noirâtres. Tête brun clair avec des dessins brun foncé.
Biotopes. Champs, prés, jardins, friches, etc.
Plantes nourricières. Patiences (*Rumex*), Plantains (*Plantago*), Mouron blanc (*Stellaria media*), Chénopode blanc (*Chenopodium album*), Rave (*Brassica rapa*), Betterave (*Beta vulgaris*), Laities (*Lactuca*), Graminées, ainsi que diverses autres plantes basses, sauvages ou cultivées.
Cycle biologique. Habituellement, une génération par an. Les œufs sont pondus sur les feuilles et les tiges (juin-juillet). Ils éclosent en juillet. Nocturnes, les chenilles se cachent dans le sol pendant la journée. Elles attaquent feuilles, tiges et racines. Elles peuvent être très nuisibles pour les cultures, notamment parce qu'elles détruisent les racines. Fin de la croissance larvaire en automne. Nymphose au printemps, après hivernage de la chenille dans le cocon (situé en terre). Émergence en mai-juin.

AGROTIS PUTA (Hübner), *la Noctuelle Puta* **Pl. 9**

Répartition géographique. Europe moyenne et méridionale, ainsi que certaines régions d'Europe septentrionale. En France : partout.
Description. Longueur maximale : 32 mm. Corps brun ocre ou brun grisâtre. Région dorsale marquée de trois lignes brun foncé et, éventuellement, de taches de la même couleur. Région ventrale d'un gris verdâtre clair. Cinq paires de fausses pattes. Tête brune, avec des zones claires et des macules sombres.
Biotopes. Champs, friches, jardins, marais et bois.
Plantes nourricières. Patiences (*Rumex*), Renouée des oiseaux (*Polygonum aviculare*), Pissenlit (*Taraxacum*), Laitues (*Lactuca*), ainsi que d'autres plantes basses.
Cycle biologique. Deux générations par an, voire trois dans certaines régions. Les œufs sont pondus sur les feuilles de la plante-hôte, en groupes relativement importants (mai ; août-septembre). Les chenilles de la première génération se développent et se nymphosent en été. Celles de la seconde génération hibernent avant d'achever leur croissance au printemps, en mai. La nymphose s'effectue dans le sol. Les imagos volent en mai-juin, en juillet-août et parfois aussi en septembre-octobre.

AGROTIS RIPAE (Hübner), *la Noctuelle de la rive* **Pl. 11**

Répartition géographique. Diverses régions côtières d'Europe. France occidentale et septentrionale.
Description. Longueur maximale : 40 mm. Corps brun ocre clair ou d'un vert terne. Des lignes et des taches, brunâtres ou verdâtres. Stigmates noirs, assez grands. Tête et plaque pronotale brun clair.
Biotopes. Dunes sablonneuses, rivages.
Plantes nourricières. Soude (*Salsola kali*), Coquillier maritime (*Cakile maritima*), Arroche pourpière (*Halimione portulacoides*), Suédas (*Suaeda*), ainsi que d'autres espèces des zones littorales.

Cycle biologique. Une génération par an. Ponte en juillet, éclosion en août. Les chenilles s'alimentent la nuit. Le jour, elles se dissimulent dans le sable. Parvenant au terme de leur croissance vers la fin de l'automne, elles s'enfoncent profondément dans le sable pour passer l'hiver ; la nymphose n'a lieu que vers la fin du printemps. Émergence en juin.

AXYLIA PUTRIS (Linné), *la Noctuelle putride* — Pl. 26

Répartition géographique. Espèce largement répandue en Europe. En France, pratiquement partout.
Description. Longueur maximale : 35 mm. Corps épais, brun grisâtre, plus ou moins mêlé de noir, de noirâtre et de gris verdâtre. Une série médio-dorsale de points jaunâtres ou blanchâtres. Deux rangées latéro-dorsales de taches noires. Une paire de bandes latérales claires, parfois largement marquées de marron. Une forte gibbosité dorsale sur le huitième segment abdominal. Quelques points noirs en relief. Tête brun foncé.
Biotopes. Champs, jardins, friches, haies, lisières des bois...
Plantes nourricières. Caille-lait blanc (*Galium mollugo*), Patiences (*Rumex*), Plantains (*Plantago*), Chénopode blanc (*Chenopodium album*), Renouée des oiseaux (*Polygonum aviculare*), Langue de chien (*Cynoglossum officinale*), ainsi que d'autres plantes basses.
Cycle biologique. Une génération par an, avec parfois une seconde génération partielle (quelques imagos pouvant apparaître en août-septembre). Déposés sous les feuilles, en groupes importants, les œufs sont pondus en juillet et ils éclosent au bout d'environ une semaine. Principalement nocturnes, les chenilles peuvent s'observer jusqu'à la fin du mois de septembre. Les cocons — terreux — se trouvent dans le sol. Nymphose en octobre ; émergence l'année suivante, habituellement en juin.

EUGNORISMA DEPUNCTA (Linné), *la Noctuelle pointée* — Pl. 10

Répartition géographique. Espèce largement répandue en Europe, quoique relativement localisée. En France, surtout dans la partie non septentrionale.
Description. Longueur maximale : 47 mm. Corps brun roux ou grisâtre. Une rangée dorsale de chevrons sombres. Flancs montrant, au-dessous des stigmates, une bande longitudinale ocre ou jaune clair. Stigmates parfois entourés de noir ou de brun foncé (il y a ainsi deux rangées latérales de taches sombres). Tête brun ocre, avec une paire de stries brun foncé.
Biotope. Endroits boisés.
Plantes nourricières. Oseilles (*Rumex acetosa, Rumex acetosella,* etc.), Primevères (*Primula vulgaris, Primula veris*), Orties (*Urtica*)...
Cycle biologique. Une génération par an. Ponte en août-septembre. Éclosion environ trois semaines après. Les chenilles néonates entrent immédiatement en hibernation, se réfugiant dans des tiges creuses de brins d'herbe. Elles commencent à s'alimenter au début du printemps et elles atteignent leur taille maximale vers la fin mai. Nymphose dans le sol. Émergence en juillet-août.

STANDFUSSIANA LUCERNEA (Linné), *la Lucernée* **Pl. 13**

Répartition géographique. Régions côtières et montagneuses d'Europe. En France, dans les Alpes, les Pyrénées et le Massif Central.
Description. Longueur maximale : 45 mm. Coloration variable, allant du vert grisâtre au brun purpurin. Tégument moucheté de noir. Région ventrale gris clair ou vert grisâtre. Dorsalement, une série de dessins sombres, parfois en forme de « V ». Deux rangées latéro-dorsales de gros points clairs. Tête brun foncé avec deux petites taches blanchâtres.
Biotopes. Falaises côtières, collines pierreuses, carrières et zones montagneuses.
Plantes nourricières. Poivre de muraille (*Sedum acre*), Clochette (*Campanula rotundifolia*), Primevère officinale (*Primula veris*), Saxifrage aizoïde (*Saxifraga aizoides*), Fétuque ovine (*Festuca ovina*), ainsi que d'autres plantes basses.
Cycle biologique. Une génération par an. Ponte en août, éclosion en septembre. Les chenilles hibernent après avoir commencé à se nourrir. Elles achèvent leur développement au printemps. Elles ont des mœurs essentiellement nocturnes et on peut les voir — au repos — sur des blocs rocheux situés près de leurs plantes-hôtes. Nymphose en terre (mai). Émergence en juin-juillet.

NOCTUA PRONUBA (Linné), *le Hibou* **Pl. 29**

Répartition géographique. Toute la France et presque toute l'Europe.
Description. Longueur maximale : 50 mm. Coloration très variable : vert vif, ocre ou brune (avec diverses nuances). Deux rangées latéro-dorsales de traits brun foncé, bordées chacune — extérieurement — d'une ligne blanchâtre, crème ou verdâtre. De chaque côté du corps, au niveau des stigmates, une rangée de dessins sombres. Tête brun clair, avec des zones brun foncé.
Biotopes. Champs, jardins, friches, landes, etc.
Plantes nourricières. Pissenlit (*Taraxacum*), Mouron blanc (*Stellaria media*), Patiences (*Rumex*), Primevères (*Primula*), Graminées et de nombreuses autres plantes basses, sauvages ou cultivées.
Cycle biologique. Une génération par an. Serrés les uns contre les autres, les œufs sont pondus en juillet, sur la face inférieure des feuilles. Ils éclosent en août. Les chenilles entrent en hibernation tardivement et elles achèvent leur développement au printemps. Consommant tiges et feuilles, elles sectionnent parfois les plantes au niveau du sol. Elles ont une activité principalement nocturne et elles se cachent dans le sol pendant la journée. Les cocons se trouvent en terre. Nymphose en mai. Émergence en juin-juillet. Les imagos peuvent voler jusqu'en octobre.

NOCTUA COMES Hübner, *la Suivante* **Pl. 31**

Répartition géographique. Toute a France et pratiquement toute l'Europe.
Description. Longueur maximale : 50 mm. Corps brun clair ou brun grisâtre, parfois teinté de vert et tacheté d'ocre. Deux rangées latéro-dorsales de taches noirâtres, triangulaires, mieux marquées vers l'arrière de l'abdomen. Huitième segment abdominal renflé dorsalement, avec un pont transversal reliant les taches précitées. Une paire de bandes latéro-ventrales d'un brun jaunâtre clair. Cinq paires de fausses pattes. Capsule céphalique brun clair, marquée de bandes et de petites taches brun foncé.

Biotopes. Prés, jardins, friches, haies, bois clairs, bruyères, etc.
Plantes nourricières. Patiences (*Rumex*), Mouron blanc (*Stellaria media*), Digitale pourpre (*Digitalis purpurea*), Primevère acaule (*Primula vulgaris*), Callune (*Calluna vulgaris*), Trèfles (*Trifolium*), Dactyle aggloméré (*Dactylis glomerata*), Saules (*Salix*), Aubépine (*Crataegus monogyna*), Chèvrefeuilles (*Lonicera*), etc.
Cycle biologique. Une génération par an. Ponte en août, éclosion en septembre. Les chenilles commencent à se nourrir de plantes basses, puis elles entrent en hibernation. Elles redeviennent actives au printemps, lorsque les bourgeons commencent à s'ouvrir ; elles consomment alors non seulement des plantes basses, mais aussi le feuillage de divers arbres et arbustes. Ces chenilles ont des mœurs principalement nocturnes. Les cocons sont situés dans le sol. Nymphose en mai ; émergence en juin-juillet.

NOCTUA FIMBRIATA (Schreber), *la Frangée* — Pl. 17

Répartition géographique. Toute la France et presque toute l'Europe.
Description. Longueur maximale : 55 mm. Corps brun ocre, brun grisâtre ou brun rougeâtre ; région ventrale relativement claire. Une ligne médiodorsale claire ; de part et d'autre de celle-ci, des taches sombres, tronquées postérieurement et mieux indiquées vers l'arrière de l'abdomen. Stigmates blanchâtres, plus ou moins largement entourés de noir. Tête brun clair, tachetée de brun foncé.
Biotope. Endroits boisés.
Plantes nourricières. Primevère acaule (*Primula vulgaris*), Patiences (*Rumex*), Violette odorante (*Viola odorata*), Lamiers (*Lamium*), Aubépine (*Crataegus monogyna*), Prunellier (*Prunus spinosa*), Bouleau (*Betula pendula*), Saules (*Salix*), etc.
Cvcle biologique. Une génération par an. Ponte vers la fin de l'été. En automne, avant d'entrer en hibernation, les chenilles vivent sur des plantes basses. Au printemps, elles consomment les feuilles tendres d'arbres et d'arbustes à feuilles caduques. Certains auteurs prétendent — à tort, semble-t-il — que les œufs sont déposés dans le feuillage des arbres et que les jeunes chenilles descendent à terre pour hiberner. Fin du développement larvaire vers le milieu du mois de mai. Nymphose à la surface du sol. Émergence en juin-juillet.

NOCTUA JANTHINA Denis & Schiffermüller, *le Casque* — Pl. 17

Répartition géographique. Espèce largement répandue en Europe. En France : partout.
Description. Longueur maximale : 40 mm. Corps brun ocre clair ou grisâtre, avec — parfois — une nuance verdâtre. Une ligne médio-dorsale claire, située entre deux séries de taches obliques sombres (celles-ci sont mieux marquées vers l'arrière de l'abdomen). Stigmates blanc jaunâtre, cernés de noir. Cinq paires de fausses pattes. Capsule céphalique brune, marquée de brun noirâtre.
Biotopes. Bois, haies, jardins...
Plantes nourricières. Patiences (*Rumex*), Primevère acaule (*Primula vulgaris*), Mouron blanc (*Stellaria media*), Lamiers (*Lamium*), Ronce (*Rubus fruticosus*), Aubépine (*Crataegus monogyna*), Prunellier (*Prunus spinosa*), Orme (*Ulmus procera*), Saules (*Salix*), Noisetier (*Corylus avellana*), etc.
Cycle biologique. Une génération par an. Ponte en août. Avant d'hiberner, les chenilles vivent sur les ronces et diverses plantes basses. Au printemps, elles consom-

ment le feuillage d'arbres et d'arbustes à feuilles caduques. Leurs mœurs sont essentiellement nocturnes. Les cocons, assez frêles, se trouvent en terre. Nymphose en mai ; émergence en juin-juillet.

SPAELOTIS RAVIDA (Denis & Schiffermüller), *la Noctuelle rousselette* **Pl. 10**

Répartition géographique. Espèce largement répandue en Europe, quoique parfois assez localisée. En France : presque partout.
Description. Longueur maximale : 42 mm. Corps terne, jaunâtre ou brun verdâtre. Région dorsale parfois de couleur ocre. Une ligne médio-dorsale claire, comprise entre deux séries de traits sombres (qui tendent à former des « V »). Flancs susceptibles de montrer une rangée de stries obliques jaunâtres, bordées de brun foncé. Tête d'un brun grisâtre.
Biotopes. Marais et endroits humides.
Plantes nourricières. Patiences (*Rumex*), Laiterons (*Sonchus*), Pissenlit (*Taraxacum*), Armoises (*Artemisia*)...
Cycle biologique. Une génération par an. Chaque ponte comprend de nombreux œufs, recouverts par des écailles abdominales de la femelle-mère (septembre). Les chenilles naissent en automne. En hiver, elles se développent lentement, mangeant racines et feuilles tendres. Nymphose en terre, à faible profondeur, parmi les racines de la plante-hôte (mai). Émergence en juin-juillet.

EUGRAPHE SUBROSEA (Stephens), *la Noctuelle rosâtre* **Pl. 33**

Répartition géographique. Espèce présente en Europe septentrionale et moyenne, France comprise.
Description. Longueur maximale : 35 mm. Corps rosâtre, avec une large bande dorsale, mêlée de noir et de gris purpurin. Celle-ci scindée en deux par une ligne blanc jaunâtre et bordée, de chaque côté, par une ligne de la même couleur. Une paire de bandes latérales blanc crème, comprises chacune entre deux bandes noires ou gris pourpré. Tête brun rosâtre avec des dessins sombres.
Biotope. Marécages.
Plantes nourricières. Galé odorant (*Myrica gale*), Airelle des marais (*Vaccinium uliginosum*), Andromède (*Andromeda polifolia*), Lédon des marais (*Ledum palustre*) et Callune (*Calluna vulgaris*). En élevage, cette chenille accepte certains Saules (*Salix*).
Cycle biologique. Une génération par an. Les œufs sont pondus sur la plante-hôte, isolément ou en petits groupes (juillet-août). Ils éclosent au bout d'une dizaine de jours. Les chenilles hibernent et reprennent leur croissance au printemps. Elles atteignent leur taille maximale en juin-juillet. Nocturnes, elles consomment bourgeons et jeunes pousses. Nymphose à terre, sous des mousses ou des débris végétaux. Émergence en juillet-août.

LYCOPHOTIA PORPHYREA (Denis & Schiffermüller), *l'Ondulée* **Pl. 24**

Répartition géographique. Presque partout, en France comme dans le reste de l'Europe.
Description. Longueur maximale : 27 mm. Corps brun ou brun rougeâtre. Habi-

tuellement, trois rangées dorsales de taches rectangulaires blanc ocre ; celles-ci comprises entre des croissants noirs ou brun foncé. Parfois il n'y a qu'une seule série médio-dorsale de taches blanchâtres (placées entre des croissants sombres bien nets). Une paire de bandes latérales claires, ocre ou blanc rosâtre, dorsalement bordées de brun foncé. Cinq paires de fausses pattes. Tête ocre, avec des stries et des taches brun foncé.
Biotopes. Bruyères, landes...
Plantes nourricières. Callune (*Calluna vulgaris*), Bruyères (*Erica cinerea, Erica tetralix*)...
Cycle biologique. Une génération par an. Ponte en juillet ; éclosion en août. Développement larvaire interrompu par une période d'hibernation. Nocturnes, les chenilles se dissimulent, le jour, dans la litière se trouvant autour des plantes-hôtes. Elles parviennent au terme de leur croissance en avril-mai. Les cocons — lâches — se trouvent sur ou dans le sol. Émergence en juin-juillet.

PERIDROMA SAUCIA (Hübner), *la Noctuelle blessée* **Pl. 13**

Répartition géographique. Espèce d'Europe méridionale, mais qui migre régulièrement vers l'Europe septentrionale. En France : partout.
Description. Longueur maximale : 42 mm. Corps plutôt épais et légèrement renflé à l'arrière de l'abdomen. Tégument brun grisâtre ; dorsalement, des traces de roux ou de rouge pourpré. Habituellement, deux rangées dorsales de traits sombres ; ceux-ci en principe reliés, sur le huitième segment abdominal, par un pont transversal à bordure postérieure claire. Cinq paires de fausses pattes. Tête d'un brun rougeâtre clair, avec des dessins noirâtres.
Biotopes. Endroits très divers. Dans le Sud de l'Europe, l'espèce se révèle nuisible pour l'agriculture.
Plantes nourricières. Plantains (*Plantago*), Patiences (*Rumex*), Trèfles (*Trifolium*), Chou (*Brassica oleracea*), Laitue (*Lactuca sativa*), ainsi que d'autres plantes basses, sauvages ou cultivées.
Cycle biologique. Deux ou trois générations annuelles en Europe méridionale. Œufs pondus sur la plante-hôte, en groupes importants. Éclosion au bout d'une quinzaine de jours. Les chenilles sont nocturnes ; pendant la journée, elles s'enfoncent dans le sol. Cocons situés en terre. Imagos de mai à octobre.

DIARSIA MENDICA (Fabricius), *la Noctuelle parée* **Pl. 10**

Répartition géographique. Espèce assez largement répandue en Europe. En France, absente de certaines régions méridionales.
Description. Longueur maximale : 33 mm. Corps brun rougeâtre, brun grisâtre ou gris verdâtre. Dorsalement, deux rangées de taches cunéiformes noires. Région ventrale d'un brun grisâtre clair. Flancs montrant, au-dessous des stigmates, une bande longitudinale claire. Cinq paires de fausses pattes. Tête assez petite, brun clair avec des dessins sombres.
Biotopes. Bois, bruyères, landes...
Plantes nourricières. Primevère acaule (*Primula vulgaris*), Renouée des oiseaux (*Polygonum aviculare*), Patiences (*Rumex*), Ronce (*Rubus fruticosus*), Airelle-myrtille (*Vaccinium myrtillus*), Callune (*Calluna vulgaris*), Bouleau (*Betula pendula*), etc.
Cycle biologique. Une génération par an. Ponte en juillet ; éclosion une quinzaine de jours après. Les chenilles commencent à s'alimenter en été. Après avoir hiberné,

elles reprennent leur croissance au printemps. Parvenues à leur taille maximale en mai, elles s'enterrent pour se nymphoser. Émergence en juin.

DIARSIA DAHLII (Hübner), *la Noctuelle à point noir* **Pl. 10**

Répartition géographique. Europe septentrionale et une partie de l'Europe moyenne. En France, dans la zone non méridionale.
Description. Longueur maximale : 35 mm. Corps ocre clair à gris bleuté. Région ventrale gris clair. Région dorsale rousse à brun jaunâtre, avec une série de dessins rhomboïdaux. Tête brun clair.
Biotopes. Bruyères, landes et endroits boisés.
Plantes nourricières. Patiences (*Rumex*), Plantains (*Plantago*), Saules (*Salix*)...
Cycle biologique. Une génération par an. Ponte en août. Éclosion au bout d'une quinzaine de jours. En automne, les chenilles vivent sur des plantes basses. Au printemps, après hibernation, elles consomment les jeunes feuilles des saules. Nymphose dans le sol, en juin. Émergence en août.

DIARSIA BRUNNEA (Denis & Schiffermüller), *la Noctuelle brune* **Pl. 15**

Répartition géographique. Espèce largement répandue en Europe. En France, principalement dans la zone non méridionale.
Description. Longueur maximale : 33 mm. Corps épais, d'un brun rougeâtre clair ou foncé. Région ventrale relativement pâle. Une ligne médio-dorsale blanchâtre, discontinue, traversant une série de chevrons brunâtres. Deux bandes latéro-dorsales blanc jaunâtre, reliées par un pont au niveau du huitième segment abdominal. Tête luisante, brune avec des bandes sombres.
Biotope. Endroits boisés.
Plantes nourricières. Patiences (*Rumex*), Primevères (*Primula*), Luzule des bois (*Luzula sylvatica*), Fougère-aigle (*Pteridium aquilinum*), Ronce (*Rubus fruticosus*), Saules (*Salix*), Bouleaux (*Betula*), Airelle-myrtille (*Vaccinium myrtillus*), etc.
Cycle biologique. Une génération par an. Ponte en juillet. Éclosion au bout d'environ une semaine. Les chenilles s'alimentent pendant la nuit. Le jour, elles se cachent dans le sol ou dans la litière. Avant d'hiberner, elles vivent sur des plantes basses, mais, au printemps, elles consomment les jeunes feuilles de divers arbres et arbustes. Nymphose dans le sol, en juin. Émergence en juillet.

XESTIA ALPICOLA (Zetterstedt), *la Noctuelle alpicole* **Pl. 25**

Répartition géographique. Europe septentrionale et diverses parties des Alpes (notamment en France).
Description. Longueur maximale : 35 mm. Corps brun purpurin à brun rougeâtre foncé. Tégument rugueux et ridé. Région ventrale brun rougeâtre. Région dorsale ornée d'une double rangée de taches noires, ainsi que de trois lignes claires, assez mal indiquées. Tête brune.
Biotopes. Bruyères et prairies des zones montagneuses.
Plantes nourricières. Raisin d'ours (*Arctostaphylos uva-ursi*) et Camarine noire (*Empetrum nigrum*). Probablement aussi sur Callune (*Calluna vulgaris*) et Airelle-myrtille (*Vaccinium myrtillus*).
Cycle biologique. Le développement de cette espèce s'étale sur deux ans. Ponte en

juillet ; éclosion le même mois. Les chenilles se cachent sous les mousses et les lichens entourant les plantes nourricières. Elles consomment essentiellement les jeunes pousses. Elles parviennent au terme de leur croissance en mai, au bout de près de deux ans. Nymphose sous les mousses et les lichens. Émergence en juin-juillet.

XESTIA C-NIGRUM (Linné), *le C noir* — Pl. 11

Répartition géographique. Toute la France et presque toute l'Europe.
Description. Longueur maximale : 37 mm. Corps brun grisâtre à gris verdâtre. Région ventrale claire, grisâtre. Dorsalement, deux rangées de taches cunéiformes noirâtres, légèrement obliques. Ces dernières mieux indiquées vers l'arrière de l'abdomen. Flancs marqués d'une bande claire, beige ou jaunâtre, dorsalement bordée de noir (la limite entre ces deux zones se situe au niveau des stigmates). Cinq paires de fausses pattes. Tête brun clair, avec des bandes brun foncé.
Biotopes. Bois, prés, jardins, friches, marais, bruyères...
Plantes nourricières. Mouron blanc (*Stellaria media*), Séneçon commun (*Senecio vulgaris*), Épilobes (*Epilobium*), Molènes (*Verbascum*), Patiences (*Rumex*), Plantains (*Plantago*), Saule rampant (*Salix repens*), Airelle-myrtille (*Vaccinium myrtillus*), Ortie blanche (*Lamium album*), Bardanes (*Arctium*), etc.
Cycle biologique. Deux générations par an, voire davantage (une seule, semble-t-il, en Europe septentrionale). Ponte en été ou en automne. Les œufs sont éparpillés sur la plante-hôte ou à proximité. Ils éclosent au bout d'environ neuf jours. Le développement larvaire s'achève en automne ou au printemps, après hibernation. Nymphose en terre. Les papillons s'observent de mai à octobre.

XESTIA DITRAPEZIUM (Denis & Schiffermüller), *la Sérieuse* — Pl. 15

Répartition géographique. Espèce assez largement répandue en Europe. En France : dans la partie non méridionale.
Description. Longueur maximale : 40 mm. Corps brun à brun grisâtre, avec la région ventrale relativement pâle. Une double rangée dorsale de taches noirâtres (celles du huitième segment abdominal sont bien développées et distinctement cunéiformes). Tête brun clair, marquée de deux stries noirâtres.
Biotope. Bois humides.
Plantes nourricières. Pissenlit (*Taraxacum*), Plantains (*Plantago*), Mouron blanc (*Stellaria media*), Primevère acaule (*Primula vulgaris*), Patiences (*Rumex*), Saules (*Salix*), Noisetier (*Corylus avellana*), Cornouiller sanguin (*Cornus sanguinea*), Ronce (*Rubus fruticosus*)...
Cycle biologique. Une génération par an. Ponte en juillet. En été et en automne, les chenilles consomment des plantes basses. Après hibernation, elles attaquent les feuilles tendres de certains arbres et arbustes à feuilles caduques. Elles ont une activité nocturne et se dissimulent dans la litière pendant la journée. Nymphose dans le sol, en juin. Émergence essentiellement en juillet.

XESTIA TRIANGULUM (Hufnagel), *la Noctuelle-sigma* — Pl. 17

Répartition géographique. Espèce largement répandue en Europe. En France, fait défaut dans une partie du Midi.

Description. Longueur maximale : 42 mm. Corps brun jaunâtre à brun rougeâtre, avec la région ventrale d'un gris jaunâtre terne. Sur chacun des segments 7 et 8 de l'abdomen, une paire de dessins cunéiformes noirâtres. Capsule céphalique brun clair, ornée de deux stries noirâtres.
Biotopes. Bois et zones rurales arborées.
Plantes nourricières. Patiences (*Rumex*), Mouron blanc (*Stellaria media*), Benoîtes (*Geum*), Primevère acaule (*Primula vulgaris*), Ronce (*Rubus fruticosus*), Aubépine (*Crataegus monogyna*), Bouleaux (*Betula*), Saules (*Salix*), Prunellier (*Prunus spinosa*), Noisetier (*Corylus avellana*)...
Cycle biologique. Une génération par an. Ponte en juillet. Éclosion au bout d'environ une semaine. Les chenilles commencent par se développer sur des plantes basses. Après hibernation, elles consomment les jeunes feuilles de certains arbres et arbustes. Nocturnes, elles se cachent à terre pendant la journée. Les cocons se trouvent dans le sol. Nymphose en mai. Émergence en juin.

XESTIA ASHWORTHII (Doubleday), *la Noctuelle d'Ashworth* **Pl. 10**

Répartition géographique. Europe septentrionale et régions montagneuses d'Europe moyenne. L'espèce est signalée de France.
Description. Longueur maximale : 40 mm. Corps gris foncé, parfois teinté de vert ou de pourpre. Deux rangées latéro-dorsales de taches rectangulaires noires. Tête d'un brun rougeâtre vif.
Biotope. Coteaux escarpées et rocailleux.
Plantes nourricières. Hélianthème commun (*Helianthemum nummularium*), Clochette (*Campanula rotundifolia*), Serpolet (*Thymus serpyllum*), Petite Oseille (*Rumex acetosella*), Pimprenelle (*Sanguisorba minor*), Saule rampant (*Salix repens*)...
Cycle biologique. Une génération par an. Ponte en juillet. Les chenilles entrent en hibernation peu après avoir commencé leur croissance. Elles se réalimentent au printemps. Lorsqu'il fait suffisamment chaud, elles ont une activité à la fois diurne et nocturne. Nymphose en mai, dans le sol ou sous des mousses. Émergence en juin-juillet.

XESTIA SEXSTRIGATA (Haworth), *la Noctuelle ombragée* **Pl. 15**

Répartition géographique. Espèce assez largement répandue en Europe. En France, surtout dans la zone non méridionale.
Description. Longueur maximale : 33 mm. Corps d'un brun grisâtre clair. Région dorsale tirant sur le brun foncé. Région ventrale grise. Dorsalement, trois lignes claires et deux rangées de taches noires. Une paire de larges bandes latérales d'un brun foncé mêlé de noirâtre. Tête brun jaunâtre, avec deux bandes brun foncé.
Biotopes. Bois et prairies humides, marais, haies et jardins.
Plantes nourricières. Patiences (*Rumex*), Plantain lancéolé (*Plantago lanceolata*), Caille-lait blanc (*Galium mollugo*), Scrofulaire aquatique (*Scrophularia auriculata*), Ronce (*Rubus fruticosus*), Graminées, etc.
Cycle biologique. Une génération par an. Ponte en août. Les chenilles s'observent de septembre à mai-juin. Elles s'alimentent pendant l'hiver lorsque le temps est doux. Les cocons se trouvent en terre. Nymphose en juin-juillet. Émergence en juillet-août.

XESTIA XANTHOGRAPHA (Denis & Schiffermüller), *la Trimaculée* **Pl. 11**

Répartition géographique. Toute la France et presque toute l'Europe.
Description. Longueur maximale : 33 mm. Chenille très semblable à celle de l'espèce précédente. Corps d'un brun ocreux clair, avec des bandes brun noir. Région dorsale ornée de trois lignes claires et de deux rangées de taches noires.
Biotopes. Jardins, friches, prés, etc.
Plantes nourricières. Patiences (*Rumex*), Plantains (*Plantago*), Mouron blanc (*Stellaria media*), Primevère acaule (*Primula vulgaris*), Graminées (notamment *Poa annua*), Trèfles (*Trifolium*), Saules (*Salix*), Aubépine (*Crataegus monogyna*), etc.
Cycle biologique. Une génération par an. Ponte en août ; éclosion environ trois semaines après. En automne et en hiver, les chenilles se nourrissent de plantes basses. Au printemps, elles consomment parfois le feuillage d'arbres ou d'arbustes à feuilles caduques. Nocturnes, ces chenilles se dissimulent, pendant la journée, au pied de leur plante nourricière ou sous des pierres. Parvenues au terme de leur croissance en mars-avril, elles s'enterrent pour construire leurs cocons (dans lesquels elles séjournent six semaines avant de se nymphoser). Émergence habituellement en août.

XESTIA AGATHINA (Duponchel), *l'Agathine* — Pl. 24

Répartition géographique. Espèce présente dans toute la France et en de nombreux endroits d'Europe.
Description. Longueur maximale : 30 mm. Coloration variable : vert vif, vert grisâtre ou brune. Dorsalement, trois épaisses lignes blanches et deux rangées de taches noires. Flancs montrant, au-dessous des stigmates, une large bande blanchâtre, entrecoupée de taches orangées, rousses, pourprées ou vertes. Tête brun clair avec deux stries sombres.
Biotopes. Landes et bruyères.
Plantes nourricières. Callune (*Calluna vulgaris*) et Bruyères (*Erica cinerea, Erica tetralix*).
Cycle biologique. Une génération par an. Ponte en août-septembre. Éclosion au bout d'environ trois semaines. Les chenilles ont des mœurs nocturnes. Elles s'alimentent durant tout l'hiver, sauf lorsqu'il fait très froid. Pendant la journée, elles se cramponnent aux rameaux de bruyère et sont alors très difficiles à repérer. La nymphose a lieu en juin. Les cocons sont tissés sur les plantes-hôtes, vers la base des tiges. Émergence en août-septembre.

NAENIA TYPICA (Linné), *la Noctuelle typique* — Pl. 16

Répartition géographique. Espèce largement répandue en Europe. En France, presque partout.
Description. Longueur maximale : 48 mm. Tégument brun grisâtre. Arrière de l'abdomen avec deux séries latéro-dorsales de taches obliques, noirâtres, mais parfois soulignées de blanc. Stigmates orangés. Au-dessous de ceux-ci, de chaque côté du corps, une large bande ondulée d'un blanc grisâtre ou ocreux. Tête mêlée de gris clair et de brun.
Biotopes. Haies, jardins, vergers et friches.
Plantes nourricières. Patiences (*Rumex*), Pissenlit (*Taraxacum*), Laiterons (*Sonchus*), Primevère acaule (*Primula vulgaris*), Orties (*Urtica*), Lamiers (*Lamium*), Aubépine (*Crataegus monogyna*), Prunellier (*Prunus spinosa*), Pommiers (*Malus*), Saules (*Salix*), etc.

Cycle biologique. Une génération par an. Les œufs sont pondus sur les feuilles de divers arbres et arbustes (juillet). Ils éclosent au bout d'une quinzaine de jours. Dans un premier temps, les chenilles sont grégaires et elles attaquent la surface des feuilles. Après hibernation, elles deviennent solitaires et vivent sur des plantes basses. Elles ont des mœurs nocturnes. Le jour, elles se cachent au pied de leurs plantes-hôtes. Nymphose en mai. Cocons situés dans le sol. Émergence en juin.

ANAPLECTOIDES PRASINA (Denis & Schiffermüller), *la Noctuelle verte* **Pl. 15**

Répartition géographique. Presque partout, en France comme dans le reste de l'Europe.
Description. Longueur maximale : 50 mm. Corps brun grisâtre foncé ou brun chocolat. Région ventrale brune à blanc grisâtre. Une zone noirâtre autour de chaque stigmate. Cinq paires de fausses pattes. Tête brun clair avec des dessins sombres.
Biotope. Endroits boisés.
Plantes nourricières. Ronce (*Rubus fruticosus*), Renouée des oiseaux (*Polygonum aviculare*), Patiences (*Rumex*), Primevère acaule (*Primula vulgaris*), ainsi que d'autres plantes basses. En outre : Saules (*Salix*) et Airelle-myrtille (*Vaccinium myrtillus*).
Cycle biologique. Une génération par an. Ponte en juillet. Éclosion au bout d'environ une semaine. Les chenilles vivent d'abord sur les ronces et diverses plantes basses. Après hibernation, elles consomment aussi les jeunes feuilles de saule et d'airelle. Nocturnes, elles restent à terre pendant la journée, cachées dans la litière ou sous des mousses. La nymphose a lieu en mai. Les cocons se trouvent dans le sol et l'émergence s'effectue en juin.

CERASTIS RUBRICOSA (Denis & Schiffermüller), *la Noctuelle rubiconde* **Pl. 29**

Répartition géographique. Espèce largement répandue en Europe, quoique rare dans la zone méditerranéenne. En France : presque partout.
Description. Longueur maximale : 41 mm. Corps brun rougeâtre, parfois teinté de vert. Une ligne médio-dorsale, plutôt sombre, composée de taches triangulaires. Deux lignes latéro-dorsales jaunâtres. Chacune de celles-ci intérieurement bordée par une série de triangles noirs (qui portent, en leur centre, un point blanc). Flancs ornés d'une bande longitudinale claire, située au-dessous du niveau des stigmates. Tête brun clair avec des dessins sombres.
Biotopes. Bois, lisières des forêts, endroits marécageux...
Plantes nourricières. Pissenlit (*Taraxacum*), Séneçon commun (*Senecio vulgaris*), Mouron blanc (*Stellaria media*), Patiences (*Rumex*), Gaillets (*Galium*), ainsi que d'autres plantes basses. Également sur Saules (*Salix*).
Cycle biologique. Une génération par an. Ponte en avril ; éclosion au bout d'une quinzaine de jours. Les chenilles sont nocturnes. Le jour, elles restent immobiles — le corps tendu — sur les tiges et les feuilles de leurs plantes nourricières. Rapide, le développement larvaire s'achève vers la fin-juin. Les cocons se trouvent dans le sol. L'émergence a lieu l'année suivante, en mars-avril.

PYRRHIA UMBRA (Hufnagel), *la Chrysographe* **Pl. 20**

Répartition géographique. Espèce largement répandue en Europe. En France : partout.

Description. Longueur maximale : 37 mm. Coloration très variable : verte, brune, rose, grise ou noirâtre. Habituellement, une ligne médio-dorsale sombre et deux lignes latéro-dorsales claires. De chaque côté du corps, au-dessous des stigmates, une bande longitudinale de couleur blanche ou jaune. Cinq paires de fausses pattes. Capsule céphalique claire, verte ou brune.
Biotopes. Rivages, dunes sablonneuses, forêts...
Plantes nourricières. Bugrane rampante (*Ononis repens*), Jusquiame (*Hyoscyamus niger*), Pourpier de mer (*Honkenya peploides*) et Géranium des prés (*Geranium pratense*).
Cycle biologique. Une génération par an. Ponte sur les pousses de la plante-hôte (juin ; début juillet). Les chenilles consomment les fleurs et les graines non mûres. Le développement larvaire s'achève vers la fin-août. Nymphose dans le sol, en septembre. Émergence l'année suivante, en mai-juin.

HELICOVERPA ARMIGERA (Hübner), *l'Armigère* **Pl. 33**

Répartition géographique. Largement répandue en Europe moyenne et méridionale, l'espèce migre vers différentes régions d'Europe septentrionale. En France : presque partout.
Description. Longueur maximale : 40 mm. Tégument rugueux, couvert de minuscules épines (visibles à l'aide d'une loupe). Coloration allant du vert au brun. Des lignes longitudinales blanc jaunâtre, assez variables. Habituellement, deux bandes latéro-dorsales sombres. Région ventrale généralement pâle ou finement mouchetée de blanc. Huitième segment abdominal avec une légère gibbosité dorsale. Tête ocre, marquée de brun ou de vert foncé.
Biotopes. Champs, jardins maraîchers...
Plantes nourricières. Un large éventail de plantes sauvages ou cultivées, dont la Tomate (*Lycopersicon*), le Maïs (*Zea*), les Œillets (*Dianthus*) et les Chrysanthèmes (*Chrysanthemum*).
Cycle biologique. Deux ou trois générations par an. Les œufs sont pondus isolément sur les plantes-hôtes. Ils éclosent au bout d'environ une semaine. Les chenilles consomment feuilles, boutons, fleurs et fruits. Elles peuvent commettre d'importants dégâts dans le Sud de l'Europe, ainsi que dans les pays tropicaux. Nymphose en terre. Imagos s'observant de mai à septembre.

HELIOTHIS VIRIPLACA (Hufnagel), **Pl. 20**
la Noctuelle de la Cardère

Répartition géographique. Espèce largement répandue en Europe. En France : partout.
Description. Longueur maximale : 42 mm. Coloration très variable : verte, brun rougeâtre, rosée ou pourprée. Tégument habituellement orné de points et de fines lignes jaunes. Deux bandes latéro-dorsales jaunes, plus ou moins larges. Une paire de bandes latérales bicolores (blanches ventralement et, en général, jaunes dorsalement). Tête vert clair ou brune, avec de petites taches noires.
Biotopes. Endroits calcaires ou sablonneux, rivages, landes, friches...
Plantes nourricières. Silènes (*Silene*), Bugranes (*Ononis*), Trèfles (*Trifolium*), Centaurées (*Centaurea*), Linaires (*Linaria*), Crépides (*Crepis*), ainsi que diverses autres plantes basses.

Cycle biologique. Une ou deux générations par an selon les régions. Dans le premier cas : ponte en juillet, chenilles en août-septembre, nymphose en automne, émergence l'année suivante, en juin. Les chenilles consomment les fleurs et les graines non mûres. La nymphose s'effectue dans le sol, à faible profondeur. En France, les imagos peuvent s'observer de mai à août.

HELIOTHIS PELTIGERA (Denis & Schiffermüller), **Pl. 20**
la Peltigère

Répartition géographique. Largement répandue en Europe méridionale et occidentale (France comprise), l'espèce migre régulièrement vers l'Europe septentrionale.
Description. Longueur maximale : 38 mm. Coloration variable, allant du vert au brun et au pourpre. Habituellement, une ligne médio-dorsale sombre et deux lignes latéro-dorsales relativement moins foncées. Une paire de stries latérales blanches ou jaunes. Stigmates cerclés de noir. Tête verte ou brune.
Biotopes. Rivages, friches...
Plantes nourricières. Séneçons (*Senecio vulgaris, Senecio viscosus*), Bugrane rampante (*Ononis repens*), Souci des champs (*Calendula arvensis*), Sauges (*Salvia*), etc.
Cycle biologique. Plusieurs générations annuelles en Europe méridionale. Les chenilles s'observent au printemps et en été. Elles consomment principalement des fleurs. La nymphose a lieu dans le sol.

Bibliographie succincte

Allan P. B. M., 1949. *Larval foodplants.* Watkins & Doncaster. Londres.

Ancilotto A., Grollo G. & Zangheri S., 1970. *Nel Mondo delle farfalle. i bruchi.* Mondadori. Milan.

Aubert J.-F., 1961. *Papillons d'Europe* (2 volumes). Delachaux & Niestlé. Neuchâtel.

Balachowsky A. S., 1966 et 1972. *Entomologie appliquée à l'agriculture,* tome 2 (volumes 1 et 2). Masson. Paris.

Bodi E., 1985. *Les chenilles des papillons diurnes européens.* Sciences Nat. Compiègne.

Brooks M. & Knight C., 1982. *A complete guide to British butterflies.* Jonathan Cape. Londres.

Buckler W. (editors Stainton H.T. & Porritt G.T.), 1886-1901. *The larvae of the British butterflies and moths* (9 volumes). Ray Society. Londres.

Carter D.J., 1979. *The Observer's Book of Caterpillars.* Warne. Londres.

Carter D., 1984. *Les Papillons de France et d'Europe* (traduction-adaptation : Minet J.). Solar. Paris.

Carter D.J., 1984. *Pest Lepidoptera of Europe with special reference to the British Isles.* Dr. W. Junk Publishers. Dordrecht.

Cribb P.W., 1983. *Breeding the British Butterflies.* Amateur Entomologists'Society. Hanworth.

Danesch O. & Dierl W., 1967. *Papillons diurnes* (traduction-adaptation : Husson R.). Hatier. Paris.

Danesch O. & Dierl W., 1971. *Papillons nocturnes* (traduction-adaptation : Boursin Ch.). Hatier. Paris.

Dickson R., 1976. *A lepidopterist's Handbook.* Amateur Entomologists'Society. Hanworth.

Fibiger M. & Kristensen N. P., 1974. *The Sesiidae (Lepidoptera) of Fennoscandia and Denmark (Fauna Entomologica Scandinavica,* volume 2). Scandinavian Science Press. Gadstrup.

Forbes W.T.M., 1923-1960. *Lepidoptera of New York and Neighboring States* (4 volumes). Cornell University. Ithaca.

Forster W. & Wohlfahrt T.A., 1954-1974. *Die Schmetterlinge Mitteleuropas* (5 volumes). Keller. Stuttgart.

Friedrich E., 1982. *L'élevage des papillons, espèces européennes* (traduction : Gagneron U.). Sciences Nat. Compiègne.

Gardiner B.O.C., 1982. *A silkmoth rearer's handbook* (3ᵉ édition). Amateur Entomologists'Society. Hanworth.

Gómez Bustillo M.R. & Fernández-Rubio F., 1974-1979. *Mariposas de la Peninsula Ibérica* (4 volumes). Ministerio de Agricultura. Madrid.

Gómez de Aizpurúa C., 1986. *Biología y Morfología de las orugas.* Tomo 1 : *Noctuidae-Dilobidae.* Ministerio de Agricultura, Pesca y Alimentación. Madrid.

Guilbot R., 1982. *Élevage des papillons, de leurs œufs, chenilles et chrysalides (indigènes et exotiques).* Boubée. Paris.

Haggett G. M., 1981. *Larvae of British Lepidoptera not figured by Buckler.* British Entomological & Natural History Society. Londres.

Heath J. *et al.*, 1976-1985. *The Moths and Butterflies of Great Britain and Ireland* (4 volumes). Harley Books. Colchester.

Henriksen H.J. & Kreutzer I., 1982. *The butterflies of Scandinavia in nature* (translated by Folino E.). Skandinavisk Bogforlag. Odense.

Higgins L. G., 1975. *The Classification of European Butterflies.* Collins. Londres.

Higgins L. & Hargreaves B., 1983. *The Butterflies of Britain and Europe.* Collins, Londres.

Higgins L.G. & Riley N.D., 1975. *Guide des Papillons d'Europe* (Rhopalocères) (traduction-adaptation : Rougeot P.-C.), 2e édition en français. Delachaux & Niestlé. Neuchâtel.

Howarth T.G., 1973. *South's British Butterflies.* Warne. Londres.

Howarth T.G., 1984. *Colour identification guide to butterflies of the British Isles* (2e édition). Viking. Londres.

Hyde G., 1977. *British caterpillars : Butterflies.* Jarrold. Norwich.

Hyde G., 1977. *British caterpillars : Moths* (2 volumes). Jarrold. Norwich.

Issiki S., 1965 et 1969. *Early Stages of Japanese Moths in Colour* (2 volumes). Hoikusha Publishing. Osaka.

Koch M., 1984. *Wir bestimmen Schmetterlinge* (einbändige Auflage). J. Neumann-Neudamm. Leipzig.

Le Cerf F. & Herbulot C., 1963-1971. *Atlas des Lépidoptères de France* (nouvelle édition ; 3 volumes). Boubée. Paris.

Leraut P., 1980. *Liste systématique et synonymique des Lépidoptères de France, Belgique et Corse.* Suppl. à *Alexanor* et au *Bulletin de la Société entomologique de France.* Paris.

Lhomme L., 1923-1963. *Catalogue des Lépidoptères de France et de Belgique* (3 parties). Le Carriol, par Douelle (Lot).

Merz E. & Pfletschinger H., 1982. *Die Raupen unserer Schmetterlinge.* Kosmos. Stuttgart.

Newman L.H., 1965. *Hawk-moths of Great Britain and Europe.* Cassell. Londres.

Novák I. & Severa F., 1983. *Le multiguide nature des papillons d'Europe* (traduction-adaptation : Luquet G.). Bordas. Paris.

Paulian R., 1956. *Atlas des larves d'insectes de France (vers blancs - chenilles - asticots).* Boubée. Paris.

Peterson A., 1962. *Larvae of insects.* Part. 1 : *Lepidoptera and plant infesting Hymenoptera.* Columbus. Ohio.

Portier P., 1949. *La biologie des Lépidoptères.* Lechevalier. Paris.

Reichholf-Riehm H., 1984. *Les papillons* (traduction-adaptation : Luquet G.). Solar. Paris.

Robert P.-A., 1931. *Les chenilles de Léo-Paul Robert.* Delachaux & Niestlé. Neuchâtel.

Rougeot P.-C., 1971. *Les Bombycoïdes (Lepidoptera Bombycoidea) de l'Europe et du Bassin Méditerranéen.* Masson. Paris.

Rougeot P.-C. & Viette P., 1978. *Guide des Papillons Nocturnes d'Europe et d'Afrique du Nord, Hétérocères (partim).* Delachaux & Niestlé, Neuchâtel.
Sauer F., 1982. *Raupe und Schmetterling nach Farbfotos erkannt.* Fauna-Verlag. Karlsfeld.
Skinner B., 1984. *Colour identification guide to moths of the British Isles.* Viking. Londres.
Skou P., 1986. *The Geometroid Moths of North Europe (Lepidoptera : Drepanidae and Geometridae). Entomonograph,* volume 6. E.J. Brill/Scandinavian Science Press. Leiden.
Sokoloff P., 1984. *Breeding the British and European hawk-moths.* Amateur Entomologists'Society. Hanworth.
South R., 1961. *The moths of the British Isles* (4e édition ; 2 volumes). Warne. Londres.
Spuler A., 1910. *Die Schmetterlinge Europas.* Vol. 4 : *Die Raupen der Schmetterlinge Europas* (d'après Hofmann E.). E. Schweizerbart. Stuttgart.
Stanèk V.J., 1977. *Encyclopédie des papillons* (traduction : Faure B.). Gründ. Paris.
Stokoe W.J. & Stovin G.H.T., 1944. *The caterpillars of the British butterflies.* Warne. Londres.
Stokoe W.J. & Stovin G.H.T., 1948. *The caterpillars of British moths* (2 volumes). Warne. Londres.
Watson A. & Whalley P.E.S., 1983. *The Dictionary of Butterflies and Moths in colour* (revised edition). Peerage Books. Londres.
Wilson S. & Wilson E., 1880. *The larvae of the British lepidoptera.* Reeve. Londres.

INDEX GENERAL

Regroupés dans un index unique, les Lépidoptères et leurs plantes nourricières sont désignés par leurs noms latins et français. En ce qui concerne les végétaux, ces derniers renvoient aux genres correspondants, les espèces n'ayant pas été enregistrées. Il faut se rappeler que, pour certaines chenilles plus ou moins polyphages, de nombreuses plantes-hôtes n'ont pu être citées dans le texte ni, par conséquent, dans l'index.
La numération en gras correspond aux planches.